Karsten Brensing

Persönlichkeitsrechte für Tiere

Gemeinsam mit meiner Frau und Kollegin Katrin Linke hoffe ich, dass künftige Generationen mit Stolz auf unser moralisches Verhalten von heute zurückblicken können, und widme dieses Buch meinen Söhnen Vitus und Veverin.

Karsten Brensing

Persönlichkeitsrechte für Tiere

Die nächste Stufe der moralischen Evolution

Mit einem Vorwort von
Hannes Jaenicke

HERDER

FREIBURG · BASEL · WIEN

MIX
Papier aus verantwortungsvollen Quellen
FSC® C106847
www.fsc.org

www.herder.de

Satz: post scriptum, Emmendingen / Hinterzarten
Herstellung: fgb · freiburger graphische betriebe
www.fgb.de

Printed in Germany

ISBN 978-3-451-30513-9

Inhalt

Vorwort
Von Hannes Jaenicke

Träumen Delfine und haben sie Namen? Können Ratten lachen? Haben Elefanten einen Wortschatz? Kennen Affen Geld? Die Wissenschaft hat unzählige Indizien zusammengetragen, die beweisen, dass viele Tiere genau wie wir Beziehungen, Freundschaften und Feindschaften führen, kreative Ideen entwickeln und eine Vorstellung von Raum und Zeit haben. Sie sind Persönlichkeiten, also reflektierende und empfindende Individuen.

Karsten Brensing verbindet seine Forschungsarbeit über Wale und Delfine mit Erkenntnissen, die seine Kollegen weltweit bei ihrer Forschung über die unterschiedlichsten Tierarten gewonnen haben, und entführt uns auf eine faszinierende Reise durch die Gefühls- und Gedankenwelt der Tiere. Ein überzeugendes und überfälliges Plädoyer, Delfine, Schimpansen und andere Arten als Persönlichkeiten anzuerkennen und ihnen entsprechende Rechte einzuräumen: Recht auf Mitsprache, Lebensraum, Unverletzlichkeit etc.

Viele Bücher, die sich mit Naturschutz beschäftigen, sind trocken, heben den moralischen Zeigefinger oder beschwören die Apokalypse, ohne einen Ausweg aufzuzeigen. Karsten Brensings Buch dagegen ist spannend, lehrreich, optimistisch – und überaus unterhaltsam.

Es stellt überliefertes Wissen auf den Kopf und eröffnet uns eine neue Welt: Wir begegnen im Meer, im Dschungel, im Stall oder in der Natur um die Ecke plötzlich Lebewesen mit Bedürfnissen, Absichten und Rechten – eine großartige neue Perspektive.

Ich wünsche mir, dass dieses Buch einen Prozess anregt, an dessen Ende wir Menschen endlich bereit sind, den Planeten mit anderen vernunftbegabten, selbstbestimmten und mitfühlenden Lebewesen zu teilen, anstatt sie zu verdrängen und auszurotten.

Was genau unterscheidet uns vom Tier?

Aus streng naturwissenschaftlicher Sicht sind wir Menschen Säugetiere. Also Tiere. Wir gehören zu einer kleinen Untergruppe der Trockennasenaffen und sind, als relativ junge Art in der biologischen Systematik, wahrlich nichts Besonderes. Dennoch leisten wir Menschen Herausragendes und sind die einzige uns bekannte Tierart, die Bücher liest. Zum Beispiel eines, das sich damit beschäftigt, was das »Tier Mensch« vom Rest der Tierwelt unterscheidet. Super, Problem gelöst, Sie können das Buch wieder zuschlagen, denn der Unterschied ist schon ermittelt: Tiere lesen keine Bücher!

Gut, Sie lesen weiter, Sie sind ein neugieriger Mensch und wollen es genauer wissen!

Viele, wenn nicht sogar alle unsere herausragenden Leistungen basieren auf recht weitverbreiteten Mechanismen. Keine Angst, ich will die Menschen nicht auf einfache biologische Roboter reduzieren und ich will auch nicht behaupten, dass wir uns nicht von Tieren unterscheiden. Nein, ich möchte eher versuchen, in einigen Tierarten Fähigkeiten aufzuspüren, die wir bis vor Kurzem nur unserer Art zugetraut haben. Ich möchte versuchen, Sie in die Köpfe einiger Tierarten blicken zu lassen, und es würde mich freuen, wenn Sie sich dann eine Vorstellung von tierischem Denken und Fühlen machen könnten.

Ich werde Sie im Verlauf des Buches tief, bei Walen und Delfinen, meinem Arbeitsgebiet, sogar sehr tief in die Welt der Forschung und des wissenschaftlichen Denkens und Argumentierens entführen. Ich werde Sie dabei jedoch nicht mit Details langweilen und ich verspreche Ihnen: Sie werden sich unterhalten fühlen. Die

Fragen, die dabei beantwortet werden sollen, lauten: Gibt es Tierarten, deren Vertreter mitfühlende, selbstbewusste Individuen mit einer Vorstellung von Raum und Zeit und der Fähigkeit zu strategischem Denken und planvollem Handeln sind? Leben sie in ihrer eigenen Kultur, haben sie ein gutes Gedächtnis und die Fähigkeit, im Rahmen einer einfachen Grammatik zu kommunizieren? Kennen sie Moral und können sie überhaupt lügen? Haben Tiere Berufe und vielleicht sogar Namen und müsste man vielleicht von tierischen Personen sprechen?

Doch Vorsicht, die Antworten auf diese Fragen sind mit Konsequenzen verbunden, denn Personen haben Rechte, umgangssprachlich auch Menschenrechte genannt.

Klingt das für Sie abwegig oder ist es weit von Ihren heutigen Vorstellungen entfernt? Sind Sie bereit, »tierischen Personen« ein Recht auf Leben und körperliche Unversehrtheit zuzusprechen? Sollen diese »Personen« Schutz vor Folter und Qual genießen, ein Recht auf Freiheit, Eigentum und Sicherheit der Person und ein Recht auf Privatsphäre haben? Mit anderen Worten: Sind Sie bereit »unseren« Planeten mit anderen vernunftbegabten, selbstbestimmten und mitfühlenden Wesen zu teilen? Sind wir bereit, Macht und Territorium abzugeben? Treffen Sie diese Entscheidung bitte nicht leichtfertig, denn sowohl in die eine als auch in die andere Richtung tragen Sie die Verantwortung.

Obwohl das Buch den Anspruch erhebt, ein Sachbuch zu sein, begeben wir uns auf den ersten Seiten in eine rein fiktionale Geschichte. Ich entführe Sie in eine Zeit, in der zumindest Delfinen eine Persönlichkeit zugesprochen wird und sie damit auch Persönlichkeitsrechte haben. Diese kleine Fantasiereise in das Jahr 2073 soll uns den Blick weiten, unsere Gedanken ein wenig lockern und uns zeigen, wie die nächste Stufe der moralischen Evolution aussehen könnte.

Interview mit einem Delfin

Mein Dank geht an die große deutsche Zeitung »Der STIECUS«, die mir die Genehmigung gegeben hat, das Interview mit dem weltberühmten Forscher und Nobelpreisträger Professor Tarik aus dem Jahr 2073 abzudrucken.

Der STIECUS im Gespräch mit Prof. Tarik
Aus: *Der STIECUS 4567* im Jahr 2073

Sehr geehrter Herr Professor Tarik, wie fühlt es sich an, wenn man von einem Tag auf den anderen die Weltbevölkerung um einige Millionen Personen vermehrt hat?
Na ja, so viele mehr sind es gar nicht gewesen. In meinem Geburtsjahr, 2003, gab es circa 0,6 Millionen Delfine und mehr als 6.000 Millionen Menschen auf der Erde, damit kamen auf jeden Delfin ungefähr 10.000 Menschen. Wie Sie wissen, hatte sich 2057, im Jahr der UN-Resolution, die Zahl der Delfine drastisch verringert und die Zahl der Menschen drastisch erhöht. Es war damals praktisch erforderlich, so etwas wie »Personenschutz« für Delfine einzuführen. Heute ist es für jeden selbstverständlich, dass die Verletzung oder gar der Tod eines Delfins juristisch genauso behandelt wird wie der eines Menschen. Aber damals mussten die Menschen erst verstehen, dass Menschenrechte eigentlich Persönlichkeitsrechte sind und dass somit auch tierischen Persönlichkeiten bestimmte Rechte zugesprochen werden müssen. Aber Sie haben schon recht, für mich als Mensch war es ein großer Moment, als sich die UN-Mitgliedsstaaten dafür ausgesprochen haben, Delfine in den Stand von Personen zu erheben und damit

den Grundstein für die Entwicklung von Persönlichkeitsrechten für Tiere legten.

Was genau macht eigentlich Ihrer Meinung nach ein Lebewesen zu einer Person – oder sollte ich sagen: Persönlichkeit?
Wie Sie das nennen, ist letztlich egal. Wichtig ist die Tatsache, dass unsere vielgerühmten Menschenrechte eigentlich Persönlichkeitsrechte sind. Man muss sich nur daran erinnern, was mit unseren Menschenrechten eigentlich geschützt werden soll. Es sind die Rechte einer Person: das Recht auf Selbstbestimmung, auf Leben und Unversehrtheit, das Recht auf Eigentum und Meinungsfreiheit, das Recht, sich für einen bestimmten Beruf entscheiden zu können, und auch das Recht auf Bildung. Alles bezieht sich auf das Recht einer sich selbst bewussten Persönlichkeit. Was, wenn es nun auch nichtmenschliche bewusste Persönlichkeiten auf unserem Planeten gibt? Thomas White, ein Professor der Wirtschaftsethik, hatte diesen Standpunkt in seinem Buch »In Defense of Dolphins«[1], also »Zur Verteidigung der Delfine«, im Jahr 2007 erstmals deutlich gemacht und argumentiert, dass Menschenrechte Persönlichkeitsrechte seien und somit allen Persönlichkeiten unabhängig von Rasse oder Art zustehen. Die Idee war aber gar nicht so neu, denn bereits der australische Philosoph Peter Singer betitelte 1975 sein Buch mit »Animal Liberation« und warb mit einer vergleichbaren Argumentation für die Befreiung der Tiere. Beide hatten Recht, und ihre Thesen waren schlüssig, aber geändert hat sich lange nichts. Der Egoismus unserer Art hatte jegliche ethische Weiterentwicklung verhindert, und dass, obwohl die Erkenntnisse aus der Verhaltensbiologie, der Psychologie und der Neurologie durchaus überzeugende Belege geliefert hatten.

Wenn ich Sie hier kurz unterbrechen darf: Was genau meinen Sie? Welche Belege wurden damals ignoriert?
Wir Menschen glaubten damals, wir seien die einzige sich selbst bewusste Art auf unserem Planeten. Wir hingen an der Vorstel-

lung fest, dass nur wir zu logischem und strategischem Denken in der Lage seien und dass nur wir abstrakt und mithilfe einer Grammatik kommunizieren könnten. Nicht zuletzt hielten wir uns für die einzige Spezies mit Kultur. Ich könnte diese Liste beliebig fortsetzen. Es bedurfte einfach eines überzeugenden und nicht von der Hand zu weisenden Beweises. Letztlich war es genau das, wofür mein Sohn, vermutlich bei vollem Verstand und sich gänzlich der Konsequenzen bewusst, sein Leben gegeben hat.

Das bringt mich gleich zu meiner nächsten Frage: Sie haben in unserem Vorgespräch angedeutet, dass Sie erstmalig bereit sind, über die Details des Tods Ihres Sohnes vor 25 Jahren zu sprechen …
Ja, das ist richtig. Wie Sie wissen, bin ich damals vielfach angegriffen und kritisiert worden. Es ist eine Tatsache, dass mich der Selbstversuch meines Sohnes berühmt gemacht hat, und vermutlich hätte ich ohne sein Experiment wohl kaum den Nobelpreis bekommen. Doch bitte glauben Sie mir: Ich würde liebend gerne auf all den Ruhm und das Geld verzichten, wenn ich meinen Sohn dafür wiederbekommen könnte.

Ihr Sohn ist als erster Mensch an den Folgen der Resonanztelepathie gestorben. Sie haben immer bestritten, von dem Experiment gewusst zu haben, ist das die Wahrheit?
Mein Sohn hatte schon im Studium damit begonnen, gezielt elektromagnetische Potenziale im Gehirn zu erzeugen. Seine Vision war, auf diese Weise Gedanken, Gefühle und Sinneswahrnehmungen direkt im Gehirn künstlich zu erzeugen. Wir hatten damals allerdings unsere gesamte gemeinsame Energie in das Gedankenlesen gesteckt. Wie Sie wissen, ist das ein völlig anderer Vorgang, denn beim Gedankenlesen wird vollständig passiv gearbeitet, man horcht sozusagen nur in das Gehirn des anderen hinein. Es ging bei unserer Forschung darum, unsere Sensoren und die Algorithmen so weit zu verbessern, dass wir praktisch die gesamten elektrochemischen Vorgänge im Gehirn messen und aufzeichnen konnten. Mein Forschungsteam war damals das füh-

rende weltweit, und wir waren schon recht erfolgreich beim Gedankenlesen von Menschen[2]. Allerdings war die Datenmenge mit der damaligen Technik überhaupt nicht zu bewältigen. Für mich war das eher ein Versuch, um zu beweisen, dass es überhaupt möglich ist, über einen längeren Zeitraum Gedanken und Sinneseindrücke aufzunehmen und zu speichern. Im Übrigen ist dies natürlich die Voraussetzung, um überhaupt die entsprechenden Computeralgorithmen trainieren zu können. Für meinen Sohn war es aber viel mehr. Er träumte davon, mit seinen Lieblingstieren in direkte Interaktion treten zu können. Letztlich ging es ihm darum, zweifelsfrei zu beweisen, dass Delfine Personen sind und somit auch ein Recht auf den Schutz ihrer Persönlichkeit haben.

Sehr geehrter Herr Professor Tarik, bitte entschuldigen Sie, aber das war keine Antwort auf meine Frage!
Ja, Sie haben recht, ich habe Ihnen versprochen, auf diese Frage eine Antwort zu geben. Die Antwort lautet: Nein! Ich wusste nichts von dem Versuch. Die Firma, für die ich damals gearbeitet habe, hatte mich vertraglich zu einer Verschwiegenheit über eine Dauer von 25 Jahren verpflichtet, und daher durfte ich der Presse keinerlei Auskunft erteilen. Alle Informationen wurden zum Betriebsgeheimnis erklärt und standen nur dem Gericht zur Verfügung. Dies ist auch der Grund, weshalb ich damals von allen Anklagepunkten freigesprochen worden bin. Der Richter kam zu dem Schluss, dass mein Sohn niemanden, auch nicht die beiden Studenten, die ihn bei dem Experiment unterstützt haben, von den Risiken in Kenntnis gesetzt hatte. Bitte glauben Sie mir, ich hätte schon damals liebend gern über alle Details berichtet.

Was genau hat sich am 28. April 2048 ereignet?
Dies war der Tag, an dem mein Sohn aus dem gemeinsamen Urlaub mit seinen beiden Kommilitonen zurückkehren sollte. Doch er kam nicht. Stattdessen erhielt ich einen Anruf von der neurochirurgischen Intensivstation. Man hatte meinen Sohn auf-

genommen, konnte sich aber die Symptome nicht erklären, und seine beiden Freunde sprachen von so etwas wie einem Unfall.

Wann haben Sie begriffen, dass das Gehirn Ihres Sohnes irreversibel geschädigt war?
Recht schnell. Ich bin natürlich sofort ins Krankenhaus gefahren. Dort habe ich die beiden Freunde meines Sohnes getroffen. Sie hatten einen Schock und faselten etwas von dem Erbe meines Sohnes. Dann gaben sie mir einen Datenträger. Auf meinen fragenden Blick hin sagten sie mir, dass darauf zwei Wochen Gedanken und Empfindungen von Pity gespeichert seien. In dem Moment war mir klar, was geschehen war: Mein Sohn hatte mithilfe des Resonanztelepathie-Helmes volle zwei Wochen Gedanken und Gefühle unseres nunmehr berühmten Versuchstieres, dem Delfin namens Pity, »miterlebt«. Mit anderen Worten: Er hat zwei Wochen lang Tag und Nacht – Delfine schlafen ja nicht – gedacht und gefühlt, was der Delfin während dieser Zeit gedacht und gefühlt hat. Alle seine Erlebnisse hat er aus menschlicher Sicht betrachtet und mit seinen Worten niedergeschrieben. Auf dem Datenträger waren also zwei Wochen kontinuierliche Sprache meines Sohnes gespeichert, wie er die Gedanken und Empfindungen eines Delfins nacherzählt und interpretiert.

Wie konnten Sie damals schon wissen, dass Ihr Sohn tot war?
Die Technik der Resonanztelepathie basierte auf den Ideen meines Sohnes, aber wir hatten sie gemeinsam weiterentwickelt. Für ihre Nebenwirkungen konnten wir allerdings keine Lösung finden, deshalb haben wir sie auch fallen gelassen. Wenn man den Resonanztelepathie-Helm aufsetzt und die Gedanken eines anderen Menschen oder Tieres übertragen bekommt, dann überschreiben die starken elektromagnetischen Impulse die eigenen elektrochemischen Prozesse. Schon nach wenigen Minuten ist das Gehirn unwiderruflich geschädigt und funktioniert nur noch mit der externen Energie des Helms. Solange man den Helm trägt, kann man die übertragenen Gedanken und Gefühle wahrneh-

men und zusätzlich die eigenen Gedanken denken. Man muss sich das so vorstellen, als würde man einen Film betrachten und über diesen nebenbei nachdenken und reden. Wenn man den Helm allerdings abschaltet, kommen von einer Sekunde zur anderen alle elektrochemischen Prozesse zum Erliegen, und das Gehirn kann diese nicht selbstständig wieder aufnehmen. Das bedeutet also: Exodus, Finito, Ende.

Was, glauben Sie, hat Ihren Sohn damals motiviert, sich zu opfern?
Frustration! Frust über die Ignoranz der Menschen oder besser der gesamten Menschheit. Es gab damals schon seit Jahrzehnten genügend wissenschaftlich fundierte Argumente, um den Schluss nahezulegen, dass Delfine und auch einige andere Arten genau wie wir eine Persönlichkeit entwickelt hatten. Demzufolge forderten Philosophen, Verhaltensbiologen, Umweltschützer, aber auch Experten für Menschenrechte vergleichbare Rechte für Tiere mit Persönlichkeit. Dennoch gelang es Kritikern immer wieder, die Argumentationskette infrage zu stellen. Wissenschaftlich ist dies vermutlich am besten mit der Klimadebatte im vergangenen Jahrhundert zu vergleichen: Es gab damals unzählige Untersuchungen und Beweise dafür, dass die Klimaverschiebung durch menschlichen Einfluss verursacht wurde. Doch es dauerte Jahrzehnte, bis diese Erkenntnisse anerkannt wurden.

Aus heutiger Sicht klingt sowohl die Klimadebatte als auch die Debatte über Persönlichkeitsrechte für Tiere völlig unverständlich. Mit welchen Argumenten gelang es damals den Kritikern, den Persönlichkeitsanspruch zu entkräften?
Oh, das war einfach. Es gab verschiedene Argumentationen. Allen gemeinsam war jedoch, dass sie wissenschaftlich nicht widerlegbar waren. Es gab schlichtweg nicht die entsprechenden Experimente. Ein einfaches Beispiel ist folgendes: Wir Menschen sind dazu in der Lage, mit ungefähr 1,5 kg wabbliger Masse, genannt Gehirn, über unsere Position in der Welt nachzudenken. Wir kön-

nen uns vorstellen, dass wir gerade auf einem Stuhl mitten in Europa auf dem Planeten Erde sitzen und dass sich dieser um unsere Sonne dreht. Wir wissen, dass sich unsere Sonne in einem entfernten Abschnitt eines Spiralarmes unserer Milchstraße befindet und dass die Milchstraße nicht die einzige Galaxie im Universum ist. Wir können uns sogar Unendlichkeit vorstellen, zumindest können wir es versuchen. Der Clou ist, dass wir über uns selbst nachdenken können, wie wir auf einem Stuhl auf dem Planeten Erde sitzend und über das Universum nachdenken und so weiter. Sie wissen, was ich meine. So etwas lässt sich nicht experimentell bei Tieren nachweisen. Die Menschen glaubten damals, dass andere Menschen dies auch können, weil wir selbst es können und weil wir uns darüber sprachlich austauschen können, aber wir konnten und wollten uns nicht vorstellen, dass Tiere grundsätzlich auch dazu in der Lage sind.

Sie glauben, Ihr Sohn hat darum den Selbstversuch durchgeführt?
Ja, mit Sicherheit. Er wollte endlich beweisen, dass es Tiere gibt, die über sich und die Welt reflektieren. Er wollte als Übersetzer dienen und den Beweis erbringen, dass auch Delfine Personen sind und erreichen dass wir ihnen endlich entsprechende Rechte zugestehen.

Sehr geehrter Herr Professor Tarik, vielen Dank für dieses interessante Interview!

Das vollständige Interview mit Professor Tarik aus dem Jahr 2073 können sie als kostenloses Bonusmaterial von der Webseite www.walrecht.de herunterladen. Das umfassende Bonusmaterial enthält darüber hinaus noch ein Kapitel über Kultur bei Walen und Delfinen, entführt in den Lebensraum Ozean aus der Sicht der Wale und in die Welt der Mensch-Delfin-Interaktion, wie Sie sie bisher noch nicht kannten.

Ich hoffe, diese kleine Fantasiereise hat Ihnen gefallen. In den folgenden Kapiteln verlassen wir allerdings die Fiktion und wenden uns den heutigen wissenschaftlichen Erkenntnissen zu. Wir prüfen, ob der Delfin ein Einzelfall ist, und welche ethischen Konsequenzen wir aus unseren wissenschaftlichen Erkenntnissen ziehen müssten. Vielleicht brauchen wir gar keinen selbstmörderischen Versuch, vielleicht reichen unsere wissenschaftlichen Argumente!

Kommunikation

Unsere menschliche Kommunikation, unsere Sprache gilt als die Königsdisziplin des Denkens. Für viele ist sie die Grundlage des Erfolges unserer Art, und wir können uns unser Ich, unsere Persönlichkeit, nicht ohne Sprache denken, ja, wir können uns ein Denken ohne Sprache nicht vorstellen. Es liegt daher nahe zu fragen, ob auch Tiere sprechen können. Verstehen sie eine einfache Grammatik, können sie abstrakte Begriffe verwenden, und haben sie vielleicht sogar einen abstrakten Begriff für sich selbst? Gerade der letzte Aspekt ist im Hinblick auf das Thema dieses Buches von immenser Bedeutung. Haben Tiere Namen? Sind sie ein »Etwas« oder ein »Wer«?

Haben Tiere Namen?

Beginnen wir ganz einfach und betrachten wir einige Lautäußerungen von verschiedenen Tierarten: Miau, Kikeriki, Wuff, Ia, Möh, Wüff, Muh – vermutlich haben Sie die einzelnen Arten erkannt. Doch haben Sie auch den kleinen und den großen Hund gehört? Ja, richtig: Wuff und Wüff. So, wie Sie einen großen Hund und einen kleinen Hund am Bellen unterscheiden können, so können Hunde auch andere Hunde am Gebell erkennen[3]: »Dies ist mein Nachbarhund, jener ist der von der Ecke, und der andere ist der Böse hinter dem Zaun.« Jeder Hund hat eine charakteristische »Belle«, und an ihr kann er erkannt werden. Diese Fähigkeit ist nicht selbstverständlich, und sie wurde bisher nur bei wenigen Tierarten beobachtet. Der gemeinsame Nenner dieser Arten ist aber das hohe Maß an kooperativem Handeln. Kooperatives

Handeln funktioniert nur durch Koordination, und diese bedarf der Kommunikation, beispielsweise mittels Sprache, so wie bei uns Menschen. Doch haben auch Tiere eine Sprache? Wir werden sehen!

Natürlich können Tiere kommunizieren. Im einfachsten Fall können sogar Einzeller miteinander kommunizieren, und auch Insekten wie zum Beispiel die Bienen haben mit dem Schwänzeltanz ein beeindruckendes Kommunikationssystem entwickelt. Doch gemeinhin ordnen wir eher höher entwickelte sozial lebende Tiere in die Kategorie »kommunikativ« ein. Es wird gemeinsam gejagt und beschützt, und oftmals gibt es sogar kontextspezifische Laute. So zum Beispiel bei verschiedenen Erdhörnchenarten: Sie haben Rufe für »Feind aus der Luft«, was bedeutet, dass sie sich schnell verkriechen müssen, oder »Feind am Boden«, was heißt, erst mal orientieren und den Räuber identifizieren und dann weg[4]. In dieser aber auch in anderen sozialen Gemeinschaften ist es oft wichtig zu wissen wer gerade ruft. Warum? Ein wichtiger Punkt ist Betrug. Bei Erdhörnchen ist es beispielsweise so, dass es immer einen gibt, der nach Feinden Ausschau hält. Wenn er seinen Job richtig macht, hat er keine Zeit für die Nahrungssuche und wird deshalb von den anderen mitversorgt. Zudem genießt er einen hohen Stellenwert in der sozialen Gemeinschaft. Was aber, wenn er »lügt«, also faul herumsitzt und sich von den anderen füttern lässt? Irgendwann passiert das Unvermeidliche: Der Warnruf bleibt aus und einer der Gemeinschaft muss den Preis zahlen. In einem solchen Fall wäre der Nutzen dieser Kooperation zunichte gemacht, und die Evolution würde dafür sorgen, dass nur die überleben, die fressen und zusätzlich aufmerksam sind. So etwas wie Arbeitsteilung wäre dann evolutiv sinnlos. Tatsächlich ist es aber so, dass die Gemeinschaft den Faulpelz erkennt und ihm sein Verhalten nicht durchgehen lässt. Sie weiß dann auch: Ach, das ist wieder der Faulpelz, der da gerade ruft, nur, um so zu tun, als wäre er aufmerksam. Ganz nebenbei haben wir übrigens gerade zwei unserer am Anfang des Buches gestellten Fragen beantwortet: Auch Tiere können lügen und ein Betrüger bekommt sozialen Druck, und ja, es gibt Arbeitsteilung, also so etwas wie den Grundstein unserer Berufe.

Für kooperativ agierende soziale Tiere ist es wichtig, andere Artgenossen an ihrer Stimme zu erkennen, und genau dies ist bei den Erdhörnchen der Fall[5]. Doch wozu braucht man denn nun Namen, wenn doch die Individualität schon durch die Stimme übertragen wird? Auch wir Menschen haben eine charakteristische Aussprache. Wenn Sie mich hören könnten (und wüssten, wie meine Stimme klingt), so könnten Sie meine Stimme schon nach wenigen Worten wiedererkennen. Demnach brauchten wir eigentlich auch keine Namen, oder? Aber eigentlich fühlt es sich doch gut an, einen Namen zu haben! Das bin doch ich, und wehe, wenn ich auf eine Personalausweis-, Steuer- oder Versicherungsnummer reduziert werde – das tut ganz schön weh.

Um ehrlich zu sein, unser Name ist uns heilig, und wer könnte sich ein Leben ohne eine individuelle Bezeichnung vorstellen? Könnten wir uns mit einer individuellen Aussprache trösten? Wohl kaum! Unser Name, das sind wir. Ist das nicht eine unglaubliche menschliche Errungenschaft, trennt uns das nicht vom Tier, hebt uns das nicht heraus aus dem Leben auf unserem Planeten? Macht uns das nicht zur Krone der Schöpfung?

Wir können zwar stolz darauf sein, dass wir die einzige Menschenaffenart sind, die es geschafft hat, Namen zu benutzen. Aber ein »Alleinstellungsmerkmal« ist das nicht, denn bei mindestens einer weiteren Art scheint die Individualität innerhalb des sozialen Netzwerkes so wichtig zu sein, dass sich im Verlauf der Evolution der Bedarf für eine individuelle Bezeichnung entwickelt hat. Natürlich wissen Sie, welche, denn Sie lesen gerade ein Buch über nichtmenschliche Persönlichkeit von einem Autor, der sich mit Delfinen besonders gut auskennt. Ich würde Sie jetzt gerne überraschen und ein ganz anderes Beispiel nennen, aber Sie haben natürlich recht: Es ist, soweit wir bisher wissen, mindestens eine Delfinart, und welch Wunder, es ist der Große Tümmler, Flipper, unser Freund und Helfer, bekannt aus Funk und Fernsehen. Vielen Menschen ist der genaue Artenname nicht vertraut, und daher werde im Verlauf des Buches bei dem Begriff »Delfin« bleiben, auch wenn mit Delfinen eigentlich eine ganze Gruppe von Arten gemeint ist. Sollte ich von dieser Regel abweichen, werde ich das kennzeichnen.

Ein Delfin heißt natürlich nicht Conrad, Ferdinand oder Kristine und somit haben sie keine Namen im klassischen, im menschlichen Sinn, aber sie haben individuelle Pfiffe, und so spricht man auch vom Signaturpfiff (*signature whistle*). Dieser Pfiff ist tatsächlich etwas Besonderes, denn unabhängig von der Aussprache, trägt der Pfiff die abstrakte Information einer Individualität, und genau dies gilt auch für unsere Namen. In unserer menschlichen sozialen Umwelt ist es wichtig, individuelle Bezeichnungen zu haben, und vermutlich leben auch Delfine unter sozialen Bedingungen, bei denen die Individualität eine wichtige Rolle spielt (Warum, das erfahren wir im Kapitel: »Die Gesellschaft der Delfine«).

Doch zurück zum Pfeifen: Mir persönlich ist pfeifen recht vertraut, denn der erste Pfiff, den ich konnte, war unser »Familienpfiff«, eine kleine Sequenz aus dem Chor des »Fliegenden Holländers«, überliefert von meinem Großvater, der Schauspieler war. Der Pfiff wurde somit als Kulturgut innerhalb unserer Familie von einer Generation an die nächste weitergegeben. Das praktische an dem Pfiff war die Tatsache, dass ich selbst als Kleinkind meine pfeifenden Eltern in einer lärmenden Menschenmenge identifizieren konnte, und umgekehrt. Wer sich die Vielfalt und Kombinationsmöglichkeiten von Tönen, ob gepfiffen oder nicht, vorstellt, dem wird auch schnell klar, dass unsere Sprache nicht das einzige geeignete Medium zur Informationskodierung ist.

An dieser Stelle muss ich kurz erklären, welche Rahmenbedingungen aus der Sicht eines Verhaltensbiologen für eine funktionierende Kommunikation erforderlich sind. Das wichtigste an der Kommunikation sind ein möglichst fehlerfrei funktionierender Sende- und Empfangsmechanismus (Abb. 1). Sie brauchen einen Vorrat an eindeutigen Signalen (einen Code oder eine Sprache), eine Konvention über die Bedeutung (eine Semantik, wer Baum sagt muss auch Baum meinen), einen Sender, der die gewünschte Information in das Signal verwandelt (z. B. der menschliche Rachenraum), ein ungestörtes Übertragungsmedium (Luft oder Wasser) und schließlich einen Empfänger, der die Signale entsprechend ihrer Information entschlüsseln und interpretieren kann (z. B. ein Erdhörnchen, das den Ruf »Feind aus der Luft« hört).

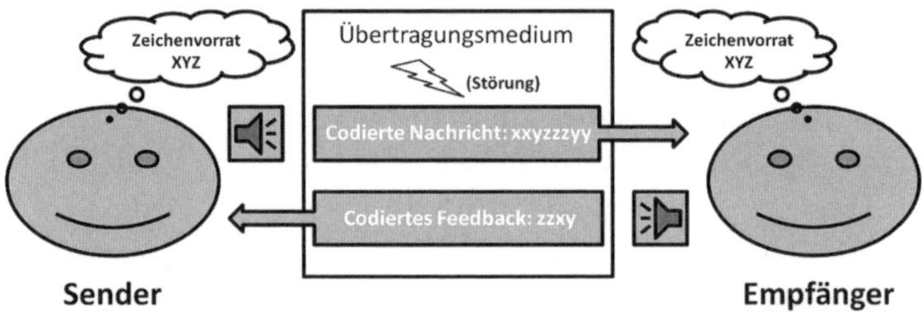

Abbildung 1: Sender-, Kommunikationskanal- und Empfängermodell

Anders als wir Menschen nutzen Delfine und Wale Wasser und nicht Luft als Übertragungsmedium für ihre Kommunikationssignale. Damit sind sie uns gegenüber im Vorteil. Wasser ist ein ausgesprochen gutes Übertragungsmedium für akustische Signale, und einige Arten können über weit mehr als eintausend Kilometer kommunizieren. Für mich stellt sich an dieser Stelle immer die Frage, ob wir Menschen, wenn wir uns unter ähnlich günstigen akustischen Bedingungen entwickelt hätten, überhaupt auf die Idee gekommen wären, Fernkommunikation zu betreiben. Hätte ich dann heute wohl ein Handy?

Doch betrachten wir nun die delfinische Kommunikation ein wenig genauer. Als Erstes möchte ich aber mit einem Mysterium aufräumen, dass sich seit der ersten Ausstrahlung des Films »Flipper« in den Köpfen der Menschen festgesetzt hat. Vielleicht können Sie sich noch an das typische Schnattern von Flipper erinnern. Ich persönlich hatte immer den Eindruck, dass er sich in dem Moment über irgendetwas freut und schallend lacht. Für die meisten ist aber seither dieses Schnattern gleichbedeutend mit der Sprache der Delfine. Beides ist kompletter Unsinn. Einerseits ist das vermeintliche Lachen der Delfine, also die hochgezogenen Mundwinkel, Teil ihrer Physiognomie und lässt sich nicht verändern. Mehr noch: Delfine haben überhaupt keine Mimik, ihr Gesichtsausdruck bleibt immer starr und nur sehr wenige Menschen haben den Eindruck in den Augen und Gesichtern von Delfinen lesen zu können. Andererseits kommt das Schnattern in der Natur vermutlich gar nicht vor, es ist einfach nur ein Geräusch, das Delfine an Luft gut produzieren können, und das müssen die Filmemacher damals entdeckt haben. Komischerweise wird dieses Geräusch auch heute noch in Delfinarien als Kommunikationslaut dargestellt. Aber verzeihen wir den angestellten Biologen und Trainern diesen Unsinn, vielleicht wissen sie nicht, das Delfine ausschließlich unter Wasser kommunizieren.

Und noch eine Sache möchte ich hier gleich zu Anfang richtigstellen, denn ich will nicht, dass Sie mir später vorwerfen, ich hätte Ihnen Quatsch erzählt: Delfine pfeifen gar nicht! Es klingt zwar so, aber es ist kein Pfiff, wie Menschen ihn produzieren. Wenn wir pfeifen, dann füllen wir unseren Mund mit Luft und formen mit unseren Lippen eine Öffnung, mit der wir den Luftstrom kontrollieren. Die Resonanz unseres Rachenraumes ist dann für die Frequenz verantwortlich. Diese Resonanz ist aber abhängig von der Schallgeschwindigkeit des Übertragungsmediums. Haben Sie schon einmal Helium eingeatmet und dann etwas gesagt? Ich habe einmal eine recht lustige Erfahrung damit gemacht, auf die ich nicht wirklich vorbereitet war: Zur Tauglichkeitsuntersuchung eines Forschungstauchers gehört eine Druckkammerfahrt. Je nachdem, ob der Taucherarzt Ihnen zeigen möchte, wie sich die Symptome des Tiefenrausches anfühlen, werden sie auf eine Tiefe von vierzig Metern und mehr gebracht. Die Symptome sind übrigens gar nicht so uninteressant. Bei meiner ersten Druckkammerfahrt saß ich alleine mit drei Berufstauchern in der Kammer und kam mir wie ein Hänfling vor. Nun hatten die rauen Seebären außer einer knorrigen Begrüßung und »Rutsch mal rüber«

nicht viel gesagt, bis wir auf vierzig Metern Tiefe ankamen. Aber dann ging es los: »Kennst du den schon …« – und dann kam der blödeste Witz, den ich je gehört und den ich auch schon wieder vergessen habe, aber er wurde mit einer so lächerlichen Micky-Maus-Stimme vorgebracht, dass wir alle nach wenigen Sekunden praktisch auf dem Boden lagen, es war einfach nicht auszuhalten. Noch heute frage ich mich, ob die extreme Reaktion wirklich nur dieser seltsamen Stimme oder vielleicht doch auch ein bisschen dem Tiefenrausch zuzuschreiben war. In jedem Fall wussten die drei genau, was sie taten, und hatten ihre Freude an dem Effekt, dass die zusammengedrückte Luft Schall schneller transportiert und daher ein ausgewachsener Bass nach Micky Maus klingt.

Wenn Sie nun bei Überdruck oder in einer Heliumatmosphäre pfeifen, klingt auch Ihr Pfiff um einiges höher. Überraschenderweise ist das bei Delfinen nicht der Fall. Ihr Pfiff behält die gleiche Tonhöhe bzw. Frequenz bei. Dies ist von entscheidender Bedeutung, denn sonst würden ihre Laute bei jedem Tauchgang je nach Tiefe unterschiedlich klingen, und eine Kommunikation in der Tiefe wäre kaum möglich. Tatsächlich produzieren Delfine ihre »Pfiffe« nicht pfeifend, sondern indem sie bestimmte Gewebebereiche in ihrem Rachenraum zum Schwingen bringen. Das können sie unabhängig vom sie umgebenden Trägermedium, und darum pfeifen Delfine nicht im eigentlichen wörtlichen Sinne.

Delfinen stehen drei Hauptkategorien von Lauten zur Kommunikation zur Verfügung. Eine Kategorie sind die Echolokationsklicks. Deren Hauptenergie liegt im Ultraschall und damit weit außerhalb unseres Hörvermögens. Daher können wir mit unseren Ohren nur einen kleinen Teil der Laute hören. Die anderen beiden Kategorien können wir gut hören. Da gibt es sogenannte »Burst-pulse-Sounds«, Laute, die wie kreischen, piepsen, blöken, brummen oder stöhnen klingen. Diese Laute werden meist im sozialen Kontext wie in aggressiven Situationen eingesetzt[6] und gehen oft auch mit entsprechendem körpersprachlichen Ausdruck einher. Beobachtet man ein solches Verhalten unter Wasser, so kann einem schon ein bisschen mulmig werden. Ich persönlich hatte aber auch manchmal den Eindruck, dass die Tiere diese Laute einsetzten, um eine bestimmte Situation zu verstärken, also Aggression noch aggressiver und Spiel noch ausgelassener zu machen. Ich wäre auch nicht überrascht, wenn künftige Untersuchungen zeigen würden, dass die Tiere auf diese Weise ihren emotionalen Status viel deutlicher als bisher bekannt zum Ausdruck bringen. Derzeit sind dies aber nur Spekulationen, und die meisten Autoren sind ausgesprochen vorsichtig, entsprechende Behauptungen aufzustellen. Die dritte und vorerst interessanteste Kategorie sind die Pfiffe, und genau diesen wollen wir uns jetzt zuwenden, denn sie sind bisher einmalig in der Tierwelt – auch wenn nicht jeder Forscher und jede Forscherin meine Begeisterung dafür teilt, wie das folgende Beispiel zeigt: Ich kann mich noch gut an eine Situation erinnern, in der ich einer Primatenforscherin gegenüber behauptet habe, dass Delfine so etwas wie Namen hätten und wie grandios das doch sei und dass es immer weniger Unterschiede zu uns Menschen gäbe. Sie blickte mich mit einem süffisanten Lächeln an und sagte: »Sind die auch arbiträr?« Der blöde Ausdruck in meinem Gesicht beendete die Diskussion, noch bevor sie begonnen hatte. Was hat sie gesagt, und vor allem: Was hat sie gemeint? Und hat sie überhaupt recht? Ich war damals neu in der Verhaltensbiologie, sie hatte einen Doktor und sah gut aus, mit anderen Worten: Dieses kurze Gespräch hat mich lange beschäftigt. Zunächst einmal musste ich nachlesen, was eigentlich arbiträr bedeutet. Es heißt so viel wie »willkürlich festgelegt«. Also hatte sie mich gefragt, ob Delfine willkürlich ihren Namen festlegen bzw. ob diese ihn auch willkürlich ändern können. Wir können das, und wir können sogar mehrere Namen haben: einen Spitznamen für Freunde, einen für »Facebook« und einen in unserem Job. Wir können auch von einem Tag auf den anderen festlegen, dass ein Baum plötzlich Leuchtturm und das Kriegsministerium plötzlich Verteidigungs- oder Friedensministerium heißen soll. Wir müssen uns nur alle einig sein, sonst kommt es zu Verwechselungen. Zum Zeitpunkt, als wir das Gespräch führten, galt aber gerade die lebenslange Stabilität des Signaturpfiffes als das eigentlich Beeindruckende, und nun wollte diese Frau wissen, ob Delfine ihren individuellen Pfiff auch ändern können. Erst einige Jahre später half mir eine Veröffentlichung aus diesem Dilemma, und ich war wieder mit der Welt versöhnt. Scheinbar können Delfine tatsächlich ihren individuellen Pfiff ändern. Eine Gruppe von Forschern hatte herausgefunden, dass junge Männchen, nachdem sie sich aus ihrer Familie gelöst hatten, etwas ganz Erstaunliches tun: Nachdem sie eine intensive Freundschaft eingegangen sind, scheinen ihre Pfiffe zu verschmelzen.[7] Auch wenn diese Beobachtung noch auf geringer Datengrundlage beruht und nicht klar ist, ob die Pfiffe wirklich verschmelzen oder ob ein Tier den Pfiff des anderen annimmt, so machen die Beobachtungen doch deutlich, dass Delfine ihren Signaturpfiff nicht ihr Leben lang behalten müssen. Sie sind also grundsätzlich dazu in der Lage, ihre Signaturpfiffe zu ändern – welche Erleichterung für mich! Das Spannende an dieser Beobachtung ist aber, dass die beiden Männchen mit diesem gemeinsamen Pfiff vermutlich ihre Gemeinsamkeit gegenüber anderen zum Ausdruck bringen.

Die Geschichte des Pfiffs

Taucht man gemeinsam mit einer Gruppe von Delfinen, so hört man eine Vielzahl von unterschiedlichen Pfiffen, und daher ist es nicht verwunderlich, dass viele Forscher am Beginn der Delfinforschung diese Pfiffe für eine Art Sprache hielten. Einer der bekanntesten Delfinforscher war John Lilly[8]. Er ging einen recht unkonventionellen Weg und gründete eine Wohngemeinschaft von Delfinen und Menschen. Natürlich ist es zwangsläufig etwas kompliziert, mit einem Delfin in einer Wohngemeinschaft zu leben, und so musste, wie in so vielen WGs, ein Kompromiss her. Der bestand darin, eine Wohnung mit etwa 30 Zentimeter Wasser zu fluten, diese mit seiner Kollegin Margaret Howe und drei Delfinen (Peter, Pam und Sissy) zu bevölkern und zu sehen, was passiert. Bekommt der Mensch nasse Füße und eine Erkältung, der Delfin eine Psychose, da er unter diesen Bedingungen nicht artgerecht gehalten wird, und kommt es unter diesen extremen Bedingungen zu so etwas wie einer Kommunikation zwischen den Arten? Das aus heutiger Sicht martialisch anmutende Experiment lieferte keine besonderen Ergebnisse – außer vielleicht, dass ein solches Experiment nicht funktioniert und dass Menschen und Delfine unterschiedliche Haltungsansprüche haben. Aber he, das waren die wilden Sechziger und Lilly ein echt cooler Typ! Dennoch kam er schon damals zu dem Schluss, dass Delfine besonders intelligent sind.[9] Vermutlich ein wenig frustriert von der Tatsache, dass seine Experimente nicht die erwarteten Ergebnisse brachten, wandte sich Lilly in späteren Jahren dem Studium des menschlichen Bewusstseins zu. Allerdings experimentierte er hauptsächlich mit sich selbst und LSD. In dieser Hinsicht hat er aber einige hilfreiche Erkenntnisse gewonnen, und trotz aller Kritik muss man Lilly zugestehen, einen Beitrag zur menschlichen Bewusstseinsentwicklung und Ethik geliefert zu haben.

Erfolgreichere und teilweise bahnbrechende Experimente wurden fast zeitgleich von David und Melba Caldwell[10] durchgeführt. Sie waren es auch, die erstmals die sogenannte Signaturpfiff-Hypothese aufgestellt haben. Doch was genau hatten sie beobachtet? Die von ihnen in Gefangenschaft untersuchten Tiere zeigten eine Tendenz, einen bestimmten Pfiff auszustoßen, wenn sie von ihren Artgenossen separiert wurden. Nun ist es nicht ungewöhnlich, dass sozial lebende Tiere unter Stress geraten, wenn sie von ihrer Gruppe getrennt werden, und in dieser Situation produzieren viele Tiere Stress- oder Alarmlaute. Interessant war aber, dass jeder Delfin seinen eigenen vermeintlichen »Stresslaut« produzierte. Ein Laut, der einen bestimmten Kontext beschreibt, muss aber bei allen Tieren gleich klingen, sonst macht er einfach keinen Sinn, denn man kann sich ja nicht bei jedem Artgenossen merken, wie er ruft, wenn er in Not ist. Demnach konnte es also kein Stresslaut sein. Doch was dann? Ein Signaturpfiff, also ein Individualruf, vielleicht so etwas wie ein Name? Ganz genau weiß man das auch heute noch nicht, und daher spricht man nach wie vor vorsichtig von der Signaturpfiff-»Hypothese«. Vermutlich ist es nur eine Frage der Zeit, wann sich jemand traut, aus der bestätigten Hypothese eine Theorie zur Namensgebung bei Delfinen abzuleiten. Doch sehen wir uns die Erforschung des Pfiffs genauer an. Wie jeder besondere Einzelfall löste die Veröffentlichung eine ganze Reihe von Folgeexperimenten aus, und fast alle lieferten weltweit praktisch das gleiche Ergebnis: Wird ein Delfin von seiner Gruppe separiert, gibt er einen individuellen Pfiff ab.

Vielleicht fragen Sie sich, ob diese Beobachtung überhaupt eine Bedeutung hat. Dazu sollte man sich kurz überlegen, wozu wir Menschen Namen brauchen. Wir können uns zwar kein Leben ohne Namen vorstellen, doch seien wir ehrlich: zum Nachdenken über Gott und die Welt und für andere beeindruckende kognitive Leistungen brauchen wir keine Namen. Wir können sogar über uns selbst nachdenken, ohne dass wir einen Namen für uns haben. Namen sind wichtig, wenn es um soziale Interaktion geht, wenn einer den anderen rufen will oder wenn sich einer über den anderen unterhält. In diesem Zusammenhang erscheint das ursprüngliche Experiment wenig hilfreich, denn welche Erkenntnisse über das soziale Leben kann man gewinnen, wenn man ein Tier von seiner Gruppe trennt und einzeln betrachtet? Dieses Manko war natürlich auch den Forschern bewusst, und so wurden verzweifelte Anstrengungen unternommen, um nachzuweisen, dass beispielsweise ein Delfin einen anderen beim Namen ruft. Nun ist das leider gar nicht so einfach. Vor allen Dingen ist es erforderlich, eine intakte, natürlich interagierende, soziale Gruppe zu beobachten. Dies ist in Delfinarien kaum möglich, weil die Tiere nicht natürlich interagieren. Im Freiland ist es technisch ausgesprochen kompliziert. Eine intakte soziale Gruppe sucht zwar unter Umständen spontan die Nähe zu Menschen, aber ausgesprochen selten über einen längeren Zeitraum. Daher ist es meist nicht möglich, genügend Daten zu sammeln, und wenn es gelingt, dann weiß man nicht genau, ob die Anwesenheit von Menschen nicht doch einen Einfluss auf das Verhalten hatte.

Aus diesem Grund sind die Forscher einen Kompromiss eingegangen. Mit ihrer Methode sollte endlich bewiesen werden, dass der Signaturpfiff tatsächlich zur Identifikation genutzt wird. Dazu fuhren sie in der Nähe von Sarasota in Florida auf den Golf von Mexiko hinaus, fingen einige wildlebende Delfine und spielten ihnen über Unterwasserlautsprecher Signaturpfiffe ihrer Artgenossen vor. Genau genommen interessierten sie sich für Delfinmütter und ihre Kälber. Sie gingen davon aus, dass ein Muttertier stärker auf den Pfiff ihres Kindes und ein Kalb stärker auf den Pfiff der Mutter reagiert als auf andere Pfiffe. Auch wenn dieses Experiment ein wenig brutal anmutet, so muss man noch erwähnen, dass nach Angaben der Forscher kein negativer Einfluss des Experimentes zu beobachten war. Auch wurde angegeben, dass sich die Tiere durch mehrfaches Fangen an die Experimente gewöhnt hatten.[11] Tatsache ist aber auch, dass die Trennung eines Mutter-Kalb-Paares mit extrem hohem Stress für beide Tiere verbunden ist[12] und man dies selbst in Delfinarien, die nicht gerade zimperlich mit den Tieren umgehen, vermeidet. Interessanterweise wurde bei diesem Experiment auch festgestellt, dass Delfine, wenn sie von ihren Kälbern getrennt werden, öfter und höher pfiffen. Das Ergebnis war eindeutig: Das gefangene Tier wandte sich häufiger zum eigenen Muttertier bzw. zum eigenen Kalb hin.[13] Doch ist das wirklich ein Beweis? Schließlich haben wir zuvor ja schon erfahren, dass selbst Hunde sich am Gebell erkennen. Warum soll nicht die Aussprache, also die Charakteristik, wie der Pfiff ertönt, die Identität enthalten? Aus diesem Grund wurde das Experiment sieben Jahre später wiederholt. Um sicher zu gehen, dass der Pfiff und nicht seine »Aussprache« für die Erkennung verantwortlich war, wurden aus dem Originalpfiff alle individuellen Bestandteile entfernt. Letztlich erzeugte man also so etwas wie eine Computerstimme oder besser einen Computerdelfin, der ohne eigene Stimmcharakteristik die Pfiffe produzierte. Nicht überraschend, aber doch erstaunlich: Das Experiment wurde mit dem gleichen Ergebnis beendet. Tatsächlich erkennen sich Delfine nicht nur an der Stimme, sondern wirklich am Pfiff[14]. Ein unglaublicher Erkenntnisgewinn, denn theoretisch bedeutet das, dass Delfine die Möglichkeit haben, die Pfiffe (Namen) als Referenz zu benutzen. Theoretisch sind sie also dazu in der Lage, sich über ein drittes Tier zu »unterhalten«.

Das Experiment gab natürlich auf die wichtige Frage, ob sie es denn auch tun, keine Antwort. Dazu braucht man Freilandbeobachtungen einer ungestörten sozialen Delfingruppe. In dieser Gruppe müsste man beobachten, dass Delfine nicht nur ihren eigenen Signaturpfiff ausstoßen, sondern auch Signaturpfiffe anderer Delfine imitieren. Und genau diese Beobachtung gelang tatsächlich! In der Moray Firth, einer großen Bucht an der Ostküste Schottlands, leben die letzten Großen Tümmler der Nordsee. Das Besondere an dieser Population ist, dass man die Tiere oft sogar von Land aus beobachten kann. Das ist von Vorteil für die Wissenschaftler, aber auch für die Besucher des »Scottish Dolphin Centre«[15]. Die Delfine dort haben, ähnlich wie unsere einheimischen Schweinswale, den höchsten Schutzstatus, den es in der Europäischen Gemeinschaft gibt, und werden daher intensiv untersucht. In einem Experiment der Universität von St. Andrews gelang es, zu beweisen, dass Delfine tatsächlich nicht nur ihren eigenen Signaturpfiff produzieren, sondern auch die Pfiffe der anderen Delfine imitieren[16]. Doch selbst damit war noch nicht erklärt, in welcher Form die Tiere den Signaturpfiff verwenden. Es blieben die Fragen: Rufen sie sich gegenseitig oder reden sie vielleicht über einen anderen Delfin?

Aus eigener Erfahrung kennen wir eine Situation, in der es besonders wichtig ist, Namen zu nennen: wenn man eine fremde Person begrüßt. Es lag also nahe, genau zu betrachten, wie sich Delfine verhalten, wenn sie sich spontan im Meer begegnen. Die meisten Tiere begegnen sich mit einer gewissen Aggression und mit einer Attitüde frei nach dem Motto: »Wenn ich hier bin, kannst du hier nicht sein, und außerdem ist das mein Territorium, meine Frau und überhaupt, sieh zu, dass du Land gewinnst!« Es geht um Ressourcen und daher muss so schnell wie möglich klargestellt werden, wer hier welche Rechte hat.

Das soziale Leben von Delfinen scheint dagegen von diesem grundsätzlichen Verhalten abzuweichen (siehe Kapitel »Die Gesellschaft der Delfine«). Tatsächlich begrüßen sich Delfine mit ihrem »Namen«, indem sie diesen mehrfach hintereinander rufen. Interessanterweise vermeiden sie es, andere Pfiffe aus ihrem Repertoire zu verwenden, und die Ehre der Begrüßung gebührt scheinbar nur einem Tier in der Gruppe[17]. Natürlich wissen wir nicht, ob es so etwas wie »Ehre« gibt, und wir wissen auch nicht, warum nur jeweils ein Tier pro Gruppe zur Begrüßung seinen Namen ruft. Auffällig ist aber, dass keine anderen Pfiffe produziert werden. Das ergibt Sinn, wenn es darum geht, deutlich zu machen, dass hier der Delfin XY mit seiner Gruppe kommt. Es gäbe vermutlich ein heilloses Durcheinander, wenn ein Delfin während der Begrüßung nicht seinen Namen/Signaturpfiff sagen/pfeifen würde. Interessant ist auch die Tatsache, dass Signaturpfiffe scheinbar immer in Gruppen abgegeben werden. Genauer gesagt, der Pfiff wird mehrmals wiederholt, und der Abstand zwischen den Pfiffen sollte nicht länger als drei Sekunden sein[18].

Signaturpfiffe werden aber auch außerhalb der Begrüßung und in Kombination mit anderen Pfiffen und den oben erwähnten »Burst-pulse-Sounds« eingesetzt. Somit ist es möglich, die Informationskodierung erheblich zu steigern. Meine ehemalige Kollegin am Dolphin Reef in Israel, Elke Bojanowski, hat zum Beispiel entdeckt, dass Delfinmütter spezielle Disziplinierungspfiffe verwenden[19], und unser gemeinsamer Kollege Frank Veit konnte belegen, dass bestimmte Pfiffe nur im Zusammenhang mit Verfolgungsjagden verwendet werden. Ähnliche Beobachtungen gibt es auch im Freiland[20]. Mit anderen Worten: Es gibt eine Vielzahl von Hinweisen, dass Delfine ein komplexes Kommunikationssystem mit kontextspezifischem Vokabular entwickelt haben. Doch kann man das eine Sprache nennen? Dieser und ähnlichen Fragen möchte ich im nächsten Kapitel nachgehen.

Das Kernelement einer Sprache ist das Lernen und Imitieren bestimmter Laute. Tiere, die dazu nicht fähig sind, haben keine Sprache. Daher können wir davon ausgehen, dass alle zuvor erwähnten Lautäußerungen (Miau, Kikeriki, Wuff, Ia, Möh, Wüff, Muh) von Tieren stammen, die keine Sprache entwickelt haben. Tiere, die ihre Lautäußerungen ausschließlich genetisch erworben haben, sind nicht in der Lage, diese zu ändern. Eine Katze kann beispielsweise nicht plötzlich bellen. Bei uns Menschen ist das anders: Nachdem wir unsere genetisch erworbene »Schreiphase« beendet haben, beginnen wir, die Laute unserer Eltern zu imitieren und legen damit den Grundstein für unsere Sprachentwicklung. Als Eltern sind wir dann besonders stolz, wenn unser Kleines das erste Mal »Mama« oder »Papa« sagt. Bei Delfinen ist das ähnlich: Die ersten Pfiffe klingen meist wie der Signaturpfiff des Muttertieres. Spätestens nach einem Jahr (die Angaben gehen da etwas auseinander) formt sich daraus der persönliche Signaturpfiff. Doch zu einer Sprache gehört mehr. Wir müssten erfahren, ob und in welchem Kontext bestimmte Lautäußerungen ausgetauscht werden. Letztlich müssten wir einer Unterhaltung beiwohnen und die ausgetauschten Informationen entschlüsseln. Leider ist gerade das gar nicht so einfach. So ist es bisher nicht gelungen, Unterwasser-Videoaufnahmen von einer Gruppe von Delfinen zu machen und in dieser Gruppe jeden einzelnen Laut einem bestimmten Delfin zuzuordnen. Daher wissen wir weder, wer etwas sagt, noch können wir Aspekte der Körpersprache der akustischen Kommunikation zuordnen. Dies ist der Grund, warum wir nach sechzig Jahren Kommunikationsforschung bei Delfinen immer noch ganz am Anfang stehen.

Das zugrundeliegende Problem ist erschreckend banal: Delfinen sieht man es nicht an, ob sie etwas sagen oder nicht. Im Gegensatz zu uns ist ihr Mund nicht zum Sprechen da. Es gibt keine Überschneidungen zwischen Luft- und Speiseröhre und ich denke, jeder, der sich schon einmal verschluckt hat, stimmt mir zu, dass wir Menschen in dieser Hinsicht ein Leben lang mit einer Fehlkonstruktion herumlaufen müssen. Wie praktisch wäre es, wenn man ungestraft gleichzeitig essen, atmen und sprechen könnte! Delfine können das und müssen ihren Mund beim Sprechen nicht bewegen.

In seltenen Fällen hat man nur ein einzelnes Tier vor der Kamera oder das Glück, dass bei der Lautproduktion einige Bläschen aus dem Blasloch aufsteigen. Diese Fälle bilden bisher die Grundlage für alle Untersuchungen, und nur durch viele Stunden Beobachtung waren überhaupt Aussagen zu kontextspezifischen Signalen möglich. Um eine Sprache zu entschlüsseln, reicht das jedoch nicht. Das ist in etwa so, als würden sie nur alle paar Sätze ein Wort verstehen. Sie werden denken: Warum ist das so ein Problem? Man kann doch bestimmt jeden einzelnen Delfin an seiner Stimme erkennen, so wie wir uns an der Stimme oder einen Hund am Gebell erkennen? Wenn Sie jedoch zwei gleich große Hunde derselben Rasse haben, können Sie deren Gebell auch nicht unterscheiden. Und so ist es auch bei Delfinen. Derzeit wird allerdings daran gearbeitet, Computer so zu trainieren, dass sie Delfine an ihrer Stimmcharakteristik erkennen. Derzeit besteht das ursprüngliche Problem nach wie vor: Wir können nicht einfach Videoaufnahmen von einer Gruppe von Delfinen machen und die Lautäußerungen einem bestimmten Tier zuordnen. Daher ist es auch nicht möglich, so etwas wie einer Konversation zu folgen.

Wenn wir uns also derzeit dem Problem durch detaillierte Beobachtung wild lebender Delfine nicht annähern können, was können wir dann tun? Wie oben schon erwähnt, können Delfine die Signaturpfiffe ihrer Artgenossen imitieren, und so ist es auch nicht verwunderlich, dass sie auch künstliche Pfiffe erlernen und wiedergeben können[21]. Doch haben Delfine die Möglichkeit, diese neuen künstlichen Signale auch mit einem Kontext oder einem Gegenstand zu verbinden? Sind sie dazu in der Lage, semantische und syntaktische Informationen zu verarbeiten? Gerade diese beiden Fähigkeiten sind von immenser Bedeutung, um eine Sprache entwickeln zu können.

Louis Herman und Kollegen arbeiteten seit den Siebzigern am Kewalo Basin Marine Mammal Laboratory in Honolulu. Ihr hauptsächliches Studienobjekt war eine begabte Delfindame namens Akeakamai. Tatsächlich haben wir diesem Delfin eine ganze Reihe von Erkenntnissen über das wahrscheinliche Potenzial einer Delfinsprache zu verdanken.

Herman und Kollegen haben mit Gesten gearbeitet. So gab es Gesten für einen Ball, eine Person, einen Ring usw., aber auch für rechts und links sowie für verschiedene Tätigkeiten. So konnte zum Beispiel der Delfin aufgefordert werden, den Ball von links zu der Person rechts zu bringen. Dies mag jetzt wenig beeindruckend sein, denn schließlich sieht man das in jedem Delfinarium. Das Besondere an Hermans Experimenten war aber die Austauschbarkeit und die Fülle an Kombinationsmöglichkeiten. Man konnte dem Delfin beispielsweise sagen, er solle die Person zum rechten Ball bringen. Auch konnte unterschieden werden, ob ein Ball zu oder in einen Korb gebracht werden soll usw. Voraussetzung für diese Fülle an Kombinationsmöglichkeiten war eine feste, unabänderliche Konvention, nach welcher die Gesten präsentiert wurden. Genau genommen bildeten die Gesten Sätze, die verschiedensten grammatikalischen Regeln folgten. So konnte die Reihenfolge und somit die Zeit bestimmt werden, es konnte der Ort und sogar bestimmte Eigenschaften wie »in« oder »an« bestimmt werden. Als ich meiner Mutter, einer Deutschlehrerin mit Leib und Seele, davon berichtete, sagte sie nur lapidar: »Ja, das sind Adverbialbestimmung des Ortes, der Art und Weise sowie der Zeit, die Grundlage unserer Grammatik.« Interessanter wurden die Experimente[22], als die Wissenschaftler absichtlich Fehler darin einbauten. So wurde ein Delfin aufgefordert, den am Boden festgeschraubten Unterwasserlautsprecher zu einer Person rechts zu bringen. Der Delfin wusste, was ein Unterwasserlautsprecher ist, und hätte ohne zu zögern eine Person von rechts zum Unterwasserlautsprecher gebracht. Doch in diesem Fall machte der Delfin noch nicht einmal einen Versuch, den Unterwasserlautsprecher hochzuheben. Das Tier hatte also verstanden, dass die

Aufforderung Quatsch war. Vielleicht hat es sich auch gedacht: »Wie blöd sind die denn? Wie soll ich das ohne Schraubenzieher hinbekommen?« Spannend ist aber, was passierte, als man in der Aufforderung eine Option offen ließ. So wurde abermals ein Satz gebildet, der den Konventionen nicht entsprach. Darin wurde die Delfindame aufgefordert, den Ball und den Unterwasserlautsprecher zur Person rechts zu bringen. Ein ausschließlich trainiertes Tier hätte auch in diesem Fall keine Aktion ausführen können oder hätte verzweifelt herumgesucht. Die Aufforderung hätte nicht den bekannten Regeln entsprochen und wäre somit nicht ausführbar gewesen. Ein Tier, das aber ein Konzept von der Satzbildung und den zugrunde liegenden Regeln hat, besitzt die Freiheit, den Satz auf sinnvolle Elemente hin zu untersuchen und dann zu entscheiden, ob sich aus dem Satz etwas machen lässt. Ein Prozess, der uns Menschen ausgesprochen vertraut ist. Wenn Sie sich beispielsweise mit einem Ausländer unterhalten, der unsere Grammatik ein wenig fantasievoller gebraucht, dann rätseln Sie ein bisschen herum und entscheiden sich dann für die plausibelste Lösung.

Ein weiteres Experiment war allerdings wirklich bahnbrechend: Akeakamai bekam Fragen gestellt! Natürlich keine nach dem aktuellen Wetter oder dem werten Befinden, stattdessen ging es beispielsweise darum, ob ein Ball oder ein anderer bekannter Gegenstand im Becken ist oder nicht. War er im Becken, drückte Akeakamai den rechten, war er nicht im Becken, den linken Knopf. Auch wenn es nur um einen Ball oder Ring ging, das Prinzip war entscheidend. Einerseits musste der Delfin das Konzept einer Fragestellung verstehen, also wissen, was überhaupt Fragen sind, andererseits musste er verstanden haben, dass es Dinge gibt, die nicht da sind. Es ist relativ leicht, einen Gegenstand, der da ist, zu erkennen oder zu suchen und ihn dann irgendwohin zu bringen. Ein gut trainierter Hund würde zum Beispiel eine Ewigkeit mit großer Ausdauer nach dem geforderten Gegenstand suchen, aber es wäre ihm nicht möglich zu sagen: »Das Ding ist nicht da!« Es ist nämlich ausgesprochen schwer, etwas, das gar nicht da ist, kognitiv zu erfassen und sich darüber im Klaren zu sein, dass es nicht da ist. Ein Hund sucht so lange, bis er den Gegenstand gefunden hat, der mit der Bezeichnung seines Herrchens übereinstimmt, er hat den Namen und den Gegenstand gemeinsam abgespeichert. Mit großer Wahrscheinlichkeit hat er aber das für uns so einfach zu begreifende Konzept nicht verstanden, er erfüllt lediglich ein Kommando. Ich weiß, für uns Menschen scheint das banal, aber tatsächlich ist das auch für uns eine ganz herausragende kognitive Leistung, seien sie ruhig mal stolz auf sich!

Einen weiteren Grad der Abstraktionsfähigkeit erreichte Akeakamai, als sie folgendes Experiment erfolgreich absolvierte: In ein Unterwasserfenster wurde ein Fernseher gestellt. Auf dem Monitor war ihr Trainer zu sehen, wie er Kommandos in Zeichensprache gab. Praktisch vom ersten Moment an reagierte der Delfin verständig und führte die Kommandos entsprechend aus. Nun könnte man natürlich argumentieren, dass das Tier den Trainer einfach gesehen und sich entsprechend verhalten habe. Das mag sein, wäre aber gemessen am Verhalten anderer Tiere wie Primaten dennoch beindruckend, denn Affen reagieren nicht so prompt auf eine Videodarbietung. Die Forscher gingen aber noch eine Stufe weiter, indem sie den Trainer unkenntlich machten und schließlich nur noch zwei weiße Hände vor einem schwarzen Hintergrund zeigten[23]. Akeakamai reagierte prompt und bewies damit, dass sie tatsächlich die Gebärdensprache gelernt hatte und nicht auf irgendwelche subtilen Hinweise des Trainers reagierte.

Doch wie aussagekräftig sind Experimente mit nur einem Tier? Kann man ausschließen, dass Herman und Kollegen durch Zufall so etwas wie einen »delfinischen Savanten« untersuchten? Ja, man kann, denn Akeakamai ist kein Einzelfall, und ihre Fähigkeiten wurden durch andere Experimente[24] und Beobachtungen[25] bestätigt. Alles in allem zeigen die Forschungsergebnisse von gefangenen Tieren, dass Delfine zumindest kognitiv in der Lage sind, eine Sprache anzuwenden. Aus unserem heutigen wissenschaftlichen Verständnis heraus ist es relativ unwahrscheinlich, dass sich diese Fähigkeit unabhängig von einer Sprache entwickelt hat. Es müsste auch die Frage beantwortet werden, warum sich die Fähigkeiten ohne eine Sprache entwickeln konnten. Aufgrund dessen darf man wohl hoffen, dass künftige Forschung echte Beweise für so etwas wie eine Sprache bei Delfinen liefern wird. Die finale Frage, die sich nun stellt, ist:

Wann können wir mit Delfinen reden?

Diese Frage hätte ich natürlich auch gerne beantwortet, doch wenn wir ehrlich sind, dann müssen wir uns eingestehen, dass dies noch eine Weile dauern könnte. Dennoch gibt es einige Forscher, die es versuchen. Ich rede jetzt nicht von Esoterikern, die auf mentaler Ebene oder mit ihrer Flöte Kontakt herstellen wollen, sondern von Wissenschaftlern, die sich dem Problem annehmen, es vereinfachen und mit ganz banalen Experimenten beginnen. Die vermutlich bekannteste Forscherin ist Denise Herzing von der Florida Atlantic University. Sie untersucht seit 1985 eine Gruppe von ca. 220 Fleckendelfinen auf den Bahamas, die sie seither regelmäßig jeden Sommer besucht und erforscht. Das Markenzeichen ihrer Forschung ist vermutlich sie selbst. Normalerweise versuchen Wissenschaftler den Einfluss des Beobachters so gering wie möglich zu halten. Als ich zu Forschungszwecken in Israel war, standen wir ebenfalls vor diesem Problem, und unser Professor, Dietmar Todt, hat immer wieder mit Nachdruck darauf gedrungen, während unserer Videoaufnahmen wirklich vollständig auf jede Interaktion mit den Tieren zu verzichten. Schließlich war die Aufgabe die, das natürliche Verhalten der Tiere zu erforschen. Ein wenig anders handhabt das Denise Herzing, denn sie stellt sich selbst bzw. ihre Mitarbeiter in das Zentrum ihrer Delfinforschung. Ihre Bemühungen richten sich auf die Interaktion zwischen Menschen und wild lebenden Delfinen. Genau genommen schwimmt sie seit Jahrzehnten jeden Sommer mit »ihren« Schützlingen umher und nennt das Forschung. Doch bei allen neidinduzierten sarkastischen Anspielungen: Es bleibt die Tatsache, dass diese Frau eine ganze Reihe interessanter Erkenntnisse[26] geliefert hat. Auch hat sie bei all ihren Interaktionen penibel darauf geachtet, dass die Tiere freiwillig dabei mitmachen und in keiner Weise mit Futter belohnt werden. Es ging ihr ausschließlich darum, Verhalten zu beobachten, das die Tieren selbstmotiviert zeigen. In den letzten Jahren hat sich ihr Interesse allerdings dahingehend verändert, dass sie versucht, mit bestimmten Aktivitäten das Interesse der Delfine über eine längere Zeit aufrechtzuerhalten. In ihrer Veröffentlichung von 2012[27] beschreibt sie beispielsweise die ersten Ansätze einer symbolbasierten Kommunikation mit Delfinen. Zunächst begann sie, Delfine daran zu gewöhnen, ihrem Blick oder ihrem ausgestreckten Arm zu folgen. Bitte seien Sie jetzt nicht enttäuscht, aber es ist eine beachtliche Leistung, wenn man auf einen Gegenstand zeigt und ein Tier darauf mit Interesse reagiert[28] oder den Gegenstand sogar bringt. Sie mögen denken: »Das kann mein Hund auch«, und tatsächlich gibt es Untersuchungen, die das bestätigen[29]. Doch Hunde sind vermutlich darauf gezüchtet, denn von Menschen aufgezogene Wölfe reagieren beispielsweise in einem weitaus geringeren Maß auf eine Geste[30]. Doch diese Ergebnisse sind nicht eindeutig bzw. stehen im Widerspruch zu anderen Untersuchungen, bei denen Wölfe besser abgeschnitten haben[31]. Ein wesentlicher Unterschied, der sich im Verlauf des über zehntausend Jahre dauernden Ausleseprozesses herausgestellt hat, ist allerdings die Tatsache, dass Hunde auf uns achten und Wölfe nicht[32]. Wir haben uns einen Begleiter erschaffen, der permanent aufmerksam ist und der in uns liest wie in einem Buch. Umgekehrt funktioniert das natürlich auch, denn wenn mein Hund in seinen Fressnapf stiert, weiß ich auch was ich zu tun habe. Es ist aber gut möglich, dass Hunden das zugrunde liegende Konzept nicht verständlich ist, sie reagieren möglicherweise nur auf Gesten (dazu mehr im Kapitel: »Das Gehirn – Vom Denken«). Seien Sie aber bitte nicht enttäuscht, wenn sich Ihr vierbeiniger Freund mit dieser Aufgabe ein wenig schwertut. Nicht alle Hunde reagieren gleichermaßen verständig. Aus eigener leidvoller Erfahrung kann ich Ihnen berichten, dass ich bereits hunderte Male mit starrem

Blick verkrampft in die Richtung des verschwundenen Bällchens geblickt und unzählige Male mit dem Arm auf das Stöcken gewiesen habe, das die Strömung davongetragen hat. Darwins Antwort (Darwin heißt mein Hund) auf mein Verhalten ist immer die gleiche: schwanzwedelnd sieht er mich mit großen Augen erwartungsvoll an, und ich fühle mich schlecht, weil ich kein weiteres Bällchen dabei habe. Nur gut, dass unser treuester Begleiter nicht nachtragend ist …

Doch was genau hat Denise Herzing nun eigentlich mit ihren Delfinen unternommen? Zunächst einmal muss man wissen, dass die Tiere in dem entsprechenden Areal an sie, ihr Boot und die damit verbundenen Aktivitäten gewöhnt sind. Die Tiere hatten somit die Erfahrung gemacht, dass die Aktivitäten, meist Foto- und Videodokumentation, keine Gefahr für sie darstellen. Für Wildtiere gibt es immer widerstrebende Gefühle oder besser Motivationen gegenüber etwas Neuem. Einerseits kann es gefährlich sein, sich ihm zu nähern, andererseits könnte es aber auch einen Vorteil bedeuten. Im Allgemeinen überwiegt die Scheu, denn das Risiko einer Verletzung ist viel größer als ein möglicher Vorteil. Wenn nun aus Erfahrung das Risiko als minimal eingeschätzt wird, dann spricht nichts dagegen, sich dem Objekt anzunähern. In unserem Fall war das ein Stück Stoff, dass die Taucher mit ins Wasser genommen hatten. Zunächst einmal entspannte sich ein Spiel zwischen den beiden Tauchern. Der eine zeigte zum Beispiel mit dem Arm auf das Stück Stoff und der andere schwamm dorthin. Wichtig war dabei, deutlich Augenkontakt herzustellen und eindeutig auf das Stück Stoff zu weisen. Die Delfine sollten diese Interaktion beobachten und lernen, dass die Geste mit dem Arm eine Bedeutung hat und zum Spielen mit dem Gegenstand einlädt. In einem zweiten Schritt sollten die Tiere in eine abstraktere Kommunikation integriert werden. Dabei benutzten die Taucher eine Art Unterwasser-Keyboard, auf dem sich große Symbole befanden und mit dem man bestimmte Geräusche produzieren konnte. Der Taucher wies dann nicht mit den Armen auf einen Gegenstand, sondern drückte das entsprechende Symbol auf dem Keyboard.

Auch in diesem Fall sollten die Delfine durch Beobachtung lernen, wie man ein Spiel initiieren kann. Die Spielobjekte befanden sich aber nicht immer in der Hand eines Tauchers, sondern waren zum Beispiel auch in einer transparenten Plastikbox versteckt. Dies sollte im Idealfall die Delfine dazu anregen, einen Taucher über das entsprechende Symbol oder über das entsprechende akustische Signal aufzufordern, ein bestimmtes Objekt aus der Box zu holen und damit ein Spiel zu beginnen. Auch wenn dieser Idealfall in der Studie nicht dokumentiert werden konnte, so zeigt doch das folgende Beispiel, dass die Grundidee richtig war: Während ihrer Experimente sank ein Stück Seil (eines der verschiedenen Spielzeuge) auf den Meeresboden in 15 Meter Tiefe und war somit für die Menschen nicht mehr erreichbar. Denise Herzing schwamm daraufhin zu dem Keyboard und gab das Signal für »Seil«. Daraufhin tauchte der Delfin Tink zum Seil und brachte es zu den Schwimmern zurück. Ich denke, jeder kann sich vorstellen, was für ein glücklicher Moment das für Denise Herzing gewesen sein muss. Im Gegensatz zu allen Experimenten in Gefangenschaft zeigte ihr Versuch, dass Delfine nicht nur unter Zwang oder im Training, sondern auch selbstmotiviert in der freien Wildbahn dazu in der Lage sind, über abstrakte Symbole zu kommunizieren. Im Prinzip ist es ihr damit erstmalig gelungen, den Experimenten in Gefangenschaft einen echten Wert zu verleihen. Ihr Experiment legt den Schluss nahe, dass die abstrakte Kommunikation nicht nur unter Bedingungen der Gefangenschaftshaltung und als Resultat einer Dressur angewendet wird, sondern Bestandteil des natürlichen Verhaltensspektrums von Delfinen ist.

Gerade diese Beobachtung machte ihre Versuche auch für den Astronomen Laurance Doyle vom SETI-Institut[33] interessant. SETI steht für *Search for Extraterrestrial Intelligence*, also für die Suche nach außerirdischem Lebens. Die Institution interessiert sich für Delfine, denn sie könnten so eine Art Testfall für extraterrestrische Kommunikation sein. Wir haben somit Gelegenheit, unser erstes Gespräch mit Aliens zu üben, und vielleicht lernen wir ganz nebenbei auch etwas über unsere irdischen Mitbewohner.

Allerdings gibt es noch einen kleinen Haken: Delfine sind nicht nur auf die akustische Kommunikation begrenzt, und viele Forscher gehen davon aus, dass die Körpersprache, vor allen Dingen aber der direkte Körperkontakt eine wichtige Rolle in der Kommunikation von Delfinen spielen[34]. Hoffen wir, dass auch diese Erkenntnisse bei SETI berücksichtigt werden, denn vielleicht ist es ja bei einer außerirdischen Spezies erforderlich, zur Begrüßung nicht die Hände zu schütteln, sondern sich gegenseitig hinter dem Ohr zu kratzen.

Flipper und seine Verwandten

Wir haben uns bisher mit den Großen Tümmlern und den Fleckendelfinen in den Gewässern der Bahamas beschäftigt, doch inwieweit gelten diese Erkenntnisse auch für andere Walarten? Auch wenn Wale im Allgemeinen recht gut erforscht sind, so sind doch unsere Erkenntnisse über ihre Kommunikation rudimentär bzw. für die meisten Arten überhaupt nicht vorhanden. Dennoch möchte ich auf zwei weitere Beispiele sozusagen stellvertretend eingehen.

Die Buckelwale

Buckelwale sind Bartenwale, das heißt, sie sind keine Raubtiere, sondern ernähren sich als Filtrierer. Auch wenn sie so groß und archaisch aussehen, evolutiv gesehen sind sie eine recht junge Gruppe, die aus den Zahnwalen heraus entstanden ist[35]. Wir sollten daher nicht überrascht sein, auch in dieser Gruppe beachtliche kognitive Leistungen zu finden.

Die meisten von Ihnen kennen ihre Gesänge. Seit den Siebzigern werden Platten und CDs mit ihren Liedern verkauft, mal in Begleitung einer Flöte oder eines Klaviers und mal pur als Naturaufnahmen. Im Allgemeinen neigen wir dazu, ihre Gesänge in ruhiger Atmosphäre zu genießen, und entspannen uns dabei. Für die Tiere selbst hat das Ganze wenig mit Entspannung zu tun, und vermutlich sind sie während ihrer Darbietung genauso angespannt wie unsere jungen Superstars bei Dieter Bohlen.

Wie so oft im Tierreich sind es die Männchen, die auffallen müssen. In der Buckelwal-Gesellschaft geht es weniger um bunte oder besonders lange Federn, wie bei anderen Tierarten, sondern um besonders ausgefallenen Gesang. Man braucht daher wenig Fantasie, um Buckelwale mit unseren Minnesänger zu vergleichen. Ähnlich unserer eigenen Kultur geht es auch bei Buckelwalen um Liebe – um Liebe zum anderen Geschlecht. Im Idealfall geht es zudem noch um Fortpflanzung, oder nennen wir es ruhig beim Namen: Es geht schlicht um Sex und die Hoffnung, zum Zuge zu kommen. Bartenwale können allerdings nicht gut um Weibchen kämpfen, sie haben keine Krallen, keine Zähne und auch keine Hörner, um Rivalen zu vertreiben. Was sie haben, ist Masse. Wenn diese einmal beschleunigt ist, wird sie zu einer tödlichen Waffe, und das wäre einfach zu gefährlich. Meist geht es in der Natur auch nicht darum, einen Rivalen zu töten, sondern darum, den eigenen Samen erfolgreich abzuliefern. Das geht auch ohne Kampf. Aus diesem Grund haben sich verschiedene Strategien entwickelt.

Haben Sie schon einmal etwas von Spermakonkurrenz gehört? Eigentlich keine schlechte Erfindung, denn zum Beispiel bei Glattwalen und unserem einheimischen Schweinswal dürfen alle Jungs mal ran. Dabei läuft das ganze ausgesprochen friedlich ab, und die Weibchen lassen sich geduldig die Aufmerksamkeiten gefallen. Der eigentliche Kampf wird vom Sperma selbst ausgetragen. Im Fall eines Glattwals geht es dabei nicht um ein paar Tröpfchen, sondern um eine geballte Ladung, die von bis zu 800 kg schweren Hoden produziert wird. Buckelwale gehen nicht so verschwenderisch mit ihrem Samen um, sie versuchen es mit Gesang. Leider muss ich an dieser Stelle gestehen, dass wir trotz vierzig Jahren intensiver Forschung immer noch nicht sagen können, ob sie damit ihre Weibchen bezirzen oder ob sie gegenüber anderen Walbullen als der Bessere dastehen wollen. Fakt ist allerdings: Ihrer Gesänge treten fast ausschließlich während der Paarungs- und Aufzuchtzeit auf. Interessant ist vor allen Dingen die Art und Weise, wie sie singen. Es gibt eine klare Gliederung und so etwas wie eine jährliche Konvention, die von allen Bullen in einer bestimmten Region eingehalten wird. Tatsächlich ändern sich aber die Gesänge von Jahr zu Jahr, und viele Forscher sprechen von einem Kulturgut, das vielleicht am ehesten mit so etwas wie unserer Mode verglichen werden kann (mehr dazu im Kapitel »Kultur – eine menschliche Domäne« im Bonusmaterial auf der Webseite: www.walrecht.de). Die wenigsten wissen allerdings, dass Buckelwale neben ihren Gesängen auch Rufe haben. In einer Untersuchung vor Australien wurden mindestens 33 unterschiedliche Rufe gefunden, und es wurde beobachtet, dass diese auch in unterschiedlichen Kontexten eingesetzt werden[36]. Denken wir noch einmal an die folgenden Lautäußerungen zurück: Miau, Kikeriki, Wuff, Ia, Möh, Wüff, Muh. Die meisten Tiere haben einen charakteristischen Ruf, der im Prinzip nur bedeutet: »Hallo, hier ist ein Vertreter der Art XY.« Nur bei wenigen Tierarten konnte bisher bewiesen werden, dass zusätzlich auch Informationen über das Individuum übermittelt und verstanden werden, und nur wenige Arten benutzen kontextspezifische Laute, zum Beispiel für Gefahr, Sex oder Fressen. Die Tatsache, dass Buckelwale ein so großes Repertoire an Gesängen, aber auch an Kommunikationslauten haben, spricht für sich, und auch wenn wir deren Funktion heute noch nicht entschlüsselt haben, so lassen die derzeitigen Erkenntnisse einen doch optimistisch in die Forschungszukunft sehen.

Die Orcas

Als nächstes möchte ich Sie mit dem akustischen Leben des Herrschers der Meere vertraut machen. Ja, richtig, ein bisschen theatralisch, und nein, wir reden jetzt nicht über den weißen Hai. Es ist nämlich eine Tatsache, dass man einen weißen Hai schon im Bauch eines Orcas gefunden hat, aber nicht umgekehrt. Somit gebührt dem Orca vermutlich die zweifelhafte Ehre, das gefährlichste Tier im Meer zu sein (ich persönlich habe übrigens mehr Angst vor der Seewespe Chironex, aber das nur nebenbei).

Unabhängig davon ist der Orca ein »Familientier«. Vermutlich gibt es weltweit nur wenige Tiere, einschließlich uns Menschen, bei denen das Familienleben so ausgeprägt und auch gut untersucht ist. Wie bereits zuvor für Delfine erläutert, stehen auch Orcas drei Hauptkategorien von Lauten zur Kommunikation zur Verfügung: die Echolokationsklicks, die »Burst-pulse-Sounds« und die Pfiffe. Dies ist auch keine große Überraschung, denn Orcas, auch Schwert- oder Killerwale genannt, sind keine Wale, sondern große Delfine. Bitte haben Sie Verständnis für diese Verwirrung. Früher galt eben »groß« = »Wal«, und die wahren Verwandtschaftsbeziehungen waren noch nicht bekannt. Der Orca gehört, wie alle Delfine, zu der Gruppe der Cetaceen, umgangssprachlich auch Waltiere genannt, und insofern ist es vielleicht doch nicht ganz falsch, ihn einen Wal zu nennen.

Orcas leben in komplexen sozialen Netzwerken. Bei den gut untersuchten *Residents* (sie leben ortsgebunden, daher der Name) in Kanada ist die kleinste Gruppe die Familie oder Matrilinearität, also eine Gruppe, in der ein Muttertier das Sagen hat. Dem Muttertier folgt eine kleine Gruppe von bis zu acht Tieren. Zwei bis drei dieser Familien bilden einen sogenannten *Pod*, in Deutsch könnte man auch Herde sagen. Sie teilen den gleichen Dialekt[37], doch dazu später. Mehrere *Pods* bilden einen Klan mit vergleichbarem, aber nicht identischem Dialekt[38]. Die Klans wiederum bilden die Orca-Gemeinschaft und somit den Genpool. Typisch bei den kanadischen Familien der Orca ist ein Repertoire von 7 bis 17 typischen, sich wiederholenden Rufen, die jeweils von den Muttertieren an die nächste Generation weitergegeben werden. Diese Rufe bilden den Dialekt, also eine Art familiäre Sprachtradition. Einige dieser Rufe bleiben über eine lange Zeit unverändert, wohingegen andere einer gewissen Abwandlung unterliegen[39]. Betrachtet man die einzelnen Rufe etwas genauer, kann man diese in so etwas wie Silben aufteilen. Auffällig ist auch, dass sich bestimmte Grundfrequenzen unterscheiden oder dass höhere Frequenzen so etwas wie eine zweite Stimme bilden.

Die Dialekte wurden erstmals in den pazifischen Gewässern

Kanadas entdeckt und nun auch für Orcas an der russischen Pazifikküste bestätigt[40]. An der kanadischen und der russischen Pazifikküste gibt es noch andere Orcas mit einem ganz anderen Lebensstil: Im Gegensatz zu den Fischfressern an der Küste jagen sie meist Meeressäugetiere, also Robben, Seehunde, Wale und Delfine. Da sie nicht permanent in einem Gebiet bleiben, nennt man sie auch *Transients*. Doch nicht nur der Lebensstil ist ein anderer, sie scheinen auch eine andere »Sprache« zu sprechen. Die Forscher konnten bestimmte sprachliche Besonderheiten ausmachen. Vielleicht kann man diese am ehesten mit unseren Phonemen vergleichen. Das ist vergleichbar damit, dass beispielsweise Japaner kein »st« und Engländer kein »kn« kennen. Diese Sprachunterschiede bei den Orcas können übrigens auch Seehunde heraushören[41]. Wenn sie Rufe der ihnen bekannten *Residents* hören, bleiben sie entspannt und machen, was sie eben so zu tun haben. Wenn sie aber einen *Transient* oder einen Orcadialekt hören, den sie nicht kennen, dann flüchten sie. Dies ist im Übrigen ein Grund dafür, dass die *Transients* in kleineren und somit unauffälligeren Gruppen von ca. fünf Tieren jagen und akustisch weit weniger aktiv sind als die *Residents*.

Hinzu kommt eine dritte Gruppe von Orcas im Nordpazifik, die sogenannten Offshore-Orcas. Sie leben hauptsächlich weit draußen im Meer, und man darf wohl mit Recht behaupten, dass sie, obwohl kleiner als die *Transients* und *Residents*, die wahren Helden der Ozeane sind. Leider wissen wir nicht viel über sie. Sie sind gerne in Gruppen von 75 bis 100 Tieren unterwegs und unternehmen Reisen von über 4.000 Kilometer, aber über ihr Sozialleben wissen wir praktisch nichts[42]. Ab und an kommen sie an die Küste, aber dann verschwinden sie wieder und entziehen sich allen unseren Bemühungen, sie detailliert zu untersuchen. Ihre raue Lebensweise sieht man ihnen allerdings auch an: Sie haben extrem viele Kratzer und Verletzungen auf der Haut, und besonders ältere Tiere haben völlig abgewetzte Zähne. Ihre Hauptnahrung sind vermutlich große Fische wie zum Beispiel Haie[43]. Auch wenn man es mit bloßem Auge nicht sieht: Haie haben Schuppen. Nicht diese lästigen Begleiter auf unseren Schultern und auch keine typischen Fischschuppen, sondern eher kleine, extrem harte, die miteinander verzahnt sind. Ihre Haut fühlt sich daher an wie Schmirgelpapier. Eben dieses schmirgelt über die Jahrzehnte die Zähne der Orcas zu unansehnlichen Stümpfen ab.

Natürlich würde ich Ihnen jetzt gerne erklären, wie die Rufe der einzelnen Orca-Gruppen genau eingesetzt werden, aber wie oben schon erwähnt, ist die Freilandforschung mit vielfältigen Schwierigkeiten verbunden. Wir kennen zwar ihre Sprache und deren Struktur, doch wir wissen nicht wirklich viel über deren Kontext. Wir vermuten, dass die Tiere mit ihrem gemeinsamen Dialekt dafür sorgen, dass ihre Familien zusammenbleiben und auch über größere Entfernung Kontakt halten können. Doch dazu würde bereits ein charakteristischer Ruf reichen. Wir wissen auch, dass der Dialekt bei der Partnerwahl eine extrem wichtige Rolle spielt: Es werden nur Artgenossen mit einem anderen Dialekt akzeptiert. Das heißt, es gibt kaum Nachkommen innerhalb der Familie, des *Pods* und des Klans. Der Grund dafür liegt auf der Hand: Man vermeidet so Inzucht.

Wir haben oben bereits erfahren, wie wichtig es ist, Kommunikationslaute zu lernen oder imitieren zu können. Nur so ist so etwas wie eine Basissprache möglich. Alles andere sind angeborene artspezifische Rufe. Es ist daher nicht überraschend, dass Forscher versuchen, die Fähigkeit des vokalen Lernens zu untersuchen. Voraussetzung dafür ist eine detaillierte und möglichst lang andauernde Beobachtung der Tiere. Eine der wichtigsten Forschungseinrichtungen ist das 1972 von Dr. Paul Spong gegründete Orcalab[44] auf Vancouver Islands in Kanada. Paul Spong ist so etwas wie eine lebende Legende unter Walforschern, und fast alle meiner Kollegen haben irgendwann einmal bei ihm ein Praktikum absolviert. Der Grund dafür liegt in seinem fast einzigartigen Hydrophonnetzwerk, mit dem er fünfzig Quadratkilometer der Johnstone Strait und des Blackfish Sound abhören kann. So ist es möglich, bestimmten Familien akustisch zu folgen und zu überwachen, ob sie Rufe benutzen, die nicht mit zum Familienrepertoire gehören. Genau diese Beobachtung gelang ihm[45]. Es zeigte sich, dass nicht oft, aber regelmäßig Rufe anderer Dialekte vorkamen und dass diese Rufe keine identischen Imitate waren. Es klang eher so, als würden die Tiere einen Ruf ausstoßen, der ihnen nicht so vertraut war wie ihr eigener. Natürlich lässt sich nun wild darüber spekulieren, warum die Tiere das tun. Benutzen sie die Rufe als Referenz oder rutscht ihnen nur einfach mal ein anderer Ruf heraus? Damit sind wir wieder bei der Frage nach dem Kontext und den Problemen einer detaillierten Freilandforschung[46]. Die Fähigkeit, Laute zu imitieren, reicht allerdings noch ein Stück weiter, wie das folgende traurige Beispiel zeigt: Das in Gefangenschaft isoliert aufgewachsene junge Weibchen Luna hatte keinen Kontakt zu ihrer Familie, und ihre Sozialpartner waren Seelöwen. Unterwasseraufnahmen, die in Abwesenheit von Seelöwen aufgenommen wurden, zeigten dann, dass Luna nicht stumm war, nein, sie bellte wie ein Seelöwe[47].

Was haben wir aus diesem ersten Kapitel gelernt? Gibt es Argumente, die dafür sprechen, dass Wale und Delfine eine Persönlichkeit haben? So einfach ist das nicht zu beantworten. Es gibt ca. 80 verschiedene Arten mit teilweise sehr unterschiedlichen Lebensweisen, und unsere Erkenntnisse sind leider nur auf wenige Arten beschränkt. Wir haben aber in diesem Kapitel erfahren, dass einige Arten ein komplexes Kommunikationssystem besitzen, zu vokalem Lernen fähig sind und somit theoretisch eine einfache Sprache entwickelt haben können. Von mindestens einer Art, dem Großen Tümmler, wissen wir, dass er eine einfache Grammatik begreift und folgerichtig und in abstrakter Form anwenden kann. Hinzu kommt, dass sein komplexes Sozialleben scheinbar so etwas wie Namen erforderlich macht. Mit einem Namen wird aber ein Etwas zu einem »Wer« und somit zu einer Person.
Eine Person besitzt natürlich nicht nur ein Bewusstsein, sondern auch ein Selbstbewusstsein, und daher beleuchten wir diesen Aspekt im folgenden Kapitel.

Hast du Bewusstsein oder bist du Nahrung?

Nachdem wir uns mit Sprache, Namen und Grammatik beschäftigt haben, ist es Zeit, sich eines Themas anzunehmen, das für die meisten Menschen so etwas wie die kognitive Königsdisziplin ist: das Selbstbewusstsein. Wir wissen natürlich alle, was das ist und wie es sich anfühlt. Doch wie können wir beweisen, dass wir eines haben? Haben wir es von Geburt an? Und was ist mit anderen Menschen, haben die auch eines? Irgendwie wissen wir, dass unsere Mitmenschen ein Selbstbewusstsein haben. Doch wie können wir dessen sicher sein bzw. warum wollen wir ausschließen, dass sie keines haben? Mit diesen und ähnlichen Spekulationen drehen wir uns im Kreis. Doch glücklicherweise können wir genau diese Frage experimentell beantworten, und zwar ganz einfach mit einem Spiegel. Ich entführe Sie erneut in die Welt der Verhaltensbiologie und ihrer Versuche, mit möglichst objektiven Experimenten des »Pudels Kern« zu ergründen.

Spieglein, Spieglein an der Wand

Vielleicht kennen Sie das: Sie blicken morgens in den Spiegel und wenden sich erschrocken wieder ab. »Nein, dieses alte, zerknitterte Gesicht, das bin nicht ich«, denken Sie. Hätte Sie in diesem Moment ein Verhaltensbiologe beobachtet und ein sogenanntes Spiegelexperiment durchgeführt, Sie wären mit Pauken und Trompeten durchgefallen. Ein objektiver Beobachter hätte möglicherweise bemerkt, dass Sie immer noch unter den Auswirkungen der letzten Nacht litten und das Experiment später wiederholt oder ihre Leistungen entsprechend abgewandelt. So in etwa haben sich in der Vergangenheit Verhaltensbiologen einem Experiment genähert, das zu Beginn praktisch von jeder Seite kritisiert und attackiert wurde. Obwohl das Experiment recht einfach anmutet und in der Praxis auch recht simpel umzusetzen ist, ist das, was es tatsächlich aussagt, umstritten, und die daraus abzuleitenden Schlüsse haben das Potenzial, die von uns geschaffene Weltordnung einzureißen. Große Worte, aber was ist wirklich dran an dem Spiegel?

Das Experiment untergräbt einfach nur unser Alleinstellungsmerkmal als Mensch gegenüber den anderen Mitbewohnern auf »unserer« Erde, es hinterfragt unseren Besitz- und Herrschaftsanspruch, denn es belegt Selbstbewusstsein auch bei anderen Arten, also die Wahrnehmung der eigenen Existenz und die Differenzierung zwischen dem Ich, den anderen und der Umwelt. Vielleicht kann man darum bei diesem Experiment von so etwas wie dem »heiligen Gral der Verhaltensbiologie« sprechen.

Bis vor wenigen Jahren waren sich die Biologen darüber einig: Selbstbewusstsein gibt es nur bei höheren Primaten. Bestanden hatte den Test, wer am eigenen Spiegelbild einen Fleck erkennt, der auf der eigenen Haut aufgemalt wurde, und sich mit der Hand daran kratzt. Getestet wurden verschiedene Primaten (auch »Herrentiere« genannt), Elefanten, Delfine und beispielsweise Papageien. Das Ergebnis war ernüchternd: Lediglich eine kleine Untergruppe der Trockennasenaffen, die sogenannten Großen Menschenaffen, also Orang-Utans, Gorillas, Schimpansen und Menschen, waren dazu in der Lage, den Test erfolgreich zu bestehen[48]. Alle anderen Primatenarten, Elefanten, Delfine und Papageien fielen durch[49]. Sie mögen denken: Was für ein blödes Experiment, mit einem Rüssel mag man sich ja kratzen können, aber wie bitte sollen das Delfine oder Papageien hinbekommen? Und sie haben natürlich recht, das Experiment erscheint ein bisschen homozentrisch. Womit wir erneut beim Thema Kritik an der ganzen Geschichte wären. Aber bitte lassen Sie mich das Experiment im Grundsatz erst einmal beschreiben, denn es ist so einfach wie genial und noch lange nicht zu Ende entwickelt. Die englische Originalbezeichnung lautet *mirror self-recognition* (MSR), also Spiegelselbsterkennung, wenn ich so hässlich übersetzen darf. Die ersten Experimente wurden 1970 an Schimpansen durchgeführt[50], basierten aber auf Ideen und Experimenten von Darwin.

Grundsätzlich gibt es verschiedene Möglichkeiten, auf einen Spiegel zu reagieren. Als erstes könnte der Spiegel einfach ignoriert werden, und tatsächlich ist dies bei den allermeisten Tieren der Fall. Gründe dafür gibt es viele. Wenn zum Beispiel der optische Sinn bei der Orientierung und Wahrnehmung nur eine untergeordnete Rolle spielt, dann ist ein Spiegelbild nicht besonders interessant, wenn es keine Geräusche macht oder nicht wenigstens ein bisschen nach Leben riecht. Die meisten von Ihnen kennen dies aus eigener Erfahrung: Normalerweise betrachtet sich nur Herrchen oder Frauchen vor dem Spaziergang im Spiegel, der geliebte Vierbeiner hat ganz anderes im Sinn als seine äußeren Reize zu überprüfen. Doch bitte unterschätzten Sie die Intelligenz unseres treuen Begleiters nicht, wenn ich Ihnen nun erzähle, dass zum Beispiel viele Fische und Vögel ausgesprochen aktiv auf einen Spiegel reagieren. Es handelt sich dabei um die zweite Möglichkeit der Reaktion: Tiere, bei denen der optische Sinn eine dominante Rolle einnimmt, erkennen im Spiegel einen Artgenossen. Dass dieser nicht nach Artgenosse riecht oder klingt, macht ihnen nichts aus, sie reagieren im Rahmen ihrer normalen sozialen Verhaltensweisen. Man spricht daher auch von Sozialverhalten gegenüber dem Spiegel bzw. dem Spiegelbild. Ein territorialer Fisch wird zum Beispiel versuchen, bis zur vollständigen Erschöpfung gegen den vermeintlichen Gegner vorzugehen. Dies ist im Übrigen ein klassisches Experiment im Studium der Verhaltensbiologie und wird auch in manchen Gymnasien als beeindruckendes Beispiel vorgeführt. Mir persönlich haben die kleinen Tierchen immer sehr leid getan, und ich glaube, ein Video hätte gleichermaßen überzeugend gewirkt.

Im Gegensatz dazu kann ein Spiegel allerdings auch als Bereicherung empfunden werden, und so leben viele Vögel in ihrem Käfig gemeinsam mit ihrem Spiegelbild. Natürlich wäre auch in diesem Fall ein echter Sozialpartner sinnvoller, aber hier geht es ja um das Prinzip. Im Übrigen reagieren die meisten Tierarten, also auch jene, die den Test bestehen, in der Anfangszeit eher mit Sozialverhalten auf einen Spiegel. Sie sind entweder aggressiv oder interessiert und versuchen ihrem Gegenüber eine Reaktion zu entlocken. In jedem Experiment bedarf es somit einer gewissen Gewöhnungszeit, in der die Tiere mit dem Spiegel Erfahrungen sammeln können. Zu dieser Gewöhnung gehört auch das Untersuchen des Gegenstandes Spiegel. Man berührt ihn, blickt oder tastet dahinter usw.

Eine weitere Kategorie im Umgang mit dem Spiegel ist das Verständnis der Wirkweise eines Spiegels. Das meint: Die Tiere entwickeln also ein Konzept, und dieses funktioniert auch unter anderen Rahmenbedingungen. So gelingt es beispielsweise einer ganzen Reihe von Primatenarten, aber auch Schweinen[51] und einigen wenigen Hunden[52], den Spiegel als Orientierungshilfe zu verwenden. In den entsprechenden Experimenten wird Nahrung so versteckt, dass diese nur im Spiegel zu sehen ist. Grundsätzlich gibt es in diesem Moment zwei Möglichkeiten zu reagieren: Ohne Konzept bewegt sich das Tier direkt auf den Spiegel und auf die vermeintliche Nahrung zu. Mit Konzept hat das Tier ein Verständnis, wie Spiegelung funktioniert, und bewegt sich nicht zum Spiegelbild, sondern direkt zum Versteck. Auch wenn diese Tiere den eigentlichen Spiegeltest nicht bestehen, so müssen wir doch eine recht beachtliche kognitive Leistung anerkennen. Die folgenden beiden Kategorien bedürfen allerdings unserer besonderen Aufmerksamkeit: In der englischsprachigen Originalliteratur spricht man von *contingency checking* (cc) und *self directed* (sd). Mit *contingency checking* wird ein Verhalten bezeichnet, bei dem sich die Tiere intensiv mit ihrem Spiegelbild beschäftigen. Bei Menschenaffen und Kleinkindern bis ca. zwei Jahren[53] handelt es sich meist um das Bewegen des Kopfes, Winken mit den Armen oder andere Bewegungen. Dieses Verhalten muss nicht unbedingt etwas damit zu tun haben, dass das Spiegelbild als das eigene Selbst erkannt wird. Die Beobachtung kann auch einfacher interpretiert werden. So ist es durchaus denkbar, dass das Spiegelbild als etwas Ferngesteuertes wahrgenommen wird, allein die Attraktivität, die eine Fernwirkung haben mag, kann ausreichen, um ein Individuum dazu zu motivieren, alle möglichen Verrenkungen auszuführen oder auch Fratzen zu schneiden. Der Selbstbewusstseinstest kann damit jedoch nicht bestanden werden.

Die Kategorie *self directed* ist eine ganz andere Liga, denn hier wird ein Verhalten beschrieben, dass sich tatsächlich auf das eigene gespiegelte Selbstbildnis bezieht: Wenn sich der Proband nicht nur vor dem Spiegel hin und her bewegt, sondern seine Aufmerksamkeit auf Bereiche richtet, die er selbst ohne Spiegel nicht wahrnehmen bzw. sehen kann, dann wird dies als Zeichen dafür interpretiert, dass der Proband im Spiegel sich selbst erkannt hat.

Doch auch wenn beispielsweise Affen beginnen, an für sie nicht sichtbaren Stellen Fellpflege zu betreiben, so ist es für den beobachtenden Forscher oft nicht einfach, dieses Verhalten von *contingency checking* zu unterscheiden. Aus diesem Grund hat man sich einen besonderen Trick ausgedacht. Dazu werden die Probanden unauffällig an Stellen, die sie selbst nicht sehen können, markiert. Bei vielen Arten oder menschlichen Kleinkindern wird klassischerweise die Stirn mit einem Punkt oder Kreuz markiert. Greift der Proband nun an diese Stelle, wenn er sich im Spiegel betrachtet, gilt der Test als bestanden. Eindeutig bestanden haben bisher:

- alle Großen Menschenaffen (Menschen, Bonobos, Schimpansen, Gorillas und Orang-Utans)
- Großer Tümmler
- Asiatische Elefanten
- (Elstern)

Doch wie genau haben es Delfine nun doch geschafft, in die Riege der selbstbewussten Tiere aufgenommen zu werden, ohne sich an ihrer Markierung zu kratzen?

Stellen Sie sich vor, jemand klopft Ihnen von hinten auf Ihren Rücken. Stellen Sie sich weiter vor, dies passiert im Rahmen eines imaginären Spieles, bei dem es darum geht, jemandem ein Blatt Papier auf den Rücken zu kleben. Wenn Sie nun die Möglichkeit haben, sich mit Ihrer Hand an den Rücken zu fassen, dann werden Sie versuchen, das Blatt Papier zu greifen. Mit anderen Worten: Sie wissen, dass etwas mit Ihrem Rücken passiert ist, und Sie wenden nun dieser Stelle besondere Aufmerksamkeit zu. Diese Aufmerksamkeit hat allerdings noch nichts mit Selbstbewusstsein zu tun, denn Sie reagieren auf eine Berührung, ähnlich wie ein Hund auf einen Floh reagiert und sich kratzt. Möglicherweise befindet sich die Markierung aber außerhalb Ihrer Gelenkigkeit! Doch Sie haben Glück und es befindet sich ein Spiegel im Raum. Was würden Sie tun? Natürlich würden Sie zum Spiel gehen und auf Ihrem Rücken nachsehen. Nun gibt es zwei Möglichkeiten: Dort befindet sich keine Markierung und Sie wenden sich erleichtert vom Spiegel ab. Befindet sich aber eine Markierung auf Ihrem Rücken, werden Sie den Spiegel dazu benutzen, die Markierung genau zu betrachten. Dieses Verhalten ist ein eindeutiger Beleg dafür, dass Sie das Spiegelbild als Sie selbst erkannt haben und dass Sie nun versuchen, mit dem Spiegel Ihren eigenen Körper zu untersuchen. Um das zu tun, hat Ihr Gehirn eine ganze Reihe beachtlicher Leistungen erbracht. Als Erstes haben Sie verstanden, dass Sie markiert worden sind. Dann mussten Sie wissen, dass ein Spiegel Ihnen helfen könnte, und Sie mussten sich daran erinnern, dass ein Spiegel im Raum ist. Schließlich haben Sie sich selbst im Spiegel erkannt und entsprechend Ihrer Beobachtung reagiert. Das wirklich Spannende an Ihrem Verhalten ist natürlich vor allem, wie Sie damit umgehen, wenn eine Markierung da ist oder eben nicht.

In der Vergangenheit wurden Tiere markiert oder auch nicht, aber es blieb dabei unberücksichtigt, ob ein Tier nur berührt und somit vermeintlich markiert wurde. Gerade der Unterschied zwischen der Erkenntnis: »Ich bin zwar berührt, aber nicht markiert worden« und der Erkenntnis: »Oje, da ist etwas an mir, was da nicht hingehört«, ist entscheidend. Wenn dort nichts ist, muss ich mich auch nicht weiter mit mir beschäftigen. Wenn dort allerdings etwas ist, kann es für mich von Bedeutung sein, und diese Markierung bedarf meiner Aufmerksamkeit. Die Länge der Zeit, mit der sich ein Tier mit der Markierung oder eben mit der Nichtmarkierung (*shame mark*) beschäftigt, ist ausschlaggebend für die Erkenntnis, ob das Selbst im Spiegel erkannt wird oder eben nicht.

Die beiden Forscherinnen Diana Reis und ihre Kollegin Lori Marino haben daher ein Experiment durchgeführt, bei dem sie drei verschiedene Situationen vergleichen konnten[54]. Einerseits haben sie Delfine in einem Becken mit einem Spiegel beobachtet, dann haben sie ihnen sogenannte *shame marks* gesetzt, sie also berührt, aber nicht markiert, und zu guter Letzt haben sie sie berührt und dabei auch markiert. Hinzu kam noch ein weiterer, besonderer Aspekt: Die Tiere waren nicht nur an den Spiegel aus dem Experiment gewöhnt, sondern hatten permanent die Möglichkeit, sich in reflektierenden Flächen zu spiegeln. Das Becken hatte Unterwasserfenster, und so waren die Tiere bereits seit langer Zeit daran gewöhnt, ihr – etwas verzerrtes – Spiegelbild zu sehen. Die Tatsache, dass die Tiere nach der Markierung direkt zum Spiegel und somit zu der qualitativ hochwertigeren Spiegelung geschwommen sind, spricht zusätzlich für sich.

Nun ist ein Experiment aber nur so gut wie seine glaubhafte Durchführung, und besonders bei psychologischen und verhaltensbiologischen Experimenten ist es von großer Wichtigkeit, dass die Auswertung in keiner Weise durch eine Erwartungshaltung der Beobachter oder der Durchführenden beeinträchtigt wird. Aus diesem Grund wurden die einzelnen Videosequenzen von vier Personen ausgewertet. Diese wurden in zwei Gruppen zu je zwei Personen aufgeteilt und bekamen zufällig ausgewählte Videosequenzen zu sehen. In diesen Videosequenzen war weder zu erkennen, ob die Tiere markiert worden waren oder nicht noch waren die Markierungen selbst für den Beobachter zu erkennen.

Die Beobachter waren somit blind gegenüber den experimentellen Bedingungen – eine absolute Voraussetzung für ein überzeugendes Ergebnis.

Aufgrund der Wichtigkeit und der kontroversen Diskussion über das Selbstbewusstsein bei Delfinen sind die beiden Forscherinnen aber noch einen Schritt weiter gegangen: Zwei Beobachter haben jeweils die gleichen Sequenzen zur Auswertung bekommen, und ihre Beobachtungen wurden nur dann als Daten aufgenommen, wenn beide zur gleichen Zeit auch die gleiche Beobachtung unabhängig voneinander notiert hatten. Somit war vollständig ausgeschlossen, dass das Ergebnis von einer möglichen Erwartungshaltung der Beobachter abhing. Was genau konnte man aber nun dabei sehen? Einerseits sollten die Tiere kein Sozialverhalten vor ihrem Spiegelbild zeigen. Dies wurde durch die Daten bestätigt! Außerdem sollten sie signifikant mehr Zeit vor dem Spiegel verbringen, wenn sie eine Markierung sehen konnten, als wenn sie nur eine *shame mark* bekommen hatten. Und auch dieser Test wurde durch die Daten bestätigt! Als Letztes wurde überprüft, ob die Tiere nach einer Markierung oder einer vermeintlichen Markierung sofort zum Spiegel schwimmen. Für Sie sicher keine Überraschung: Auch diesen Test bestanden die Delfine ausnahmslos. Diese Ergebnisse in Verbindung mit der durchdachten Versuchsdurchführung gelten heute als Beleg für ein Selbstbewusstsein bei Delfinen, selbst wenn sich diese nicht an der Markierung kratzen können. Die Forscherinnen erbrachten damit den Beweis, dass sich die Tiere vor dem Spiegel in einer Form bewegt haben, die durch nichts anderes motiviert sein kann, als durch den Wunsch, den eigenen Körper, der real oder vermeintlich markiert wurde, zu untersuchen. Das kann nur funktionieren, wenn der Delfin weiß, dass es sich um ihn selbst handelt, und ohne ein Bewusstsein für dieses Selbst wäre auch keine situationsabhängige Reaktion möglich.

Nach den Veröffentlichungen von Diana Reiss und Lori Marino war die Diskussion natürlich nicht beendet. Zwischen 2002 und

2012 gab es so etwas wie einen Dammbruch. So konnten Belege dafür gefunden werden, dass selbst Tiere ohne ein so komplexes Gehirn wie das von Delfinen den Spiegeltest bestehen können. Zum Beispiel Elefanten: Auch sie haben die besten Voraussetzungen dafür, etwa ein ausgesprochen gutes Gedächtnis und ein komplexes Sozialleben. Vermutlich wird es Sie nicht überraschen, dass mit dem richtigen Versuchsaufbau und guter Beobachtung auch bei ihnen ein Selbstbewusstsein belegt werden konnte[55]. Erstaunt zeigten sich die Forscher allerdings über die Art und Weise, mit der die Tiere den Spiegel untersuchten: Scheinbar kamen die Dickhäuter überhabt nicht auf die Idee, dass es sich um einen Artgenossen handeln könnte, denn sie blieben, was für Elefanten sehr ungewöhnlich ist, still und produzierten bei der Annäherung an den Spiegel keine Kommunikationslaute. Hatten sie im Gegensatz zu allen anderen Tieren sofort erkannt, dass das Spiegelbild kein Artgenosse war? Wir wissen es nicht.

An der Goethe-Universität in Frankfurt gelang die aus meiner Sicht größte Überraschung: Dort wurden fünf Elstern getestet. Man erwartete, dass sich die Tiere dem Spiegelbild gegenüber sozial verhalten bzw. das Spiegelbild für einen »Kollegen« halten würden. Als die Forscher die Tiere nun markierten, begannen zwei der Elstern, sich von der Markierung zu befreien[56]. Wurden die Tiere allerdings mit einem schwarzen Fleck auf ihrem schwarzen Gefieder markiert, so war dieses Verhalten eher selten zu beobachten. Die schwarzen Markierungen entsprachen somit den oben beschriebenen *shame marks* bei Delfinen. Auch wenn dieses Experiment nicht vollständig überzeugt, da nur zwei von fünf Tieren so speziell reagiert haben, ist die Beobachtung doch beeindruckend und kann nicht ignoriert werden. Immerhin handelt es sich um einen handfesten Hinweis darauf, dass die Tiere in einer Welt leben, bei der es von Vorteil ist, sich seiner selbst bewusst zu sein. Beeindruckend finde ich dieses Ergebnis auch im Hinblick darauf, dass sich das Selbstbewusstsein in dem vermeintlich viel weniger komplex ausgebildeten Vogelgehirn entwickelt hat. Die Fähigkeit, sich selbst zu erkennen, scheint somit nicht unbedingt an die komplexe »Hardware« unseres Gehirns gebunden zu sein.

Bereits 1981 sorgte eine Veröffentlichung in der Zeitschrift »Science« für Schlagzeilen in der zu lesen war, dass selbst Tauben den Spiegeltest bestehen können[57]. Das Problem bei diesem Artikel war allerdings, dass nur die Tauben den Spiegeltest bestanden, die vorher darauf trainiert worden waren, an Markierungen zu picken, und somit wurde der Test formal nicht bestanden. So ähnlich erging es aktuell einer Gruppe von Wissenschaftlern, die sich, inspiriert von den Erfolgen der letzten Jahre, erneut Kandidaten zuwandten, die in früheren Untersuchungen durchgefallen waren. Ein besonders interessanter Fall sind die Rhesus-Makaken[58]. Ihr scheinbarer Misserfolg hat allerdings für einige Kontroversen gesorgt. Aus diesem Grund möchte ich Sie mit den folgenden Absätzen an der Diskussion beteiligen und hoffe, dass Sie sich im Anschluss daran Ihr eigenes Bild machen können. Das Hauptproblem sind:

Falsche negative Ergebnisse

Wer schon immer Schwierigkeiten mit der doppelten Verneinung und dem Gesetz der Negation der Negation hatte, der sei hier herzlich willkommen. Nein, im Ernst: Falsche negative Ergebnisse sind ein Desaster, denn sie führen häufig zu falschen Rückschlüssen. Wann immer falsche negative Ergebnisse auftauchen können, muss dies bekannt sein und diskutiert werden. In unserem Fall ist es ein falsches negatives Ergebnis, wenn ein Tier den Test nicht besteht und wir ihm fälschlicherweise kein Selbstbewusstsein zubilligen, das Tier aber tatsächlich ein Selbstbewusstsein hat! Lust auf ein kleines Selbstexperiment? Gut: Stellen Sie sich einfach vor, Sie würden von einer außerirdischen Rasse entführt und untersucht. Deren wesentlicher Sinn beruht auf Chemorezeption, sie können also prima riechen, sogar in 3D. Sie steuern ihre Raumschiffe mit Duft, den die ausstoßen, und kommunizieren mit Gestank. Stellen Sie sich nun vor, diese Außerirdischen würden mit Ihnen einen Spiegeltest machen. Es handelt sich aber nicht um einen optischen Spiegeltest, sondern es würde Ihnen ein Aromabild vorgesprüht, Sie würden also Ihrem perfekten geruchlichen Abbild gegenüberstehen. Vermutlich würden Sie es, obwohl Sie gut riechen können, überhaupt nicht bemerken, und es würde Ihnen schon gar nicht auffallen, dass eine kleine Stelle links unter dem rechten Knie nicht ganz so riecht wie Sie. Die Außerirdischen hätten damit also ein falsches negatives Ergebnis, denn obwohl Sie ein Selbstbewusstsein haben und offenkundig des Riechens fähig sind, sind Sie im Test durchgefallen. Ihnen wird attestiert, kein Bewusstsein zu haben. Der Tradition folgend werden Sie somit zu Nahrung erklärt. Ist das übertrieben? In unserer menschlichen Praxis scheint dies im Hinblick auf die Nutzung von Tieren die übliche Konsequenz eines möglichen falschen negativen Ergebnisses sein.

Doch kommen wir zurück zu unseren Rhesus-Makaken. Wenn Sie sich Videos[59] der Tiere ansehen, dann fällt vor allen Dingen eines auf: Sie haben ein ausgesprochen großes Interesse an ihrem eigenen Körper, und zwar an ihren Geschlechtsteilen, also an Körperbereichen, die sie sonst nicht sehen können. Besonders der letzte Punkt spricht dafür, dass sie tatsächlich ihren eigenen Körper untersuchen. Dies mag man für eine übertriebene Schlussfolgerung halten, aber es gibt sonst keine gute Erklärung für dieses ausgeprägte Interesse. Schließlich ist es den Tieren ja unproblematisch möglich, die Geschlechtsteile ihrer Artgenossen jederzeit zu untersuchen. Natürlich bleibt die Tatsache, dass die Affen nicht auf die Markierung reagiert haben. Vielleicht spielt eine Markierung in ihrem Leben aber einfach keine Rolle und ist für sie bedeutungslos. Vielleicht zeigen auch Katzen kein Interesse an bestimmten Körperteilen, weil sie durch ihre Gelenkigkeit jederzeit jeden Bereich ihres Körpers erreichen können? Wir wissen es nicht! Doch wir beginnen langsam zu verstehen, dass die Qualität des Selbstbewusstseins keine Ja-Nein-Entscheidung ist, sondern dass es sich um etwas handelt, das einer gewissen Graduiertheit unterliegt. Ich weiß, das ist schwer nachzuvollziehen, denn wir als Individuen, die ein Selbstbewusstsein besitzen, können uns nicht vorstellen, dass es Lebewesen ohne Selbstbewusstsein gibt. Wir können uns einfach nicht vorstellen, wie ein Leben ohne Selbstbewusstsein überhaupt funktionieren soll. Natürlich können wir uns daher auch nicht vorstellen, was ein graduiertes Selbstbewusstsein sein soll. Doch Untersuchungen an Kindern legen dies nahe. In der menschlichen Psychologie spricht man vom sogenannten *mirror stage*. Es wird im Alter von 18 bis 24 Monaten erreicht und geht mit einer Reihe weiterer kognitiver Fähigkeiten wie Selbstreflexion und Mitgefühl einher. In einem Experiment[60] wurden Kinder, die diesen Status noch nicht erreicht hatten, mit dem Spiegeltest konfrontiert, und es wurde ihre Reaktion auf eine Markierung auf der Stirn untersucht. Einer Gruppe von Kindern wurde spielerisch beigebracht, die Markierung auf der Stirn einer Puppe abzuwischen. Interessanterweise passierten diese Kinder den Spiegeltest mit Markierung eher als die Kinder, die vorher nicht mit einer Puppe geübt hatten. Im Prinzip ist das ein ähnliches Experiment wie das oben genannte mit Tauben: Es wurde den Probanden einfach beigebracht, auf eine Markierung zu reagieren. Gibt es dafür keine Motivation, so wird der Test nicht bestanden, obwohl ein Selbstbewusstsein vorhanden ist. Erst wenn die Kinder älter sind, reagieren sie von alleine auf die Markierung. Doch die Tatsache, dass die trainierten Kinder bereits darauf reagieren, zeigt, dass sie schon ein Selbstbewusstsein haben, dieses aber noch nicht voll ausgeprägt ist. Diese Ergebnisse decken sich mit Untersuchungen, die mit Kindern aus verschiedenen Kulturen gemacht wurden[61]. So bestehen Kinder in westlichen Ländern in einem jüngeren Alter den Spiegeltest als Kinder in Entwicklungsländern. Natürlich käme niemand auf die Idee zu behaupten, dass Kinder in Entwicklungsländern erst später ein Selbstbewusstsein entwickeln. Der Grund für die Unterschiede liegt in den bis dahin gemachten individuellen Erfahrungen und der simplen Tatsache, dass es in Entwicklungsländern weniger Spiegel gibt.

An dieser Stelle hatte ich ursprünglich geplant, das Kapitel abzuschließen, noch ein paar Sätze über kritische Stimmen und ein nachdenkliches philosophielastiges Fazit zu schreiben und fertig. Aber weit gefehlt! Man könnte sogar sagen, das eigentlich Spannende beginnt erst jetzt.

Können wir beweisen, dass Menschen ein Selbstbewusstsein haben?

Eigentlich können wir das nicht. Wir bestehen zwar unsere Tests und wissen, dass es sich so anfühlt, als hätten wir Selbstbewusstsein, aber können wir die neurologischen Prozesse exakt nachempfinden, können wir beweisen, dass wir ein Selbstbewusstsein haben? Bitte glauben Sie nicht, dass ich übertreibe. Das Zauberwort heißt *Qualia* und es beschreibt die phänomenale Qualität eines Geschehens bzw. die Qualität, die wir empfinden, wenn wir uns unseres Selbst bewusst sind. Genau genommen meint das: wie es sich anfühlt, ein Selbstbewusstsein zu haben. Eben dieser Punkt lässt uns aber davon überzeugt sein, dass wir ein Selbstbewusstsein haben und andererseits Kritiker am Selbstbewusstsein anderer Tierarten zweifeln. Vielleicht möchten Sie sich wieder auf ein Experiment einlassen? Stellen Sie sich vor, Sie würden Ihren Zeigefinger in kochendes Wasser halten. Von außen betrachtet würden Sie genauso reagieren wie ein Hummer, der in kochendes Wasser geworfen wird: Sie würden versuchen zu entkommen. Die Frage ist: Wie fühlt sich das an? Wir wissen ziemlich genau, wie unsere Neuronen auf Hitze reagieren. Das für uns wichtige Signal wird mittels kleiner elektrischer Impulse und chemischer Botenstoffe zu unserem Gehirn übertragen und dort interpretiert. Je stärker das Signal, je größer der Reiz oder Schmerz desto höher die Motivation, an der Situation etwas zu ändern. Sie mögen denken: Das ist ja trivial. Vielleicht, aber stellen Sie sich vor, Sie hätten noch nie Schmerz empfunden, wüssten aber alles über Schmerz: Sie wissen, welche äußeren Reize Ihre Neuronen aufnehmen, wie die Weiterleitung und Verarbeitung des Reizes funktioniert usw. Wüssten Sie dann auch, wie es sich anfühlt, Ihren Finger in kochendes Wasser zu halten und hätte diese Empfindung eine neue Qualität für Sie? Wüssten Sie plötzlich mehr über Schmerz nur weil Sie ihn empfunden haben? Wir denken ja und daher glauben wir auch, dass sich Selbstbewusstsein ganz spezifisch anfühlt. Wir können uns über unsere Gefühle mit anderen Menschen austauschen und glauben ihnen, dass sie auch das Gefühl haben ein Selbstbewusstsein zu besitzen. Mit Tieren können wir uns nicht austauschen und daher haben wir Bedenken zu akzeptieren, dass andere Tierarten auch Selbstbewusstsein empfinden.

Doch was genau ist denn nun dieses Empfinden? Der Philosoph Joseph Levine hat bereits in den 90ern des letzten Jahrhunderts versucht, die Esoterik aus dieser Diskussion zu nehmen und das sogenannte Erklärungslückenargument[62] vorgebracht. Folgt man seiner These, so ist es nicht möglich, zum Beispiel das Arbeiten unseres Gehirns vollständig zu erklären, weil es uns nicht gelingen wird, die komplexen Funktionen jemals so weit zu zerlegen und zu vereinfachen, dass wir sie wirklich verstehen können. Dies ist natürlich für Naturwissenschaftler eine Provokation, und so setzt man heute auf eine enge interdisziplinäre Kooperation zwischen Philosophie, Neurowissenschaften, Psychologie und nicht zuletzt der Forschung an künstlicher Intelligenz. Die vermutlich sinnvollste Diskussion geht in eine Richtung, bei der die Qualität des Selbstbewusstseins nicht isoliert betrachtet wird. Dabei ist es von großer Bedeutung, Aspekte wie die innere Zwiesprache oder das Denken über das Denken zu berücksichtigen. Dies führt allerdings dazu, dass einige Annahmen, die vor ein paar Jahren noch als gesetzt galten, heute schon wieder infrage gestellt werden müssen. So hat man beispielsweise festgestellt, dass Aspekte des Selbstbewusstseins und der Wahrnehmung des Selbstbewusstseins bei anderen (mehr dazu im Kapitel »*Theory of mind*«) in der rechten Hirnhemisphäre bearbeitet werden, Selbstreflexion und Zwiegespräch aber eher in der linken. Der Forscher Alain Morin argumentiert daher, dass diese Aspekte nicht unabhängig voneinander betrachtet werden können, da eine Wahrnehmung des Selbstbewusstseins nicht ohne Selbstreflexion erreichbar ist und somit vermutlich die linke und rechte Hirnhemisphäre an der Wahrnehmung unseres Selbst beteiligt ist[63]. Doch können andere Tiere – und wenn ja, welche? – über sich selbst nachdenken, können sie über ihre individuelle Entwicklung reflektieren bzw. können sie sich vornehmen, ein anderes und vielleicht besseres Ich zu werden? Die oben bereits zitierte Forscherin Lori Marino schreibt dazu: »Andere Tiere mögen in einem viel höheren Maße über sich selbst reflektieren als wir Menschen – die schlichte Wahrheit ist: Wir wissen es einfach nicht. Jeder Forscher, der behauptet, Tiere könnten nicht so tief reflektieren oder so komplex denken wie wir Menschen, argumentiert nicht wissenschaftlich.«[64] Doch selbst wenn wir es nicht genau wissen, denken wir bitte kurz zurück an unser hypothetisches Experiment mit den Außerirdischen. Ist es der Fehler der Außerirdischen, dass sie nicht das richtige Experiment für unsere Fähigkeiten designt haben, oder ist es unser Fehler, nicht so gut riechen zu können? Ich denke: im Zweifelsfall immer für den Angeklagten!

Auch am Ende dieses zweiten Kapitels möchte ich eine vereinfachte Zusammenfassung wagen: Wir haben erfahren, dass mittels verhaltensbiologischer Tests sowohl menschliche Kinder ab einem bestimmten Alter als auch einige Tierarten erfolgreich auf Selbstbewusstsein getestet werden können. Wenn wir davon ausgehen, dass wir Menschen Selbstbewusstsein haben, dann müssen wir wohl akzeptieren, dass wir nicht die Einzigen sind.

Die Gesellschaft der Delfine: von Freunden, Verwandten und Lebenspartnern

»RTL Exclusiv«, »Pro7 red!« – alle diese Sendungen entführen uns in die High Society (nicht zu verwechseln mit der Hai-Society, einer Organisation die versucht, das sinnlose Massenschlachten von Haien zu verhindern[65]). Die Magazine bringen uns einer Welt näher, die uns fremd ist: Wir hören etwas über Millionäre, die eine Schüttelmaschine im Safe haben (damit werden die Automatikuhren gewackelt, wenn sie nicht am Arm baumeln), und wir erfahren, wer mit wem wie lange und warum. Ebenso interessant finden wir Sendungen wie »Frauentausch« oder »Dschungelcamp«. Wir haben nichts mit diesen Menschen zu tun, wir kennen die Mutter nicht, die von der »Supernanny« gute Ratschläge bekommt, doch so mancher trauert um den Fortgang eines beliebten Schauspielers bei »Verbotener Liebe«, als würde ein guter Freund nach Amerika ziehen und es gäbe kein Telefon. Doch warum werden so viele von uns tagtäglich in den Bann von Reality-Shows und Seifenopern gezogen? Das Zauberwort heißt: soziales Leben. Genau genommen werfen wir einen Blick in ein fremdes soziales Netzwerk, und das scheint ausgesprochen interessant zu sein. Vielleicht sind Menschen, die sich für den ganzen Klatsch und Tratsch nicht begeistern können, asozial, eigenbrötlerisch oder gar autistisch? Oder ist unser Interesse am Leben der anderen nur eine subtile Form von Voyeurismus? Seien wir nicht so streng zu uns. Wie bei so vielen Dingen, die wir mit großer Leidenschaft und Akribie verrichten, liegen die Wurzeln davon sehr tief. Der Blick in das Küchenfenster der Nachbarn, das zufällig mitgehörte Gespräch im Bus und das Getratsche der Kollegen sind Teil unserer sozialen Programmierung und haben unsere Vorfahren trotz allerlei Gefahren überleben lassen. Die beiden Affenforscher Seyfarth und Cheney (2002)[66] fassen dazu verschiedene Studien zusammen und beschreiben folgende Überlebensstrategie: »Affen leben in großen Netzwerken, geprägt von Familienbanden und unterschiedlichen Hierarchien, in denen das Überleben und die Aufzucht der Nachkommen eines Individuums davon abhängt, andere zu manipulieren.« Und was braucht man, um manipulieren zu können? Natürlich: Informationen! Es ist uns somit ein tiefes Bedürfnis, soziale Informationen zu sammeln, und ein gewisser Voyeurismus liegt uns sozusagen im Blut.

Doch kurz zum biologischen Hintergrund: Wir Menschen, Delfine und auch eine Vielzahl von anderen Tierarten gehören zu den sogenannten K-Strategen. Im Gegensatz zu den R-Strategen investieren K-Strategen extrem viel Zeit, Energie und Aufwand in die Aufzucht von nur sehr wenigen Nachkommen (Qualität statt Quantität). R-Strategen hingegen konzentrieren all ihre Energie auf ein Reproduktionsereignis, bei dem sie so viele Nachkommen wie möglich erzeugen (Masse statt Klasse), wie zum Beispiel Lachse oder Eintagsfliegen. Da K-Strategen so ein großes Augenmerk auf die Qualität ihrer Nachkommen legen, haben sie meist ein langes Leben, ein vergleichsweise leistungsfähiges Gehirn und ein Sozialleben.

Dieses Sozialleben ist aber oftmals um einiges komplizierter, als einem Stück Beute hinterherzujagen oder an einer Pflanze vor sich hin zu knabbern. Es müssen unzählige Informationen gesammelt und vor allen Dingen gespeichert und verarbeitet werden. Daher gehen heute viele Forscher davon aus, dass unsere großen Gehirne hauptsächlich deshalb entstanden sind, um unser Sozialleben zu managen[67] oder einfach: Je komplexer das Sozialleben, desto höher die Intelligenz. Als Markenzeichen eines komplexen sozialen Lebens gilt die Bildung von Allianzen[68], und daher wage ich gleich zu Beginn ein kleines Experiment: Ich entführe Sie in ein nichtmenschliches soziales Netzwerk. Mal sehen, ob das genauso interessant sein kann wie der alltägliche Fernsehabend? Dazu reisen wir nach West-Australien.

Ein toller Tag im Leben eines jungen Delfinforschers

Die Sonne brennt, kleine Wellen plätschern an den Bug Ihres kleinen Bootes mit Außenborder. Ihre Stirn liegt in Falten, und Sie blinzeln durch Ihre Sonnenbrille auf eine glitzernde, sich kräuselnde Wasseroberfläche. Sie tun, was Sie seit Wochen tun, Sie versuchen die nicht enden wollenden Tage schwitzend und mit Kopfschmerzen nach Delfinen Ausschau haltend zu überstehen. Sie befinden sich an der Westküste Australiens in der Shark Bay und sind freiwilliger Helfer in einem schon über Jahre andauernden Forschungsprojekt. Mal wieder hat Sie eine kleine Welle getäuscht und Sie verfluchen die Tatsache, dass der Wind auf Stärke drei aufgefrischt hat. Das Lüftchen macht die Hitze zwar erträglicher, aber es wird immer schwerer, eine Rückenfinne von einer Welle zu unterscheiden. Das Boot ist viel zu flach, und Sie wünschen sich eine Ausguckplattform in zwanzig Metern Höhe. Doch dann der erlösende Moment: In Ihrem Augenwinkel haben Sie eine größere Bewegung wahrgenommen. Und tatsächlich: Einer der 600 Delfine aus dem ca. 600 Quadratkilometer messenden Beobachtungsareal ist querab zum Boot aufgetaucht. Sie reißen Ihren Fotoapparat mit Riesenobjektiv nach oben und versuchen zu erraten, wo er wieder auftauchen wird. Natürlich war er viel zu weit weg, doch Sie haben Glück: Zwei weitere Delfine tauchen in der gleichen Richtung auf, nur näher zum Boot, und Ihnen gelingt ein guter Schuss. Schnell wieder auf den Auslöser drücken, super! Auch den zweiten Delfin haben Sie in unmittelbarer Nähe fotografiert. Die unzähligen Megapixel Ihrer Nikon haben die Rückenfinnen der Delfine festgehalten. Gemeinsam mit der Uhrzeit und der genauen Position ihres Bootes haben Sie einen der unzähligen Datenpunkte erfasst und einen wichtigen Beitrag zum Erkenntnisgewinn geliefert. So hat man es Ihnen zumindest gesagt. Denn als Student im zweiten Studienjahr können Sie sich noch nicht wirklich vorstellen, welche Informationen man aus so einem Foto ziehen kann. Sie hoffen einfach, dass Ihr Engagement sich auszahlt und Sie im nächsten Jahr Ihre Bachelorarbeit im Rahmen dieses

Projektes beginnen dürfen. Nun klickt es auch hinter Ihnen, einmal, zweimal, dreimal. Die von Ihnen fotografierte Dreiergruppe ist nicht die einzige, Ihr Kollege auf der anderen Seite des Bootes war auch erfolgreich. Der Fahrtleiter, am Steuer sitzend, gibt ein wenig Gas, genau so viel, um nicht zu weit von den Delfinen weg zu sein, aber weit genug entfernt, um sie nicht zu stören. Er hat da seine Erfahrungen. Die Fahrt des Bootes nehmen Sie aber nicht wahr. Das Einzige, was zählt, sind fotografierte Rückenfinnen, Rückenfinnen, Rückenfinnen – und mit etwas Glück auch mal der Bauch eines springenden Delfins. Fünf Minuten später, Sie kommen gehörig ins Schwitzen, denn etwas Vergleichbares ist in den letzten vier Wochen, die Sie hier verbracht haben, noch nicht passiert. Sie haben den Überblick vollständig verloren, sind umringt von Delfinen, und auf Ihrer Seite nähert sich eine weitere größere Gruppe. Nur gut, dass der Fahrtleiter alles im Blick hat, denken Sie für sich, und dass er Ihnen sagt, in welche Richtung Sie fotografieren sollen. Nach 25 Minuten ist der Zauber vorbei, und ihr Adrenalinspiegel sinkt. Sie sind sicher, gerade wichtige Daten eingefangen zu haben, aber Sie haben keine Ahnung, was da passiert ist. Den anderen an Bord Ihres schaukelnden Kahns geht es nicht anders, auch dem erfahrenen Fahrtleiter nicht. Doch Ihren dümmlich entgleisten, aber völlig begeisterten Gesichtsausdruck erwidert er mit einem freundlichen Zwinkern. Für dieses Erlebnis haben sich die Strapazen gelohnt, dafür haben Sie Biologie studiert, die letzten Wochen geschwitzt und Ihre neue Liebe, mit der Sie erst ein paar Monate zusammen sind, zu Hause gelassen.

So in etwa hätte es ablaufen können, und genau das, ein paar Rückenfinnen und nicht mehr, können wir von dem Verhalten der Delfine von unseren Booten aus beobachten. Wir können uns nicht wie beispielsweise bei Gorillas einfach neben eine Gruppe sozial interagierender Tiere setzen und beobachten, wer mit wem was tut. Das Wesentliche im Leben der Delfine bleibt unter der Wasseroberfläche und vor unseren Augen verborgen. Meist wissen wir noch nicht einmal, ob es sich bei den beobachteten Tieren um ein Weibchen oder Männchen handelt. Wir sind auf sehr seltene Gewebeproben für genetische Tests[69] oder glückliche Fotografien angewiesen, bei denen man den Geschlechtsbereich gut sehen kann. Ist es unter diesen Umständen überhaupt möglich, Erkenntnisse über soziales Interagieren und die Bildung von Allianzen und Netzwerken zu beobachten? Man mag es kaum glauben, aber die Antwort lautet: Ja! Und was die Forscher dabei gefunden haben, ist bisher beispiellos im Tierreich. Außer bei uns Menschen gibt es keine Tiere mit vergleichbar komplexen Allianzen.

Die Fission-fusion-Society

Fission-fusion heißt so viel wie »auseinanderbrechen und fusionieren«. Demnach sind *Fission-fusion-Societies* Gemeinschaften, die sich unter bestimmten Umständen teilen und wieder vereinigen. Eine Dorfgemeinschaft mag sich zur Arbeit auf dem Feld und zum Erntedankfest vereinigen und Angestellte einer Firma mögen sich täglich bei der Arbeit treffen, doch die Nächte verbringen die einzelnen Familien in ihren Häusern. Ein solches Konzept ist keine menschliche Errungenschaft, denn wir können es bei vielen Primatenarten, Walarten, einigen Raub- und Herdentieren und sogar bei Fischen (zum Beispiel bei diesen kleinen putzigen Dingern im Aquarium, genannt Guppys) beobachten. Der große Unterschied liegt darin, wie komplex sich diese Gemeinschaften selbst organisieren bzw. managen. Wenn man beobachtet, wie Konflikte oder Probleme innerhalb einer Gemeinschaft gelöst werden und welche Strategien sich für die unterschiedlichen Erfordernisse des Lebens entwickelt haben, offenbaren sich die verschiedenen Strickmuster der sozialen Netzwerke am besten.

Das größte Problem in der Natur, aber auch bei uns Menschen, ist der Zugang zu Ressourcen. Dabei kann es sich um Erdöl, das man einem bösen Diktator klaut, oder einfach nur ein Schnäppchen im Elektronikmarkt handeln. Beiden Beispielen ist die Tatsache gemein, dass nur derjenige erfolgreich ist, dem die relevanten Informationen über den Zugang zu der Ressource (Erdöl bzw.

Schnäppchen) zur Verfügung stehen, und/oder der mithilfe von Allianzen dafür sorgt, dass die individuellen Bemühungen zum Ziel führen. Beim Schnäppchenrausch ist es von Vorteil zu wissen, ob genügend 50-Zoll-Flachbildfernseher zu dem unschlagbar günstigen Preis von 399 € vorhanden sind oder ob man einen Kumpel nach »Geiz ist geil« schicken muss. Beides, Wissen über den Vorrat und den Kumpel motivieren, funktioniert nur durch Informationsaustausch und soziales Interagieren. Als guter Kunde bekommt man vielleicht per Telefon Auskunft von seinem Lieblingsverkäufer und der alte Kumpel war ohnehin einen Gefallen schuldig. Man geht davon aus, dass eine Gefälligkeit auf Gegenseitigkeit beruht und man sich in Zukunft durch die eigene Großzügigkeit revanchieren kann (siehe Kapitel: »Von Mitgefühl bis *Theory of Mind*«).

Etwas Vergleichbares scheint sich auch im Leben von Delfingemeinschaften abzuspielen. Dazu entführe ich Sie erneut in die Moray Firth an der Ostküste Schottlands, in der die letzten Großen Tümmler der Nordsee leben und die wir bereits im Kapitel »Kommunikation« besucht haben. Wie oben am Beispiel unseres jungen Forschers in Australien gezeigt, wurde auch in der Moray Firth über viele Jahre hinweg mit Fotoidentifikation gearbeitet, und so konnte man genau analysieren, welcher der 130 dort lebenden Delfine mit wem wann gemeinsam geschwommen ist. Hinzu kam, dass man viele Delfine schon seit Jahren genau kannte und wusste, welches Kalb von welcher Mutter abstammt und wer mit wem verwandt ist[70]. Gerade Kenntnisse über die Verwandtschaftsverhältnisse lassen oft Rückschlüsse auf das Verhalten von sozial lebenden Tierarten zu, und in der Regel kann man voraussagen, dass Tiere mit Familienmitgliedern öfter zusammen sind als mit nicht verwandten Artgenossen. Abweichungen von dieser allgemeinen Regel bedeuten, dass mit dem Konzept der strengen Familienzugehörigkeit gebrochen wurde und sich andere soziale Bindungen entwickelt haben. Dies zu erklären ist aber gar nicht so einfach.

Wir wissen, dass sich Wale und Delfine, aber auch andere soziale Tiere ihren Sexualpartner nicht aus ihrer unmittelbaren Verwandtschaft suchen bzw. dies sogar vermeiden. Der Grund hierfür ist einfach und liegt auf der Hand, denn so wird Inzucht vermieden. Was gibt es aber an weiteren Gründen, den sicheren Familienverband zu verlassen? Am plausibelsten scheint zu sein: der bessere Zugang zu Ressourcen wie zum Beispiel Nahrung. Nun ist es aber in der Natur nicht selbstverständlich, Ressourcen mit anderen Vertretern der eigenen Art zu teilen. Im Gegenteil: Normalerweise werden Ressourcen und Reviere bis aufs Blut verteidigt, so wie wir es beispielsweise auch im Irakkrieg beobachten konnten, als es um Öl ging. Es muss also Mechanismen geben, die den Beteiligten deutlich machen, dass es sinnvoller ist, Ressourcen zu teilen. Der einzige logische Grund, den es dafür geben könnte, scheint zukunftsorientiertes Handeln zu sein. Es wird Sie nicht überraschen, aber Delfine haben keine Gefrierschränke, in die sie gefangene Fische legen könnten, um sie bei Bedarf wieder aufzutauen. Es macht also durchaus Sinn, eine einmal neu entdeckte und scheinbar ergiebige Nahrungsquelle mit anderen zu teilen und darauf zu hoffen, dass ein anderer Gleiches tut, wenn man selbst einmal Schwierigkeiten hat, Nahrung zu finden.

Ein solches Verhalten wäre aber im Verlauf der Evolution ausgestorben, wenn es nicht auf Gegenseitigkeit beruhen würde. Warum? Es wäre einfach zu leicht, sich auf die Gutmütigkeit der anderen zu verlassen und selbst keinen Beitrag zu leisten. Man könnte von einer Gruppe zur nächsten schwimmen, ohne sich selbst jemals auf Nahrungssuche zu begeben. Ein solcher »Betrüger« hätte einen enormen evolutiven Vorteil, weil er mit weitaus weniger Aufwand an Nahrung käme und somit mehr Zeit und Energie für die Fortpflanzung oder die Aufzucht des eigenen Nachwuchses hätte. Mit anderen Worten: Die »Gutgläubigen« wären nach ein paar Generationen ausgestorben. Da dies offensichtlich nicht geschehen ist, muss sich Gutgläubigkeit doch auszahlen, und der »Gutgläubige« muss gegenüber dem »Betrüger« einen gewissen Vorteil haben. Dieser Vorteil liegt in der kooperativen Ressourcennutzung. Ein Delfin muss sich daran erinnern, welche Delfine ihm schon einmal Zugang zu Ressourcen verschafft haben.

Mit ihnen wird er seine Ressource ruhigen Gewissens teilen, denn die Wahrscheinlichkeit ist hoch, dass er in Zukunft dafür entschädigt wird. Gegenseitigkeit funktioniert also nur mit einem guten Gedächtnis. Die Tiere müssen sich kennen und aufgrund von Erfahrungen Voraussagen über künftiges Verhalten treffen können.

Stellen Sie sich nun vor, Sie sind Forscher und möchten ein soziales Netzwerk erkennen. Sie wissen, dass Sie bei Ihren Beobachtungen verschiedene Einflüsse ausschließen müssen. So dürfen zum Beispiel die geografischen Bedingungen keine Rolle bei der Gruppenzusammensetzung spielen. Ebenso müssen Sie ausschließen, dass sich bestimmte Gruppenkonstellationen in Abhängigkeit von bestimmten Nahrungsquellen ergeben. Diese äußeren Einflüsse würden auch zu bestimmten Gruppenkonstellationen führen, doch ohne dass sie sozialen Ursprungs wären. Letztlich löst man das Problem statistisch und durch lange Beobachtungsreihen.

In der Moray Firth kamen die Forscher zu einem überraschenden Ergebnis[71] (siehe Abbildung 2). Zunächst einmal erkannte man, dass die Population in zwei Teile aufgespaltet ist: Es gab eine Gruppe von Tieren, die eindeutig den inneren Teil der Bucht bevorzugte, und eine andere Gruppe, die sich eher in dem Bereich der Öffnung der Bucht in Richtung Nordsee aufhielt. Da es sich um eine Population handelt, ist dies nicht so einfach zu erklären, und man muss davon ausgehen, dass die beiden Gruppen so etwas wie eine Tradition pflegen. So konnte beobachtet werden, dass die einzelnen Schulen, also die Kleingruppen innerhalb der beiden großen Gruppen, unterschiedliche Langzeitbeziehungen pflegen. Wenn eine Kleingruppe in der inneren Bucht im Durchschnitt acht Jahre gemeinsam beobachtet wurde, dann waren es bei den Schulen in der äußeren Bucht nur fünf Jahre. Dennoch sind diese Langzeitbeziehungen eher die Ausnahme. Die meisten Gruppen sind Kurzzeitarrangements und dauern selten länger als ein paar Tage. Die Delfingemeinschaft ist somit in einem hohen Grad dynamisch, und die Forscher gehen davon aus, dass sich Informationen auf diese Art und Weise schneller verbreiten können.

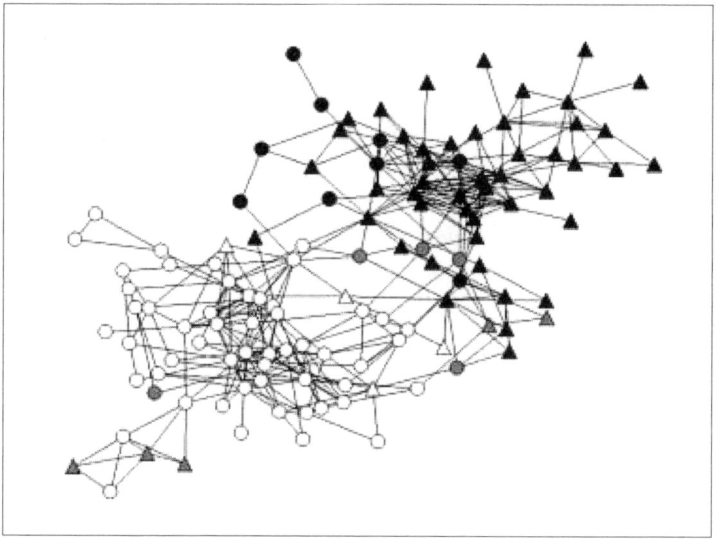

Abbildung 2: Darstellung eines sozialen Netzwerkes

Wenn wir uns aber die Abbildung 2 ansehen, dann fällt dabei etwas wirklich Bemerkenswertes auf: Die beiden Netzwerke sind verbunden. Letztlich bedeutet das, dass es einige Individuen gibt, die in beiden Netzwerken zu Hause sind.

Die Orientierung im Wasser ist jedoch gar nicht so leicht, und wenn man bedenkt, dass Fischschwärme bewegliche, schwer auffindbare Nahrung sind, dann wird schnell klar, dass das Finden von Nahrung für Delfine viel mit Suchen und Glück zu tun hat. Ist ein Fischschwarm aber erst einmal gefunden, macht es Sinn, diese Informationen schnell zu verbreiten. Und genau dafür scheint die hohe Gruppendynamik ein geeignetes Werkzeug zu sein. In ihrer Diskussion geben die Autoren an, dass sie nicht ausschließen können, dass die Bildung von Gruppen und Zusammenschlüssen ähnlich funktioniert wie bei uns Menschen. Damit lassen sie viel Raum für Spekulationen: Unterscheiden Delfine zwischen Verwandten und Freunden, gibt es nahe und entfernte Bekannte usw.? Dazu einige Beispiele: Ein Neuling könnte leichter in eine Gruppe aufgenommen werden, wenn er bereits einen in der Gruppe gut kennt (*Triadic closure model* oder *Friend of a friend*[72]). Andererseits könnte soziale Aktivität auch dadurch zustande kommen, dass bekannt ist, dass der Neuling bereits viele Freunde und Bekannte hat (*Barabasi's preferential attachment model*[73]). Wer viele Freunde hat, bekommt noch mehr, und wer reich ist, wird noch reicher. Bedenkt man, dass Delfine, wie wir im Kapitel »Die Geschichte des Pfiffs« gelernt haben, dazu in der Lage sind, auf andere Tiere zu referenzieren, indem sie den Signaturpfiff imitieren, dann könnte das vielleicht so klingen: »Hallo, der X ist mein Kumpel, den kennt ihr doch auch! Wollt ihr mich nicht mit euch schwimmen lassen?« An dieser Stelle wird es dann auch möglich, über das »Kleine-Welt-Phänomen«[74] nachzudenken – Sie erinnern sich: Jeder kennt jeden auf der Erde über sechs Ecken, und darum leben wir eigentlich in einer kleinen Welt mit einer überschaubaren Anzahl von Individuen. Natürlich sind das alles Spekulationen, aber sie sind berechtigt, denn wir wissen, dass Delfine theoretisch dazu in der Lage sind. Hinzu kommt, dass die Modelle unsere Beobachtung erklären würden und wir sonst recht ratlos wären, denn wie oben erwähnt, müssten die Tiere eigentlich um die Nahrung konkurrieren.

Eine weitere, ganz erstaunliche Entdeckung gelang Forschern in Australien: In der Moreton Bay hat man in den Neunzigern des letzten Jahrhunderts beobachtet, dass sich eine lokale Population in zwei deutlich voneinander getrennte Gruppen aufgeteilt hatte. Die eine Gruppe nannte man *Trawler* und die andere *Nontrawler Dolphins*. Die *Trawler* folgten Fischtrawlern und hatten sich darauf spezialisiert, den Beifang[75] der Boote zu fressen. Die *Nontrawler* ernährten sich herkömmlich von der Jagd. Neben der Tatsache, dass diese Spezialisierung und die deutliche Trennung der genetisch zu einer Population gehörenden Delfine damals überraschend war und auch heute noch als eine bedeutsame Beobachtung gilt, gelang die eigentliche Sensation erst 2012[76]: In den Untersuchungen zwischen 2008 und 2010, also gut zehn Jahre nach der ersten Beobachtungsreihe, hatte sich gezeigt, dass die beobachtete Trennung der Population fast nicht mehr existierte und dass alle Delfine in der Bucht wieder ganz normal nach Fisch jagten. Was war geschehen? Die Erklärung ist einfach: Große Teile der Bucht wurden unter Naturschutz gestellt und die Fischerei verboten. Für die *Trawler* bedeutete dies den Verlust der leichten, aber für sie gefährlichen Beute, denn in der Vergangenheit hatten sich viele Tiere in den Netzen verfangen und waren jämmerlich ertrunken. Mit anderen Worten: Delfine sind in der Lage, relativ festgefügte soziale Netze aufzubrechen und sich neuen Bedingungen anzupassen. Dies mag nicht besonders beeindruckend klingen, aber es muss das Resultat von relativ komplexen sozialen Abwägungen in beiden Gruppen gewesen sein. Normalerweise würde man nämlich erwarten, dass die Tiere auch weiterhin sozial getrennt bleiben bzw. dass es erst gar nicht zu einer Trennung kommt. Das Interessante ist, dass sich die Beobachtung nicht durch evolutiven Druck oder Anpassung erklären lässt, sondern einzig durch kognitive Prozesse und eine gewisse Entscheidungsfindung. Aus diesem Grund sprechen viele Forscher auch von einer Kultur bei Delfinen (mehr dazu im Kapitel »Kultur – eine menschliche Domäne« im Bonusmaterial auf der Webseite: www.walrecht.de).

Ich denke, das ist ein guter Moment, um mit ein paar Vorurteilen aufzuräumen: Die meisten Menschen haben die Vorstellung, dass Delfine in kleinen Gruppen leben und dass diese Gruppen praktisch das Äquivalent zu unseren Familien sind. Wenn man sich das Sozialleben von Männchen und Weibchen allerdings ansieht, stellt man fest, dass Delfine nicht unserem Modell einer monogamen Kleinfamilie folgen. Auch das Modell Großfamilie trifft es nicht. Alles ist ein wenig lockerer organisiert, doch wir sollten uns hüten, unsere oftmals religiös begründeten Moralvorstellungen auf andere Arten zu übertragen. Es ist durchaus möglich, das Werte wie Vertrauen, Gemeinschaftssinn und andere von uns positiv besetzten sozialen Leistungen auch in anderen Wertesystemen mit einer anderen moralischen Grundlage existieren.

Das soziale Leben von weiblichen Delfinen und ihren Männchen

Grundsätzlich kann man wohl sagen, dass sich das soziale Leben von Delfinen je nach Geschlecht stark unterscheidet, und es wäre nicht falsch, von einer strengen Geschlechtertrennung zu sprechen. Bevor man mehr über die komplexen sozialen Netzwerke von Delfinen wusste, unterschied man zwischen drei grundsätzlichen Gruppentypen[77]:

- Aufzuchtsgruppen mit mindestens einem adulten Weibchen mit ihren Kälbern, die phasenweise von einem Männchen begleitet werden;
- Jugendgruppen mit Mitgliedern aus beiden Geschlechtern, die eine eher temporäre Allianz bilden;
- feste Gruppen von adulten Männchen, die in Paaren oder als Trio über eine lange Zeit miteinander schwimmen.

Sehen wir uns zunächst die Aufzuchtsgruppen genauer an, die vielleicht am ehesten mit unseren Familien vergleichbar sind. Um dies zu tun, entführe ich Sie dieses Mal nicht in die Weiten der Ozeane, sondern in das Delfinarium Ihres Vertrauens. Dazu werfen wir einen Blick auf den Beipackzettel und sehen uns die Nebenwirkung der Delfinhaltung an. Neben der Tatsache, dass die in Delfinarien gehaltenen Tiere auf ihr Leben in Freiheit verzichten müssen, gibt es eine ganze Liste von Problemen, die sich daraus ergeben. Ein ganz wesentliches ist das Sozialleben oder eher das, was davon übrig ist. Delfinarien sind zu klein, um natürliche soziale Gruppen von Delfinen zu halten, und besonders traurig endet dies für männliche Delfine. Warum? Wenn man Weibchen mit mehr als einem Männchen zusammensperrt, gibt es sozialen Stress. Männchen prügeln sich mit Männchen, Weibchen mit Weibchen und manchmal auch alle durcheinander. Diese Prügeleien enden nicht selten blutig oder mit gebrochenen Knochen, wie ich aus den Tagesberichten des Nürnberger Delfinariums weiß. Will man dies vermeiden, hat man zwei Optionen: Entweder man beruhigt die Tiere mit Psychopharmaka oder man trennt sie. In der Regel werden die überzähligen Männchen weggesperrt oder in ein Delfinarium mit reiner Männerhaltung[78] transportiert. Dort leben sie dann, ihres wichtigsten Lebensaspekts, dem der Fortpflanzung, beraubt, doch dazu mehr im nächsten Kapitel. »Überzählige Männchen« meint in diesem Fall alle bis auf eines, denn es hat sich herausgestellt, dass es möglich ist, ein Männchen mit einer Gruppe von Weibchen und Jungtieren gemeinsam zu halten. Dies ist allerdings nicht natürlich, denn männliche Delfine schwimmen, wenn überhaupt, nur phasenweise mit einer Gruppe von Weibchen. Als männlicher Mensch könnte man nun leicht den Eindruck haben, dass diese auserwählten männlichen Delfine als Chef des Delfinariums und als Herr eines Harems echte Glückspilze sind. Doch weit gefehlt. Für uns menschliche Primaten mag dies traumhaft klingen, denn es gibt eine Reihe von Affenarten, die genau nach diesem Modell leben, und es ist nicht unwahrscheinlich, dass es das auch schon zu Zeiten unserer gemeinsamen Vorfahren gab. Für Delfine trifft dies allerdings nicht zu. In ihrer Kultur gibt es keine vergleichbaren sozialen Wurzeln, wie wir im nächsten Kapitel sehen werden. Es bleibt somit eine traurige Tatsache, dass die vermeintlich glücklichen Delfinmännchen der Möglichkeit beraubt werden, ihr eigentliches natürliches Sozialverhalten zu leben. Interessanterweise gilt dies in vergleichbarem Maß auch für die Weibchen, denn diese sind in den natürlichen Gruppen im Freiland die Chefs, wohingegen sie in Delfinarien immer von dem verbleibenden Männchen dominiert werden. In der freien Wildbahn muss man sich also eine solche Gruppe als Matriarchat vorstellen. Das dominante, meist größte Delfinweibchen ist so eine Art Oberhaupt. Eine typische Aufzuchtsgruppe besteht aus mehreren Weibchen und deren oft gleichaltrigen Kälbern[79]. Die Weibchen müssen aber nicht unbedingt miteinander verwandt sein, scheinbar ist es wichtiger, in der gleichen Lebensphase zu sein. Kommt Ihnen das bekannt vor? Vermutlich schließen sich die Gruppen zusammen, um sich gegenseitig zu unterstützen und sich gegen Räuber zu verteidigen. Die Geometrie beziehungsweise das Zusammenbleiben einer Herde ist im Tierreich weit verbreitet, und man spricht in diesem Zusammenhang vom »Egoismus der Herde« (*geometry of the selfish herd*). Dabei hat es keine Bedeutung, ob die Tiere in einer Herde miteinander verwandt sind oder »nur« soziale Bindungen zueinander eingegangen sind. Allein die Geometrie bietet Schutz. Interessant ist, dass diese Geometrie auch vor Parasiten schützt. Bei den Parasiten handelt es sich in diesem Fall nicht um kleine Krabbeltiere oder lästige Blutsauger, sondern um Haie, aber diese leben parasitisch. Ja, Sie haben richtig gelesen: Es gibt parasitierende Haie. Der Zigarrenhai, ein naher Verwandter unseres einheimischen Dornhais, beißt kleine keksförmige Fleischstücke aus seinen Opfern und verschwindet dann wieder. Im englischen Sprachraum wird er daher bezeichnenderweise auch »Cookie-Cutter«-Hai genannt, und einem Delfinkalb kann er durchaus tödliche Verletzungen zufügen. Besonders für Flachwasserbereiche, also Buchten mit 15 bis 30 Metern Wassertiefe, gilt, dass es nur sehr wenige Hinweise darauf gibt, dass Jungtiere von Räubern gefressen werden. Auch ist eine typische Delfinherde mit vier bis sieben Tieren einfach zu klein um aus der »Geometrie der Herde« Nutzen zu ziehen. In tieferen Gewässern ist dies vermutlich anders, und so trifft man dort oft größere Gruppen von Tieren an.

Neben diesen alltäglichen Belangen hat die Gruppe aber vermutlich auch eine große Bedeutung bei der Geburt und Aufzucht der Nachkommen. Doch auch an dieser Stelle müssen wir uns wieder von unserer menschlichen Vorstellung der Familienbetreuung verabschieden. Was genau in der freien Natur bei der Geburt und bei der Aufzucht passiert, können wir nicht sagen. Daher wissen wir die meisten Dinge über den Geburtsprozess und die Aufzucht von Beobachtungen in Delfinarien. Dort ist es allerdings so, dass wir eher beobachten, was *nicht* funktioniert.

Ähnlich wie bei uns Menschen ist die Geburt eines neuen Familienmitgliedes eine aufregende Sache und geht alles andere als ruhig vonstatten[80]. Im Klartext heißt das, dass die Delfine wie wild umherschwimmen. In Gefangenschaft kommt es dabei nicht selten zu Kämpfen und damit zu tödlichen Verletzungen bei den gerade geborenen Jungtieren. Aus Erfahrung klug geworden, ging man dazu über, trächtige Muttertiere von der Gruppe getrennt zu halten. Diese Trennung ist vermutlich für die Tiere ein extremer Stress, denn anders als in der freien Natur können die Tiere nicht zu ihrer Gruppe zurück, wenn sie das möchten. Bedingt durch diese Separation oder aus einer gewissen Unerfahrenheit heraus verhalten sich die Muttertiere nicht immer adäquat und können so sogar zu einer Bedrohung für ihre Jungtiere werden. In diesem Fall gibt man den Tieren Psychopharmaka zur Beruhigung. Auf diese Weise gelang es, viele Jungtiere durchzubringen, und die Nachzucht in der ersten Generation funktionierte einigermaßen gut. Nun scheint es aber so zu sein, dass diese in Gefangenschaft geborene Delfingeneration nicht mehr weiß, wie man mit der Geburtssituation und der Aufzucht richtig umgeht. Sie haben nicht gelernt, wie man die Jungtiere richtig führt oder sie richtig säugt usw. Gerade die Muttermilch ist aber von besonderer Bedeutung, denn durch sie wird erst der Immunschutz der Jungtiere aufgebaut. Keine Muttermilch bedeutet also keinen Immunschutz, was ein hohes Infektionsrisiko mit sich bringt und zu einer hohen Jungtiersterblichkeit führt. Das Ende vom Lied ist, dass man doch versucht, die Tiere gemeinsam eine Geburtserfahrung machen zu lassen, und dass diese Versuche erneut scheitern, so geschehen im Nürnberger Delfinarium am 23.07.2006. Heutzutage sehen die Zoos die Lösungen für dieses Problem in einer frühzeitigen pflegerischen und veterinärmedizinischen Intervention, dem sogenannten Postnatalen Management. Der Mensch wird zum Ersatzdelfin, und das noch nicht entwickelte Immunsystem der Jungtiere wird medikamentös unterstützt[81].

Aus Sicht der meisten Natur- und Tierschutzverbände ist dies aber nicht artgerecht, denn nach dem deutschen Naturschutzgesetz müssen die Tiere ihren Erhaltungsbedürfnissen entsprechend gehalten werden (§ 42(3)1 des BNatSchG). Mit anderen Worten: Die Tiere müssen so gehalten werden, dass sie sich erfolgreich, aber eben selbstständig reproduzieren. Wenn der Mensch dabei routinemäßig eingreifen muss, ist das ein eindeutiger Hinweis darauf, dass die Tiere unter Bedingungen gehalten werden, die ihnen nicht entsprechen. »Gott sei Dank gibt es in Deutschland kein Klagerecht im Tierschutz!«, mag sich da der eine oder andere Zoodirektor erleichtert denken.

Vermutlich werden Sie langsam nervös. »Der kann mir viel erzählen, so schlimm kann es doch nicht sein«, mögen Sie denken, und daher zitiere ich hier aus einer Doktorarbeit[82], die unter anderem im Delfinarium Duisburg angefertigt wurde:

- Eine Delfinmutter warf ihr Neugeborenes in die Luft oder drückte es unter Wasser, die Autopsie ergab Bissverletzungen am Hals und an der »Melone«.
- Aufgrund ähnlicher Erfahrungen mit einer anderen Delfinmutter bekam diese bei ihrer dritten Geburt Psychopharmaka, nachdem sie mehrfach versucht hatte, ihr Jungtier zu ertränken.
- Kurz nach der Geburt schwamm ein Neugeborenes mit großer Geschwindigkeit vor einen Pfeiler und zog sich eine blutige Verletzung zu.
- Eine weitere Delfinmutter verweigerte die Nahrung und drehte sich immer wieder weg, wenn ihr Jungtier saugen wollte[83].

Muttertiere, die versuchen, ihr Kind tödlich zu verletzen oder zu ertränken und daraufhin Psychopharmaka bekommen, Neugeborene, die an ein Leben im Freiwasser angepasst sind und nicht wissen, was Wände und Pfeiler sind, sind nur einige Beispiele für eine nicht artgerechte Haltung von Delfinen in Menschenhand.

Doch sehen wir uns das Leben in Freiheit ein wenig genauer an und überlegen wir, welche Ursachen für die mangelnde mütterliche Fürsorge verantwortlich sein können. Wie bei den allermeisten Tieren kommen Delfine schon relativ »fertig« zur Welt. Sie sind bereits nach wenigen Stunden dazu in der Lage, mit der Mutter gemeinsam zu schwimmen. Ein erfahrenes Muttertier nimmt ihr Kalb dabei in die sogenannte Echelon-Position. Dabei befindet sich das Kalb in einer Art Windschatten der Mutter und wird von ihr teilweise mitgezogen. Erst, wenn das Kalb an die Zitzen gelangen möchte, muss es diese komfortable Position verlassen und selbstständig schwimmen. Ist es in der richtigen Position, schießt eine Art »Turbomilchstrahl« aus der Zitze, der vom Kalb aufgefangen werden muss. Im eigentlichen Sinn sind Delfine damit gar keine Säugetiere, denn sie saugen ja nicht, sie »fangen auf«.

In den ersten Lebenswochen schwimmt das Muttertier gemeinsam mit dem Kalb und versucht dabei die Annäherung erwachsener Artgenossen zu umgehen. Einige Forscher gehen davon aus, dass so vermieden werden soll, dass Wasserturbulenzen, die beim Vorbeischwimmen entstehen, den komplizierten Saug-/Auffangvorgang stören[84]. Andere Forscher betrachten diese Phase als erforderlich, um eine starke Bindung zwischen Muttertier und Kalb herzustellen. Beide Erklärungen schließen sich nicht aus, und es ist gut möglich, dass beides zutrifft. Die Freilandbeobachtung deckt sich hier mit Beobachtungen in Gefangenschaft, und so wird empfohlen, den Tieren genügend Platz zu geben, um sich von der Gruppe zu entfernen und in aller Ruhe zu säugen[85].

Nun gibt es aber einen Punkt, der überrascht. Normalerweise verlassen Jungtiere, die bei ihrer Geburt schon relativ kräftig sind, das Muttertier relativ bald. Beim Großen Tümmler hingegen bleiben die Kälber ca. drei bis acht Jahre beim Muttertier[86] und werden oft auch die gesamte Zeit gesäugt. Das zeitliche Spektrum ist aber recht groß und die Beobachtungen unterschiedlich. Der Übergang zur Phase der Entwöhnung ist fließend und man kann dann gemischt geschlechtliche Gruppen von jungen Delfinen beobachten. Konzentriert man sich aber auf ein Geschlecht, dann stellt man fest, dass es geschlechtsspezifische Unterschiede gibt und Samuels[87] argumentiert, dass Studien in Florida und West-Australien zu unterschiedlichen Ergebnissen gekommen sind, weil der Fokus in Florida auf Männchen und in West-Australien auf Weibchen lag. Demnach suchen junge Männchen nach der Entwöhnung kaum noch Kontakt zum Muttertier wohingegen junge Weibchen eine eindeutige Präferenz zu ihrer Mutter haben und ähnliche Strategien bei der Futtersuche und Aufnahme zeigen[88]. Die Geschlechtsreife tritt bei Weibchen zwischen dem fünften und dreizehnten Lebensjahr ein, beim Männchen ein wenig später, zwischen dem neunten und dem vierzehnten Lebensjahr[89]. Ab der Geschlechtsreife kommt es zu einer strikten Geschlechtertrennung. Betrachtet man die lange Zeit der mütterlichen Fürsorge, so erscheint die folgende Beobachtung eher überraschend, und ich hoffe, dass ich Sie nicht wieder enttäusche, wenn ich mit einer Vorstellung aufräume, die weit verbreitet ist: Stellen Sie sich dazu bitte vor, Sie wären eine Delfinmutter und Sie hätten eine anstrengende Geburt überstanden. Sie haben sich in den ersten Tagen innig um Ihr Jungtier gekümmert, doch nun haben Sie Hunger. Sie müssen also auf die Jagd gehen, und das geht nicht mit dem Kalb an der Seite. Man beobachtete tatsächlich, dass sich Delfinmütter schon in den ersten drei Monaten mehr als einhundert Meter von ihren Kälbern entfernten[90]. Dies ist ausgesprochen ungewöhnlich für Tiere mit langen Aufzuchtszeiten, denn normalerweise ist diese Zeit so lang, weil die Tiere von ihrer Mutter abhängig sind, doch dazu weiter unten.

In der Vergangenheit ging man davon aus, dass sich in dieser Situation sogenannte Tanten um die Kälber kümmern und sie vor Gefahren bewahren[91]. Ich kann und will diese Hypothese nicht vollständig ausschließen, doch neuere Beobachtungen im Freiland legen nahe, dass die Tiere schon in frühester Kindheit ein eigenes soziales Netzwerk (»ego network«) aufbauen. Vermutlich bemühen sie sich, mit möglichst vielen Artgenossen eine soziale Verbindung zu knüpfen und möglichst viele unterschiedliche Erfahrungen zu sammeln. Bei einer Untersuchung in West-Australien zeigte sich, dass Kälber bis zu 77 Interaktionspartner haben, und die Forscher geben an, dass es sogar noch mehr sein könnten[92]. Diese Zahl war so überraschend hoch, dass weitere Untersuchungen durchgeführt wurden.

Vielleicht ist es an dieser Stelle angebracht, kurz auf das soziale Umfeld menschlicher Kleinkinder zu sehen. Im Prinzip gibt es den engeren Familienkreis mit Geschwistern, Eltern und Großeltern von vielleicht sechs bis acht Personen. Der erweiterte Familienkreis besteht aus Tanten, Onkeln, Cousins und Cousinen sowie den nahen Freunden der Eltern und umfasst vielleicht zwanzig Personen. Hinzu kommt das »Ego Network« des Kleinkindes im Kindergarten mit weiteren zwanzig Personen. So landen wir bei ca. fünfzig Personen, die ein Kleinkind kennt und mit denen es individuelle Erfahrung macht. Das Wichtige ist, dass die Kleinkinder auch gelernt haben, wie man mit der jeweiligen Person umzugehen hat: Bei Tante Erna muss man die nassen Knutscher akzeptieren, dann gibt's was Süßes, und Onkel Peter freut sich, wenn man mit ihm boxt; der kleine Fritz im Kindergarten beißt und Luise spukt, bei Frau Müller, der Erzieherin der Nachbargruppe, kann man sich mal ausweinen, und die eigene Erzieherin ist sehr streng. Wie wir bereits oben gelernt haben, sind vermutlich genau diese sozialen Informationen dafür verantwortlich, dass sich unsere komplexen Gehirne zu dem entwickelt haben, was sie heute sind. Natürlich wissen wir nicht, welche individuellen Informationen junge Delfine über ihre Interaktionspartner sammeln und abspeichern, aber wir können mit großer Gewissheit annehmen, dass die Informationen essenziell sind für das weitere Überleben.

Glücklicherweise bietet gerade die Tatsache, dass die Delfinmütter ihre Kälber häufig alleine lassen, um auf Jagd zu gehen, die interessante Möglichkeit, das sich entwickelnde soziale Netz der Kälber genauer zu analysieren. Wie so oft wissen wir wieder nicht genau, was passiert, aber wir können analysieren, wer mit wem und wie lange schwimmt.

Dazu werfen wir einen Blick auf Abbildung 3. Wir sehen in (a) das Netzwerk eines einzelnen männlichen Delfinkalbes. Wer genau zählt, erkennt, dass es in einem Netzwerk mit 37 Interaktionspartnern lebt. Das Netzwerk seiner Mutter in (b) ist um einiges kleiner und umfasst nur 25 Tiere. Gemeinsam leben beide in einem Netzwerk aus 49 Tieren (c). Statistische Analysen haben gezeigt, dass sich diese Netzwerke nicht nur addieren oder ergänzen, sondern tatsächlich signifikant unterscheiden[94]. Auffällig ist auch, dass das Kalb männliche und weibliche Tiere in

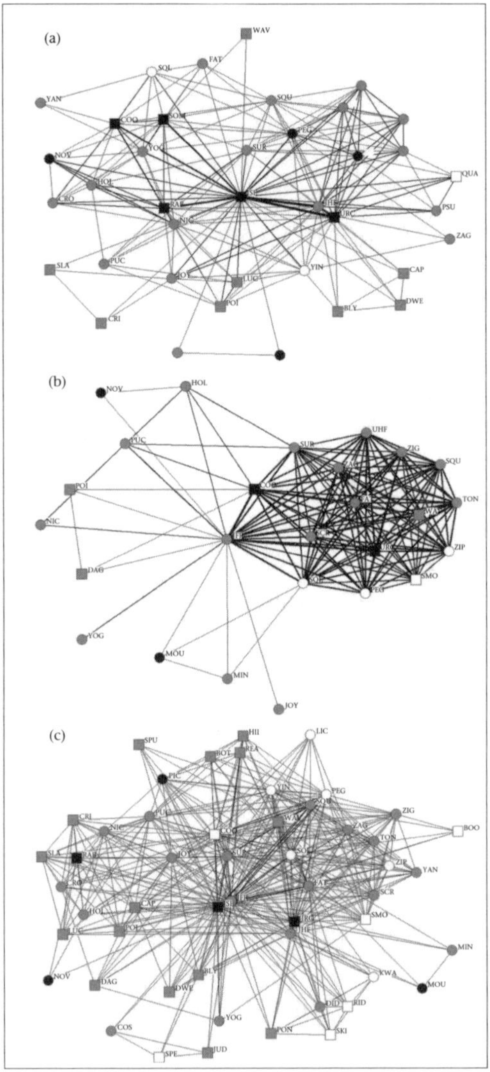

Abbildung 3: Soziales Netzwerk eines einzelnen männlichen Delfinkalbes (a), seines Muttertieres (b) und beider Tiere (c).[93]

seinem Netzwerk hat, wohingegen das erwachsene Weibchen kaum erwachsene Männchen in ihrer Bekanntschaft hat. Dies ist auch nicht verwunderlich, da sich erwachsene Männchen kaum für Weibchen interessieren, die sich mit der Aufzucht ihrer Jungtiere beschäftigen. Zudem wissen die Weibchen, dass erwachsene

Männchen unter Umständen ausgesprochen aggressiv sein können (dazu mehr im nächsten Kapitel). Ein weiterer interessanter Punkt ist, dass männliche Kälber untereinander einen intensiveren Kontakt pflegen, dass aber männliche und weibliche Kälber gleich große Netzwerke haben. Fast schon erschreckend ist die Analogie zu unseren menschlichen Netzwerken, denn das soziale Netzwerk junger Delfine ist am größten und wird im Verlauf des Erwachsenenlebens immer kleiner[95].

Eine ausgesprochen überraschende Beobachtung ist allerdings, dass Jungtiere, die häufiger und länger bei der Mutter bleiben also weniger Energie in den Aufbau sozialer Kontakte stecken, mit größerer Wahrscheinlichkeit früher sterben[96]. Vermutlich sind diese Jungtiere weniger fit und brauchen mehr Aufmerksamkeit durch das Muttertier. Als Resultat haben die Jungtiere aber auch ein kleineres Netzwerk mit allen damit verbundenen Konsequenzen. Darüber hinaus kommen die Autoren auf der Grundlage ihrer Beobachtungen zu dem Schluss, dass das Risiko durch Räuber in West-Australien eher gering ist, obwohl die Kälber oft alleine sind, und schreiben den Erfolg der Aufzucht ausschließlich dem Muttertier zu. Dabei wird angegeben, dass der Reproduktionserfolg vom Alter der Mutter, der Erfahrung der Jungtiere und ihrem Lernen in früher Kindheit und Jugend abhängt.

Was können wir aber aus all den Untersuchungen lernen? Kommen wir wieder zurück zu unserer Frage nach dem Leben von Delfinen in Delfinarien. Wenn man davon ausgeht, dass in Delfinarien keine Raubtiere vorkommen, dass immer genügend Fisch gefüttert wird und dass die Tiere im Krankheitsfall medizinisch betreut werden, dann würde man erwarten, dass sich Delfine völlig unproblematisch in Gefangenschaft vermehren. Mehr noch, ihr Bestand müsste sich unverhältnismäßig schnell vergrößern. Tatsächlich ist das Gegenteil der Fall! Im »Jahrbuch der Europäischen Zoogemeinschaft«, in der die aktuellen Erfahrungen zu den allermeisten in Zoos gehaltenen Wildtieren veröffentlicht werden, liest man Folgendes: Die Jungtiersterblichkeit bleibt ein ernsthaftes Problem für die gesamte Population des Großen Tümmlers[97]. Dabei ist natürlich die Population der in Europa in Gefangenschaft gehaltenen Tiere gemeint. Das Problem der hohen Jungtiersterblichkeit führt letztlich dazu, dass sich der Bestand nicht selbst erhält und man auf Wildfänge zur Nachzucht angewiesen ist. Neben der Bedrohung durch Räuber, Nahrungsmangel und Krankheit gibt es nur einen weiteren Aspekt, der in der wissenschaftlichen Literatur für die Jungtiersterblichkeit verantwortlich gemacht wird, und das ist, wie oben erläutert, das Verhalten der Weibchen. Sind Delfine in Gefangenschaft nun schlechte Mütter? Wohl kaum, zumindest nicht freiwillig. Sind die Biologen und Tierärzte in den Zoos dumm und haben keine Ahnung von Delfinen? Wohl auch nicht! Aber woran liegt es dann?

Wenn Sie die oben genannten Beispiele lesen, wie die Jungtiere in Gefangenschaft zu Tode gekommen sind, dann möchte man meinen, dass eine Mutter, die ihr Junges unter Wasser drückt, es in die Luft wirft oder zu Tode beißt und stößt, verrückt ist. Zweifelsfrei ist dies eine mögliche Erklärung, denn tatsächlich können auch Tiere verrückt werden und sich außerhalb ihrer normalen Gewohnheiten/Normen verhalten (mehr dazu im Abschnitt Elefanten). Oft wird dieses Verhalten aber auch jungen Delfinweibchen zugesprochen. Man argumentiert, dass die Tiere einfach noch nicht genügend Erfahrungen gemacht haben. Zugegeben: Auch in der freien Wildbahn überleben nur drei Viertel aller Neugeborenen, und besonders betroffen von der Jungtiersterblichkeit sind erstgebärende, unerfahrene Delfinmütter. Tatsache ist aber auch, dass Delfine schon vor Jahrtausenden ausgestorben wären, wenn sich ihr Bestand in der freien Natur nicht selbstständig erhalten hätte. Darüber hinaus ist es auch eine Tatsache, dass dieses Fehlverhalten nicht nur bei erstgebärenden Delfinen sichtbar wird, denn wie das Beispiel oben zeigt, verhalten sich auch ältere erfahrene Muttertiere in Gefangenschaft völlig unnatürlich. Das erfahrene Muttertier hatte scheinbar aktiv verhindert, dass ihr Jungtier in die Nähe der Zitzen kommen konnte. Auch in diesem Fall muss man nach einer Erklärung fragen. Wenn man nicht in

Betracht ziehen will, das die Delfinmutter ihr Kind aktiv töten wollte, dann ist die einzige Erklärung ein – formulieren wir es vorsichtig – ungewolltes Fehlverhalten. Unabhängig davon, dass ich persönlich nicht ausschließen möchte, dass Delfine tatsächlich aktiv ihre Kälber oder auch sich selbst töten können, müssen wir doch unsere Aufmerksamkeit auf die Ursachen für ein solch extremes soziales Fehlverhalten lenken. Dazu ist es erforderlich, das Sozialleben in Gefangenschaft mit dem im Freiland zu vergleichen.

In Abbildung 4 sind diese unterschiedlichen Gruppenkonstellationen dargestellt. In der Gruppenkonstellationen G1 gibt es auf den ersten Blick keine Unterschiede zwischen der Situation im Freiland und in Gefangenschaft. Das *X in Bezug auf das Leben im Freiland soll andeuten, dass es viele dieser Gruppen gibt, und genau dieser Punkt ist maßgeblich, wie wir im folgenden Kapitel sehen werden.

In der Gruppenkonstellation G2 sieht es schon anders aus: Im Freiland wird eine vergleichbare Kleingruppe immer von dem dominanten, meist größten Weibchen angeführt. In dieser Konstellation kommt es praktisch gar nicht oder nur ausgesprochen selten zu aggressivem Verhalten. In Delfinarien dagegen dominiert immer das einzelne Männchen die gesamte Gruppe, wie oben schon beschrieben. Einerseits bedeutet diese Situation für das sonst dominante Weibchen ein grundsätzlich verändertes Lebenskonzept. Es ist schwer zu ermessen, welchen Einfluss die völlig unnatürliche, permanente Anwesenheit eines erwachsenen Männchens auf die gesamte Gruppe hat. Andererseits lebt das Männchen in einem sozialen Umfeld, das es so in freier Wildbahn nicht gibt (auch dazu mehr im nächsten Kapitel). Leider läuft das Leben in dieser künstlich geschaffenen Gruppenkonstellation nicht so friedlich ab wie in Freiheit. Die ihnen nun schon bekannte Wal- und Delfinschutzorganisation WDC hat nach einer Kette von sechs Todesfällen (innerhalb von 18 Monaten) Akteneinsicht im Delfinarium Nürnberg eingeklagt, und nach mehreren Jahren kam es zu Gerichtsverhandlungen. Aus den Unterlagen ging hervor, dass es häufig zu Aggressionen zwischen den Tieren kommt und dass diese entweder durch Wegsperren einzelner Tiere oder durch die Gabe von Psychopharmaka kontrolliert werden.

Die Gruppenkonstellation G3 beschreibt eine intermediäre Lebensphase, in der sich die Jungtiere von ihrer Mutter lösen und ihren Platz im sozialen Netzwerk finden. Diese Lebensphase, die im Prinzip schon wenige Wochen bis Monate nach der Geburt beginnt, ist geprägt von intensiven Lernprozessen. Wie wir oben erfahren haben, werden diese Erfahrungen nicht im kleinen Kreis der engsten Verwandten, sondern in einem großen Netzwerk gesammelt, und die Jungtiere suchen sich dazu selbstständig die geeignetsten Interaktionspartner. Zu den erlernten Fähigkeiten gehören Jagdstrategien, Spiele, Kämpfe sowie Erfahrungen bei der Aufzucht von Jungtieren[98]. Eine eher lustige, wenn auch anekdotische Beobachtung wurde von meinem australischen Kollegen Mike Bossley aus unserem WDC-Büro in Adelaide gemacht: Die Delfindame Billie geriet in den Achtziger-Jahren des letzten Jahrhunderts in eine Schleuse in einem Hafenbecken und wurde für drei Wochen in einem Delfinarium gehalten. Zurück im Freiwasser, zeigte sie ein Verhalten, das für Delfine im offenen Ozean einmalig war: Sie konnte sich auf der Schwanzflosse stehend durch das Wasser bewegen. Dieses Verhalten hatte sie sich von ihren gefangenen Artgenossen abgeschaut. Wohlgemerkt: nur abgeschaut, denn sie selbst wurde nicht trainiert und bekam ihre Nahrung, ohne dafür irgendwelche Figürchen machen zu müssen. Scheinbar erschien ihr dieser Trick so bemerkenswert, dass sie ihn, wenn auch selten, im Meer vollführte[99]. 15 Jahre später beobachtete mein Kollege, dass auch ein anderes erwachsenes Weibchen auf der Schwanzflosse lief und kurze Zeit später ein weiteres usw. Auch wenn es sich bei diesem Verhalten wohl eher um einen nutzlosen, aber vielleicht coolen Trick handelt, so macht das Beispiel doch deutlich, wie sich Wissen und Fähigkeiten innerhalb einer Population verbreiten können und welche Bedeutung dabei auch ein einzelnes Tier haben kann. Wenn man bedenkt, dass gerade ältere Weibchen als am erfolgreichsten bei der Nach-

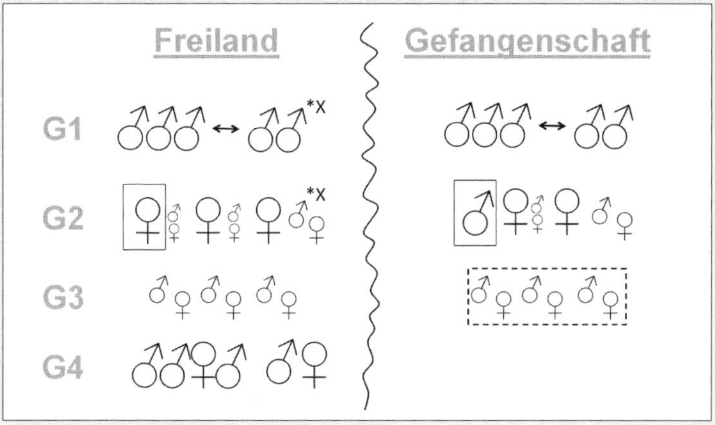

Abbildung 4: Darstellung der Sozialstruktur von Delfinen in Gefangenschaft und in Freiheit

Delfingemeinschaften im Freiland und in Gefangenschaft:

♂	adultes Männchen
♀	adultes Weibchen
♂	subadultes Männchen
♀	subadultes Weibchen
♂♀	männliches oder weibliches Kalb
▭	dominantes Tier
⬚	Kann in Delfinarien vorkommen, ist aber selten.

G1:	Männergruppen (leben in Delfinarien immer separiert)
G2:	Zuchtgruppen (In Delfinarien gibt es die natürliche Gruppenkonstellation nicht, da alle Weibchen immer von dem Männchen dominiert werden.)
G3:	Jugendliche gemischt (Diese Gruppen sind für die Entwicklung späterer sozialer Bindungen erforderlich, kommen aber in Delfinarien ausgesprochen selten vor.)
G4:	Gruppen zur Paarung (Das komplexe Sozialverhalten während der Paarung kommt in Delfinarien nicht vor.)
*X:	Diese Gruppen können in freier Wildbahn um ein Mehrfaches größer sein.

zucht betrachtet werden, dann mag man sich vielleicht vorstellen, welches Wissen durch diese Tiere an die nächste Generation weitergegeben wird und wie bedeutsam der Verlust auch nur eines Tieres sein kann. Im Hinblick auf die Gruppenkonstellation G3 in Delfinarien lässt sich nicht viel sagen. In der Zooliteratur wird grundsätzlich empfohlen, solche Gruppen aufzubauen, doch nach dem, was wir oben aus der aktuellen wissenschaftlichen Literatur gelernt haben, ist das praktisch unmöglich. Dazu müsste man Delfinarien mit etwa einhundert Tieren haben, und das Becken müsste so groß sein wie eine kleine Bucht und mindestens zehn bis zwanzig Meter tief sein. Akzeptiert man die neuesten Erkenntnisse aus der Freilanduntersuchung und die Tatsache, dass Delfine nicht innerhalb eines engen Familienverbandes lernen, sondern ihre Erfahrung in relativ großen Netzwerken machen, dann ist es wenig überraschend, dass es mit der Nachzucht nicht so funktioniert, wie man das erwarten würde. Ich persönlich bin fest davon überzeugt, dass die Tiere auch bei anderen Aspekten ihres natürlichen Lebens, wie zum Beispiel der Jagd nach lebendem Fisch, versagen würden. Sie hätten es einfach nicht gelernt, und so wird im Delfinarium das Raubtier Delfin zum Aasfresser. Zudem muss der tote Futterfisch mit Süßwasser aufgespritzt und mit zusätzlichen Mineralien und Vitaminen getoppt werden.

Die Gruppenkonstellation G4 kommt in Delfinarien überhaupt nicht vor, und so werden sowohl weibliche als auch männliche Tiere eines ihrer wichtigsten Lebensabschnitte beraubt. Sobald die Kälber ins Erwachsenenalter eintreten und beginnen, ihre primäre Gruppe permanent zu verlassen (Weibchen seltener, Männchen häufiger), signalisiert das Weibchen Paarungsbereitschaft und sucht sich einen oder mehrere neue »Liebhaber«. Vielleicht sollte man besser sagen, sie werden gefunden. Die Phase der Partnerwahl scheint eine der komplexesten sozialen Vorgänge im Tierreich zu sein, aber auch dazu mehr im nächsten Kapitel. Ist die Paarung erfolgt, sucht sich das Weibchen wieder eine Gruppe von Weibchen, die meist in der gleichen Lebensphase stecken, und so fort. Ein Delfinweibchen kann bis zu sechzig Jahre alt werden,

Männchen nur bis fünfzig Jahre. Beide Geschlechter sind bis ins hohe Alter sexuell aktiv und durchaus erfolgreich bei der Nachzucht[100].

Das soziale Leben von männlichen Delfinen und ihren Weibchen

Wie wir oben erfahren haben, kümmern sich männliche Delfine nicht gerade innig um ihre Nachkommen, und vermutlich wäre kein männlicher Delfin böse, wenn man ihn einen Rabenvater nennen würde. Delfinmännchen scheinen sich tatsächlich nicht wirklich um die Aufzucht der Kälber zu kümmern, und so liegt es nahe zu vermuten, dass die Weibchen ein interessanteres und vielschichtigeres Sozialleben mit Kindererziehung und Verpflichtungen als Tante usw. führen.

Doch wer hätte das gedacht: Nach allem, was wir bisher wissen, führen die männlichen Großen Tümmler in der Shark Bay in West-Australien das komplexeste Sozialleben, das bisher im Tierreich beobachtet wurde. Dies schließt natürlich nicht aus, dass auch andere Populationen oder Arten ein entsprechend komplexes Sozialleben haben. Im Gegenteil, es ist sogar wahrscheinlich, nur haben wir es noch nicht erforscht, und darum möchte ich mich vorerst an das Beispiel aus Australien halten.

Zunächst könnte man vermuten, dass männliche Delfine ein bequemes Leben führen, da sie sich ja nicht um die Aufzucht der Jungtiere kümmern müssen. Doch weit gefehlt! Die vermeintlichen Faulpelze haben echten Stress. Die Ursache dafür ist der Frauenmangel, denn nur ein Bruchteil aller weiblichen Delfine steht als Reproduktionspartner zur Verfügung. Die meisten Weibchen kümmern sich um ihre Nachkommen und haben daher mit den Männchen nicht viel im Sinn. Die »traurige« Realität ist: Auf ein Weibchen kommen gleich mehrere Männchen. Und genau dieses Ungleichgewicht hat zu einer der bemerkenswertesten Leistungen im Sozialverhalten von Tieren geführt.

Doch bevor der gespannte Bogen auch abgefeuert wird, ist noch einmal Ihre Fantasie gefragt: Liebe Frauen, liebe Männer, wenn Sie diese Zeilen lesen, lösen Sie sich bitte zunächst von Ihrer Vorstellung eines intakten Soziallebens. Denken Sie *nicht* an eine innig verbundene Familie, und versuchen Sie sich auf die Vorstellung einzulassen, dass Gruppensex in Ordnung ist. Selbiger macht viel Spaß, ist kein moralisches Problem und obendrein ausgesprochen sinnvoll für das Fortkommen ihrer Art. Liebe Männer, versetzen Sie sich in folgende Situation: Sie haben Ihre Arbeit getan, der Bauch ist voll, das Haus gebaut, Sie haben Freizeit und keine Familie. An was denken Sie? Bitte merken! Liebe Frauen, stellen Sie sich vor: Die Kinder sind aus dem Gröbsten raus, Ihr Mann riecht aus dem Mund, und Sie hören das Lied: »Lieber eine Flasche Bier als Freund als eine Flasche als Freund« und spüren: Es ist eigentlich Zeit zu gehen. An was denken Sie? Bitte merken! Liebe Frauen und Männer, denken Sie bitte an Ihre Pubertät zurück! Liebe Mädchen und Jungen in der Pubertät, stellt Euch bitte Folgendes vor: Es ist Wochenende, die Schularbeiten sind erledigt, die Eltern tun das, was Eltern eben so tun, und ihr habt frei. An was denkt ihr? Bitte merken!

Wenn wir ehrlich sind, dann haben vermutlich fast alle an eines gedacht: Sex, Paarung, das andere Geschlecht und das angenehme Kribbeln im Bauch. Wir haben überlegt: Passt die Bluse zu meinen Schuhen, und kommen meine Oberarme in dem T-Shirt auch wirklich zur Geltung, werden ihr die Blumen gefallen? In der Situation der Partnersuche dreht sich unser Denken und Handeln darum, wie attraktiv wir sind, und dies nicht nur in einem äußerlichen Sinn. Es geht auch darum, wer durch sein soziales Netzwerk attraktiver wird, wer mehr Freunde hat, wer von anderen mehr gemocht wird usw. Aber letztendlich geht es bei all dem darum, einen Partner zu finden. Ich habe Sie gedanklich nicht ohne Grund in eine Lebensphase entführt, in der Sie vermeintlich alles Notwendige besitzen bzw. in der Sie keine Verpflichtungen mehr oder noch keine haben. In einer solchen Lebensphase kann ohne den richtigen Lebenspartner alles sinnlos erscheinen, wohingegen der Himmel voller Geigen hängt, wenn wir den Richtigen gefunden haben. Kaum eine bestandene Prüfung oder ein Sprung nach oben auf der Karriereleiter lässt unser Herz so hoch schlagen, und nichts lässt uns deprimierter sein, als die falsche Reaktion des erstrebten oder auch nur potenziell möglichen Partners. Um nun den idealen Partner zu finden und für uns zu gewinnen, werden wir sozial aktiv, oft sogar in übertriebener oder ungesunder Weise. Wir besuchen viele Freunde, haben noch viel mehr davon auf »Facebook«, verabreden uns, machen unvernünftige Dinge und führen ein von außen betrachtet abwechslungsreiches und ausgefülltes Leben.

Und nun stellen Sie sich bitte vor, Sie würden dieses »Leben auf der Überholspur« jedes Jahr regelmäßig ein paar Monate lang führen. Den Rest des Jahres wären Sie erschöpft, Sie würden Ihren regelmäßigen Verpflichtungen nachkommen, gut und regelmäßig essen und sich langsam erholen. Vermutlich sind Sie mit Ihren Vorstellungen nun relativ nah am Leben eines männlichen Delfins in West-Australien. Das Interessante an diesem Gedanken ist eigentlich die Tatsache, dass wir uns in den Situationen, die uns wirklich etwas bedeuten, die uns emotional sehr bewegen und unserem Leben einen Sinn geben, nicht von vielen anderen in Gruppen lebenden hochentwickelten Tieren unterscheiden. Es ist mehr eine Frage der Betrachtungsweise, ob wir uns in dieser Situation tierisch oder ob sich Tiere menschlich verhalten. Der gemeinsame Nenner, unsere innere Motivation ist evolutiv entstanden und hilft uns dabei, unsere Art zu erhalten. Die Frage ist nur, wie komplex sind die sozialen Konsequenzen die sich aus dieser inneren Motivation ergeben?

Damit zurück zu unserem gespannten Bogen! Wie wir erfahren haben, müssen sich unsere Tümmler in West-Australien jedes Jahr aufs Neue mit einem leidigen Problem herumschlagen: Es gibt zu wenig Weibchen. Nun können wir durch das zugegebenermaßen sehr homozentrische Beispiel oben erahnen, wie stark die innere Motivation eines Delfins sein muss, um zum Zuge zu kommen. Nur wie geht man am besten mit Mangel um? Richtig, man teilt.

Sozial lebende Tiere lösen viele ihrer Probleme durch Kooperation mit anderen und durch die Bildung von Allianzen. Es wird gemeinsam gejagt, die Nachkommen werden gemeinsam aufgezogen, Ressourcen werden gemeinsam erschlossen und bewacht. Doch auch im Wettstreit um Fortpflanzungspartnerinnen kann man sich verbünden. Unsere männlichen Tümmler bilden im Alltag enge Zweier- oder Dreiergruppen und manchmal dokumentieren sie ihre Zusammengehörigkeit sogar durch einen gemeinsamen Pfiff (siehe Kapitel: »Kommunikation«). Unter der Bedingung der Fortpflanzung bilden sich allerdings auch größere Allianzen. Warum? Ein oder wenn nicht sogar der wichtigste Grund für diese Allianzen ist die Möglichkeit, als Gruppe Weibchen zu entführen. Ja, Sie haben richtig gehört, Weibchen werden von mehreren Männchen entführt. Nach der Trennung von ihrer ursprünglichen Gruppe werden sie oft über Tage gemeinsam »missbraucht«. Wenn Sie jetzt geschockt sind, bin ich enttäuscht. Ich hatte Sie oben gebeten, ihre moralischen Vorstellungen einmal zur Seite zu legen, und nur, weil ich »gemeinsam missbraucht« geschrieben habe, sind Sie in meine Falle getappt. Oder doch nicht? Gehen wir einfach einmal davon aus, dass es aus delfinischer Perspektive nichts Verwerfliches ist, Weibchen zu entführen und mit diesen gemeinsam Sex zu haben. Unter dieser Prämisse betrachten wir nun das komplexe Ränkespiel und die Bildung von Allianzen in der Shark Bay in West-Australien näher.

Allianzen erster Ordnung sind im Tierreich weit verbreitet. Man erklärt diese mit familiären Banden und der einfachen Tatsache, dass Familienmitglieder, die sich gegenseitig unterstützen, dazu beitragen, ihre Gene erfolgreich zu vermehren. Allianzen zweiter Ordnung sind um einiges seltener aber in *Fission-fusion-Societies* nicht untypisch. In einer Allianz zweiter Ordnung finden sich zum Beispiel zwei Gruppen erster Ordnung zu einer größeren Gruppe zusammen, um ein Territorium oder Nahrung zu verteidigen. Derzeit kennen wir nur zwei Arten, die auch Allianzen dritter Ordnung bilden, nämlich Menschen und die männlichen Großen Tümmler in Shark Bay[101].

Zum besseren Verständniss gestatten sie mir ein Beispiel aus unserem menschlichen Alltag: Wenn wir in einer Firma zusammenarbeiten, in der Aufgaben von verschiedenen Abteilungen übernommen werden, dann können wir von einer Allianz zweiter Ordnung sprechen. Stellen wir uns weiter vor, dass eine Abteilung mit einer anderen kleinen Firma eine Kooperation eingegangen ist (das wäre auch noch eine Allianz zweite Ordnung). Die interessante Frage ist nun: Was passiert, wenn unsere Firma aufgekauft wird oder eine Geschäftsbeziehung mit einer viel größeren Firma eingeht? Die größere Firma, die uns geschluckt hat, ist auch Kooperationen mit anderen eingegangen, doch einer dieser kleinen Kooperationspartner steht in direkter Konkurrenz zu unserem kleinen Kooperationspartner. Nun entscheidet die große Firma, dass wir auf unseren ursprünglichen Kooperationspartner verzichten müssen, ja, dass er ab jetzt ein Konkurrent ist. Es haben sich also Allianzen gebildet, die wiederum durch andere Allianzen höherer Ordnung ab- bzw. aufgelöst wurden. Ein solches Szenario entspricht einer Allianz dritter Ordnung. Charakteristisch dafür ist, dass sich bestimmte Strukturen in Abhängigkeit von neuen Konstellationen ändern. Es ist nicht mehr das einfache »Ich-helfe-dir-und-du-hilfst-mir«-Konzept. Ungefähr genauso darf man sich das Interagieren der einzelnen Gruppen männlicher Delfine in West-Australien vorstellen, wenn sie um die erbeuteten Weibchen konkurrieren. Wir wissen zwar nicht, warum der eine mit dem anderen zusammenschwimmt, aber wir können beobachten, ob, wann und unter welchen Umständen. Genau diese Beobachtungen gelten als Grad der Komplexität einer sozialen Gemeinschaft[102]. Nach Olson und Blumstein[103] entwickeln sich solche Allianzen auf der Grundlage von gegenseitiger Toleranz, kooperativem Handeln und Partnerschaften und basierend auf Aspekten wie Alter, Gemeinsamkeiten und familiären Banden.

Das eigentlich Interessante an dieser Beobachtung ist nicht das komplexe soziale Netzwerk, sondern die Voraussetzung, die erfüllt sein muss, um ein solches Netzwerk zu formen. In dem Kapitel »Ein toller Tag im Leben eines jungen Delfinforschers« haben wir erfahren, dass es in diesem Beobachtungsgebiet ca. 600 Tiere gibt. Das bemerkenswerte ist, dass jedes Tier jedes andere kennen muss. Mehr noch: Es muss wissen, zu welcher Allianz es gehört und wie sich die Machtverhältnisse eventuell verschieben, wenn ein weiteres Tier hinzukommt. Es ist durchaus denkbar, dass in einem solch komplexen Netz eine Situation eintritt, in der ein vermeintlicher Alliierter die Seiten wechselt, nur weil eine andere Gruppe von Delfinen, mit denen er ein engeres Verhältnis hat, auftaucht. Entscheidend ist, wer zum Schluss die größere Anzahl von Alliierten aufweisen kann. In solchen Situationen geht es weniger aggressiv zu, als man erwarten würde. Im Regelfall reicht es aus, deutlich zu machen, dass man der Stärkere sein *könnte*. Diese Strategie hat den großen Vorteil, dass man sich nicht gegenseitig verletzen muss, um als Gewinner aus der Situation hervorzugehen.

Vielleicht denkt der eine oder andere von Ihnen zwischendurch an das Weibchen und fragt sich, warum es nicht einfach wegschwimmt, wenn sich die Jungs streiten? Meine ehrliche Antwort ist: Ich weiß es nicht. Aus einer menschlichen Perspektive betrachtet, ist die Entführung eines Weibchens ein brutaler Übergriff, und wir würden erwarten, dass das Weibchen bei der erstbesten Gelegenheit flieht. Dies scheint aber nicht der Fall zu sein, und ich denke, man muss dabei berücksichtigen, dass der eigentliche Akt, also die Kopulation zwischen zwei Delfinen, von beiden Seiten aktiv betrieben werden muss. Im Gegensatz zu Situationen an Land, bei denen ein dominantes Männchen ein Weibchen auf den Boden drücken kann, muss im Wasser der Akt gemeinsam und koordiniert vollzogen werden. Hinzu kommt, das beide Geschlechter bereits als Jugendliche praktische sexuelle Erfahrungen sammeln und diesen Aktivitäten viel Zeit beimessen.

Obwohl die Komplexität der sozialen Netzwerke wissenschaftlich natürlich extrem spannend und interessant ist und viele Spekulationen über die kognitive Leistungsfähigkeit, das Gedächtnis und die Fähigkeit zu planvollem Handeln zulässt, möchte ich Sie doch ein wenig mit den männlichen Delfinen versöhnen und Ihnen die folgende Information nicht vorenthalten: Die Entführung durch australische »Männergangs« ist nicht die einzige Strategie, der sich männliche Große Tümmler bedienen. Im Golf von Mexiko scheinen die Männchen einen etwas höflicheren Weg zu wählen: Sie begleiten schon Monate vor der Fruchtbarkeit ihre Auserwählte und versuchen, sie sich gewogen zu machen. Doch Vorsicht: Das ist natürlich eine Interpretation! Aus der gleichen Untersuchung ist bekannt, dass die Männchen, die in einer Gruppe um ein Weibchen werben, eher erfolgreich sind als Einzelgänger[104]. Mit anderen Worten: Es lässt sich nicht ausschließen, dass die Weibchen schon lange Zeit vor der Fruchtbarkeit belagert werden, und wer will schon entscheiden, welche Strategie davon die freundlichere ist.

Tatsache bleibt, dass wir mit unserer menschlichen Moral das soziale Leben von Delfinen nicht beurteilen können. Tatsache ist aber auch, dass die Bildung von Allianzen und das komplexe Sozialsystem nur mit einem komplexen Gehirn zu bewältigen ist[105].

Als letzten Punkt muss ich noch ergänzen, dass auch das Konzept der Männergruppen keineswegs starr ist. So konnte beispielsweise bei der Analyse von Männergruppen in Port Stephens gezeigt werden, dass es drei unterschiedliche Kategorien von männlichem Verhalten gibt: Einige Tiere bilden strenge Männerpaare oder Trios, andere bilden lose Paarungen und eine dritte Gruppe ist meist alleine oder in großen Gruppen anzutreffen[106]. Die Gruppenbildung scheint zudem von der Lebensphase abzuhängen, wie Beobachtungen vor Sarasota zeigen konnten. Die ersten Paare werden im Alter von sechs Jahren beobachtet, und im Alter von 20 Jahren hatten über 90 Prozent der Tiere irgendwann einmal einen Partner. Am Ende des Delfinlebens gibt es wieder viele Einzelgänger, was darauf hindeutet, dass der Partner gestorben ist und dass kein neuer Bund eingegangen wurde. Im Gegensatz zu den Populationen in West-Australien gab es hier aber praktisch keine Dreiergruppen[107]. Kommt Ihnen das große Spektrum an Möglichkeiten bekannt vor? Fühlen Sie sich an die unterschiedlichen Konzepte unseres menschlichen Miteinanders und an unterschiedliche kulturelle Traditionen erinnert? Wenn ja, dann teilen Sie meine Sichtweise, denn mir fällt beim besten Willen keine andere Erklärung für die unterschiedlichen Lebenskonzepte ein.

Fassen wir zusammen: Die Tatsache, dass wir bei den Großen Tümmlern in West-Australien Allianzen dritter Ordnung beobachten, ist bisher einmalig im Tierreich und belegt ein extrem komplexes Sozialleben. Dieses wiederum setzt ein ausgesprochen gutes Gedächtnis und ein Wertesystem voraus, bei dem der Wert einzelner Individuen für ein anderes in strategische Überlegungen einbezogen wird. Letztlich bedeutet dies, dass das individuelle Verhalten der einzelnen Tiere im gemeinsamen Miteinander von großer Bedeutung ist. Wir haben erfahren, dass kognitive Leistungsfähigkeit mit einem komplexen Sozialleben einhergeht, oder anders: kein komplexes Sozialleben mit Allianzen und kooperativem Handeln ohne hochentwickeltes und leistungsfähiges Gehirn. Daher wenden wir uns im nächsten Kapitel unserem sehr verehrten Denkorgan zu.

Das Gehirn und was man damit tut

Das Gehirn ist das Zentrum unseres Ichs und es wurden unzählige Bücher darüber geschrieben, wie es funktioniert. Dennoch ist für die meisten Menschen das Gehirn sozusagen ein Organ mit sieben Siegeln. Vielleicht erinnern Sie sich noch an Ihren Biologieunterricht und was man Ihnen über die Funktion der einzelnen Organe erzählt hat. Sie wissen, was unser Herz tut und die Lunge, und Sie wissen von Herrn Dr. von Hirschhausen, dass die Leber mit ihren Aufgaben wächst. Doch was tut eigentlich die Niere? Selbst wenn Ihnen das Funktionsprinzip von Leber und Nieren noch bekannt ist, spätestens bei der Vorstellung, wie unser Gehirn funktioniert, wirft jeder Nichtfachmann das Handtuch. Vielleicht ist dies auch der Grund, warum dieses Kapitel nicht gleich am Anfang des Buches steht. Eigentlich sollte es das, denn die Erkenntnisse, die Ihnen hier vorgestellt werden, sind wirklich bemerkenswert.

Intelligenz

Unser Gehirn ist zweifelsfrei die Steuerzentrale unseres Körpers, und die Idee eines zentralen Nervensystems hat eine Reihe von Vorteilen gegenüber dem diffusen Nervensystem bei vielen niederen Tieren oder dem Strickleiternervensystem der Insekten. Neben allen in den vorangegangenen Kapiteln beschriebenen kognitiven Leistungen ermöglicht es intelligentes Denken. Seien wir ehrlich: Abgesehen von den dunklen Stunden, in denen wir an unserem eigenen Verstand zweifeln, sind wir auf das, was unser Gehirn so leistet, ziemlich stolz. Logisch kombinieren und vernünftig denken macht Spaß, und wer einmal daran Gefallen gefunden hat, der tut es gerne wieder. Doch wo genau sitzt sie, unsere Intelligenz? Und vor allen Dingen: Was ist das überhaupt?

Ein Blick in die einschlägigen Lexika zeichnet ein ernüchterndes Bild. Scheinbar weiß keiner so genau, was das ist. Es gibt hierarchische Modelle mit fester und flüssiger Intelligenz (Cattells Zwei-Faktoren-Modell), es gibt den Versuch, alles auf einen gemeinsamen Nenner, den sogenannten »G-Faktor«, zu reduzieren (Spearman), ein Modell mit sieben Primärfaktoren (Thurstones) oder mehrdimensionale Modelle wie das dreidimensionale Würfelmodell (Guilfords) oder ein Modell mit multiplen Intelligenzen (Gardner), um nur einige zu nennen. Ein so breites Spektrum an Erklärungsmodellen ist allerdings ein sicheres Zeichen dafür, dass wir nicht wissen, was Intelligenz tatsächlich ist. Wie sollen wir unter diesen Umständen nun beurteilen können, ob ein Tier Intelligenz besitzt oder nicht?

Zunächst müssen wir uns von der Vorstellung verabschieden, zu glauben, dass unsere mathematischen und verbalen (rein akademischen) Fähigkeiten unsere Intelligenz vollständig beschreiben. Wir müssen mehr Breite und Komplexität zulassen, um uns selbst zu verstehen. Dies gilt in noch größerem Ausmaß, wenn wir versuchen wollen, andere, zum Beispiel außerirdische und tierische Intelligenzen verstehen zu wollen.

Unabhängig von jeder wissenschaftlichen Evaluation haben wir unsere persönlichen Erfahrungen. Es ist egal, ob Sie, meine liebe Leserin, oder Sie, mein lieber Leser, eine Frau oder ein Mann sind, Sie haben ein Gefühl dafür, dass Männer und Frauen irgendwie unterschiedlich ticken. Ich denke, ich muss jetzt nicht an die vielen Bücher erinnern, die uns erklären, wer und warum er besser einparken kann. Es geht um das Prinzip der gegenseitigen Achtung vor einer eher technisch und räumlich orientierten Intelligenz und einer sprachlich und sozial orientierten Intelligenz. Berücksichtigt man diese Erfahrung, so ist es vielleicht doch gar nicht so schwer, über die etwas andere Intelligenz bei Tieren nachzudenken.

Stellen Sie sich, natürlich nur rein hypothetisch, vor, dass eine lokale Blutung in Ihrem Gehirn einen kleinen Teil desselben zerstört hat. Die Frage ist: Wie wirkt sich das aus? Ist unsere Leistungsfähigkeit anteilig verringert oder gehen bestimmte Aspekte unseres Selbst komplett verloren? Folgt man den Erkenntnissen der aktuellen Neurowissenschaft, dann ist Letzteres der Fall. So gibt es auf unserem Neocortex, dem evolutiv jüngsten Teil unseres Gehirns, sensorische Areale für unsere Wahrnehmung, motorische Areale für unsere Bewegung und weiträumige Areale, die der Assoziation oder dem bewussten oder unbewussten Denken dienen und schließlich unsere Persönlichkeit tragen. Es gibt sogar eine kleine Struktur die uns gerechte Entscheidungen treffen lässt (mehr dazu im Abschnitt: Fälschliche Annahmen). Selbst winzige Charakteristika unserer Persönlichkeit oder Funktionen unseres Gehirns gehen verloren, wenn bestimmte Gehirnabschnitte geschädigt sind. Können Sie sich eine Krankheit vorstellen, bei der Sie zwar prima sehen können, aber Gesichter nicht mehr erkennen? Stellen Sie sich vor, Sie würden Ihrer Mutter auf der Straße begegnen und Sie würden sich wundern, warum diese fremde Frau Ihnen zuwinkt. Erst wenn Ihre Mutter etwas sagt, können Sie sie an ihrer Stimme erkennen. Bei dieser Krankheit würden Sie sich selbst auch nicht im Spiegel erkennen können. Doch keine Angst: Den Spiegeltest würden Sie bestehen, denn Sie könnten erkennen, dass Ihr Spiegelbild zeitgleich mit Ihnen blinzelt, und Ihr Verstand wüsste dies dann zu interpretieren. Stellen Sie sich eine andere Krankheit vor, bei der Sie Ihre Mutter sehen und erkennen, dass diese Frau genauso aussieht wie Ihre Mutter, Sie jedoch fest davon überzeugt sind, dass es sich hier um eine Betrügerin handelt, die nur vorgibt, Ihre Mutter zu sein. Auch in diesem Fall muss Ihre Mutter nur kurz etwas sagen, und Sie können sie als Ihre Mutter erkennen. Ursache dafür wäre eine winzige Schädigung im Gehirn, die verhindert, dass die optisch erkannten Muster an die Amygdala weitergegeben werden. Die Amygdala speichert aber Ihre Emotionen zu bestimmten Mustern. Eine Frau, die aussieht wie Ihre Mutter, für die Sie aber nichts empfinden, kann nicht Ihre Mutter sein. Also ist sie eine Betrügerin. Und wenn sich Ihre Amygdala nicht an das Muster der Stimme Ihrer Mutter erinnern würde, hätten Sie plötzlich keine Mutter mehr. Beispiele wie diese[108] zeigen, dass kleinste Bestandteile unseres Gehirns in ihrem Zusammenwirken für das, was wir als unsere Persönlichkeit wahrnehmen, verantwortlich sind. Unsere Persönlichkeit ist somit an unser funktionsfähiges Gehirn gebunden. Und wenn Tiere ein entsprechendes Gehirn haben, dann ist es absolut plausibel zu argumentieren, dass auch bei Tieren komplexe kognitive Prozesse ablaufen und dass sich Persönlichkeiten entwickelt haben können.

Betrachtet man Gehirne von unterschiedlich hoch entwickelten Wirbeltieren, so gibt es dabei zwei augenscheinliche Aspekte zu beachten: Einerseits sind die Gehirne unterschiedlich groß, andererseits sind sie unterschiedlich stark gefurcht. Grundsätzlich sind größere Gehirne in größeren Tieren zu finden. Das größte Gehirn auf unserem Planeten hat der Pottwal. Es wiegt ungefähr 8,5 Kilogramm. Ihm folgt der Elefant mit 5 Kilogramm. So gesehen ist der Mensch mit seinen 1,3 Kilogramm[109] Gehirn nicht wirklich beeindruckend. Doch die Größe sagt noch nichts über die Leistungsfähigkeit aus. Daher ist es wichtig, das Verhältnis zwischen Körpergröße und Gehirn zu beachten. Geht man noch einen Schritt weiter, dann betrachtet man zudem die Furchung des Gehirns. Wussten Sie, dass unser Gehirn oberflächlich ist? Vielleicht ist diese Frage nicht richtig formuliert, aber unser Gehirn denkt nur an der Oberfläche in der sogenannten grauen Substanz. Diese Oberfläche ist nur ca. zwei bis fünf Millimeter dick und besteht aus sechs Schichten (Lamina I–VI), von denen jede einzelne eine bestimmte Aufgabe hat. Die Furchung unseres Gehirns dient somit einfach nur der Oberflächenvergrößerung, denn auf einer größeren Oberfläche lassen sich mehr Nerven unterbringen. Den Grad der Furchung bezeichnet man als Enzephalisationsquotient (EQ). Als allgemeiner Referenzwert gilt der EQ der Katze mit 1. In die Rubrik <1 gehört zum Beispiel die Ratte mit 0,4 oder das Schaf mit 0,8. In die Rubrik >1 gehören zum Beispiel der Hund (1,2), der Schimpanse (2,2), der Große Tümmler (5,3) und der Mensch (7,4)[110]. Dennoch dürfen uns diese Werte nicht dazu verleiten, direkte Rückschlüsse auf die Fähigkeiten der unterschiedlichen Gehirne zu ziehen. Zu viele andere Aspekte wie zum Beispiel die Vernetzung der Nerven und das Vorhandensein von bestimmten Nervenklassen spielen dabei eine Rolle, doch dazu später.

Tierart	Gehirngewicht in g	Furchungsgrad	Anzahl Gehirnneuronen in Mio.
Wale	2.600–9.000	1,8	k. A.
Kleiner Schwertwal	3.650	k. A.	10.500
Afrikanischer Elefant	4.200	1,3	11.000
Mensch	1.250–1.450	7,4–7,8	11.500
Großer Tümmler	1.350	5,3	5.800
Pferd	510	0,9	1.200
Gorilla	430–570	1,5–1,8	4.300
Schimpanse	330–430	2,2–2,5	6.200
Hund	64	1,2	160

Tabelle 1: Vergleich von gehirnspezifischen Werten einiger Säugetiere[111]

Wale und Delfine haben die größten Gehirne auf unserem Planeten entwickelt, sie haben einen beachtlich hohen Furchungsgrad und insgesamt auch viele Nervenzellen. Nun stellt sich die Frage: Warum ist das so? Sie wissen vermutlich, dass es im Wasser oft kalt ist und das Wasser Wärme viel besser leitet als Luft und Sie daher im Wasser schneller auskühlen. Liegt es da nicht nahe zu vermuten, dass große Gehirne dem Wärmehaushalt dienen? Doch, zumindest, wenn es nach Herrn Manger geht[112]. Tatsächlich argumentiert er in dem renommierten Wissenschaftsjournal »Biological Reviews of the Cambridge Philosophical Society«, dass Wal- und Delfingehirne der Thermoregulation dienen. Vermutlich wäre sein Artikel schnell in Vergessenheit geraten, wenn sich nicht ein großes internationales Expertenteam um die Professorin Lori Marino daran gesetzt hätte, seine Hypothese zu widerlegen, und wenn dadurch nicht einer der besten Artikel über die Anatomie und die kognitive Leistungsfähigkeit von Walen und Delfinen entstanden wäre[113].

Zunächst sollte man sich vielleicht eines klarmachen: Die gemeinsamen Vorfahren von Walen und Menschen vor mehr als 95 Millionen Jahren hatten noch keine komplexen Großhirne[114]. Die Entwicklung von gefurchten Gehirnen ist somit parallel vonstattengegangen. Es ist daher nicht verwunderlich, dass sich das Gehirn eines Delfins von dem eines Menschen unterscheidet. So fehlt Delfinen zum Beispiel die Schicht IV in der grauen Substanz. Wie Sie oben schon erfahren haben, hat jede Schicht eine besondere Aufgabe. Im menschlichen Gehirn übernimmt die Schicht IV zum großen Teil die Funktion eines Empfängers von Nervenimpulsen. Herr Manger argumentiert daher: Wer diese Schicht nicht hat, kann keine Nervenimpulse erhalten und verarbeiten und ist somit zu keinen komplexen Denkleistungen fähig. So weit, so falsch! Aus verhaltensbiologischen Untersuchungen wissen wir, dass Delfine komplexe Aufgaben lösen können. Ohne komplexes Denken wäre kein Spiegeltest zu bestehen, kein Satzbau verständlich und der Aufbau von sozialen Netzwerken nicht möglich. Nun muss man bedenken, dass bei Landsäugetieren und auch beim Menschen die Schicht IV in den sensorischen Bereichen, also dort, wo viele Informationen in das Gehirn geleitet werden, stärker ausgeprägt ist als in anderen Bereichen. Wenn der Empfang von Sinneseindrücken ohne Schicht IV nicht möglich wäre, dann wären wohl einige der beachtlichen Sinnesleistungen von Walen und Delfinen nicht denkbar. Hinzu kommen, so argumentieren Marino und Kollegen, jüngere Untersuchungen zur Komplexität des Wal- und Delfinneocortex[115].

Ein weiterer, in der Vergangenheit ausgesprochen kritisch diskutierter Aspekt ist die Nervendichte im Gehirn. So wurde beispielsweise argumentiert, dass die Anzahl der Nerven pro Gewebefläche bei Delfinen viel geringer sei als beim Menschen. Das ist richtig, aber man muss dem gegenüberstellen, dass die Nervendichte mit der Größe des Gehirns grundsätzlich abnimmt. So hat beispielsweise eine Maus eine weitaus höhere Nervendichte im Hirn als wir Menschen. Betrachtet man die Anzahl der Nerven aber absolut, also nicht auf eine bestimmte Fläche bezogen, dann liegt der Mensch an der Spitze, knapp gefolgt vom Afrikanischen Elefanten und dem Kleinen Schwertwal sowie weiteren Delfinarten und Primaten (siehe Tabelle 1).

Die eigentliche Leistungsfähigkeit des Gehirns hängt aber vom Grad der Vernetzung und vom Vorhandensein bestimmter Arten von Nervenzellen ab. So gibt es zum Beispiel eine Klasse von Neuronen, die nach ihrem Entdecker »Von-Economo-Neuronen« (*spindle neurons*) genannt werden. Dabei handelt es sich um eine bestimmte Form von Projektionsneuronen (*projection neurons*), also Nervenzellen, die darauf angelegt sind, mittels ihrer langen Zellfortsätze (*Axone*) Reize von einem Gehirnareal in ein anderes zu übertragen.

Die »Von-Economo-Neuronen« sind dabei hochgradig spezialisiert und sollen der Verarbeitung von sozialen Aspekten dienen[116]. Lange Zeit ging man davon aus, dass diese Zellen nur bei Menschen und Menschenaffen vorkommen[117]. Doch aktuelle Untersuchungen haben nun ergeben, dass es diesen Zelltyp auch bei Walen und Delfinen[118] sowie bei Elefanten[119] gibt. Folgt man der schon mehrfach diskutierten These, dass sich unsere großen Gehirne entwickelt haben, um unser komplexes Sozialleben zu steuern[120], dann findet man in der Existenz dieser Zellen eine Notwendigkeit. Warum? Die »Von-Economo-Neuronen« sind, wie oben schon beschrieben, darauf spezialisiert, weit entfernte Gehirnareale neuronal miteinander zu verknüpfen. Bei kleinen Gehirnen gibt es schlicht keinen Bedarf für diese Spezialneuronen, denn die Reize müssen nur über eine kleine Distanz übertragen werden. Werden allerdings große Gehirne erforderlich, weil viel gedacht, gemerkt und kombiniert werden muss, dann muss für eine ausreichende Vernetzung der weit entfernten Gehirnareale gesorgt werden. Und genau dies tun die »Von-Economo-Neuronen«.

Faszinierend ist nun die Tatsache, dass sich diese Neuronen bei uns Menschen und bei Delfinen unabhängig voneinander entwickelt haben, denn unsere gemeinsamen Vorfahren hatten noch keine großen Gehirne. Nach Marinos Einschätzung gibt es allerdings einen kleinen Unterschied: Wale und Delfine haben schon einige Millionen Jahre vor uns begonnen, große, leistungsfähige Gehirne zu entwickeln.

Eine weitere Klasse von Neuronen ist tatsächlich bei Delfinen noch nicht entdeckt worden. Ich nehme allerdings gerne Wetten an, dass dieser Zelltyp oder ein delfinisches Äquivalent in den nächsten Jahren gefunden wird. Grund für meine Sicherheit ist die Tatsache, dass Delfine so agieren, als besäßen sie diesen Zelltyp[121]. Es geht um die sogenannten Spiegelzellen. Ein Zelltyp, der in unserem Gehirn ein verwegenes Leben führt. Er lässt uns Computerspiele mit unglaublicher Ausdauer spielen, aber auch für Erdbebenopfer auf der anderen Seite der Welt spenden. Wie das? Spiegelzellen spiegeln, was wir sehen oder erleben, und sind beispielsweise die Erklärung dafür, warum wir gerne in Gruppen gähnen. Sehen wir, dass jemand gähnt, dann simulieren unsere Spiegelzellen unser eigenes Gähnen. Sie tun also so, als würden sie unsere Gesichtsmuskulatur steuern. Die Tatsache, dass wir oft mitgähnen, spricht für unser soziales Wesen: Wir haben wahrgenommen, dass jemand müde ist, und aus reiner Rücksicht auf unseren erschöpften Kollegen schließen wir uns ihm an. Vor dieser sozialen Geste hat unser Gehirn aber das Gähnen gespiegelt und uns daher mitfühlen lassen, wie unser Gegenüber empfindet. Um es noch deutlicher zu machen: Wenn uns jemand mit einer Nadel in den Arm pickst, dann funkt es in einer bestimmten Region in unserem Gehirn, und wir nehmen dies als Schmerz wahr. Sticht sich nun eine andere Person in den eigenen Arm, dann funkt es bei uns genauso, und zwar an der gleichen Stelle, als wenn wir selbst gestochen worden wären. Unser Gehirn hat dabei weit mehr getan als eine Wahrnehmung analysiert und bewertet, es hat praktisch eine fremde Person in uns simuliert. Dieses In-Mitmenschen-Hineindenken lässt uns vor dem Fernseher in Tränen ausbrechen und einem Freund oder der gesamten Menschheit bis zur Erschöpfung beistehen. Wir haben mit diesem Zelltyp so etwas wie ein eingebautes Mitgefühl in uns. Ohne ihn wäre unser Sozialleben nicht denkbar, und vermutlich wären wir wohl ziemlich unmenschlich. Bedenkt man das komplexe Sozialverhalten von Delfinen, so ist dieses schwer ohne einen vergleichbaren Mechanismus zu erklären. Doch das Sich-in-einen-anderen-einfühlen-Können ist auch gefährlich. Fragt man Christian Keysers[122], einen bekannten Spiegelneuronenforscher, nach einem Beispiel dazu, dann nennt er das Lächeln der Delfine. Wir Menschen sind fast zwangsweise dazu geneigt zu glauben, dass es den Tieren gut geht und sie sich freuen, weil wir in ihrem Gesicht ein Lachen zu erkennen glauben. Ein Delfin könnte im gleichen Moment zu Tode gequält werden, an seinem Gesichtsausdruck würde sich nichts ändern.

Vom Denken

Cogito ergo sum – Ich denke, also bin ich. So begann der Philosoph René Descartes seine Erkenntnistheorie und er kreierte damit ein geflügeltes Wort, das es bis in unsere heutige Zeit geschafft hat. Doch ist der Ansatz richtig? Und gilt er vielleicht auch umgekehrt?

Descartes veröffentlicht seine Erkenntnis 1641, nachdem er mit sich und der Menschheit schwer ins Gericht gegangen war. Im Grunde hatte er an der Vernunft und der Erkenntnisfähigkeit der Menschen gezweifelt und nach so etwas wie einem Fundament gesucht, auf das er seine Überlegungen aufbauen könnte. Was er fand, war eine Erkenntnis, die ihm nicht widerlegbar schien: »Da es ja immer noch ich bin, der zweifelt, kann ich an diesem Ich, selbst wenn es träumt oder fantasiert, selbst nicht mehr zweifeln.« Eine bahnbrechende und vor allen Dingen tief greifende Erkenntnis, der wir uns ohne zu zögern anschließen. So können wir uns wieder auf die Schultern klopfen und denken: »Ja, was sind wir Menschen doch für tolle Hechte, solch grandiose Gedanken kann ein Mensch denken!« Nun ist dieser Satz: »Ich denke, also bin ich« ausgesprochen einfach gebaut und in seiner Einfachheit und Reinheit leicht verständlich. Wir können ihn ohne Schwierigkeiten sagen, denken und verstehen. Die Frage ist nur: Sind wir alle kleine Descartes, und könnten wir diese Erkenntnis auch selbst gewinnen? Für mich persönlich würde ich diese Frage ohne zu zögern mit Ja beantworten. Vielleicht könnte ich die Erkenntnis nicht so schön und einfach formulieren, aber ich habe doch das Gefühl, dass dieser Satz nur das beschreibt, was ich schon immer gedacht habe. So weit, so gut, und ich denke, es geht Ihnen ähnlich. Wenn ich diesen Satz nun heute denken kann, bedeutet dies, dass ich diesen Satz auch hätte denken können, wenn ich vor tausend Jahren gelebt hätte? Das heißt: War vor Descartes überhaupt jemand fähig, diesen Gedanken zu denken? Irgendwie haben wir das Gefühl: Ja, irgend so ein alter Grieche hätte auch darauf kommen können. Vielleicht war das sogar der Fall, aber er fand den Satz nicht wichtig genug, um ihn aufzuschreiben. Doch was ist mit den Menschen vor ihm? Sind wir erst durch die Philosophie der Griechen zu Menschen geworden? Unsere Gehirne haben sich seit mehreren zehntausend Jahren nicht maßgeblich verändert. Vor dieser Zeit war nicht einmal daran zu denken, philosophische Gedanken niederzuschreiben. Genau genommen gab es noch nicht einmal eine Schrift, und wir wissen herzlich wenig über die Sprachfähigkeit unserer damaligen Vorfahren. Dennoch nennen wir sie Menschen und gehen davon aus, dass sie grundsätzlich zu den gleichen kognitiven Fähigkeiten in der Lage waren wie wir es heute sind. Wir zögern auch nicht, Eingeborene am Amazonas oder in Papua-Neuguinea, die auch heute noch auf dem Steinzeitniveau unserer Vorfahren leben, als Menschen zu bezeichnen und ihnen Menschenrechte zuzusprechen. Für die meisten von uns ist es selbstverständlich, sie in ihrer Lebensweise zu respektieren, auch, wenn sie nicht dazu in der Lage sind, die Interessen ihres Volkes in politischen Gremien selbst zu vertreten. Wie selbstverständlich übernehmen wir für unsere Brüder und Schwestern die Rolle eines Interessenvertreters.

Folgt man diesem Selbstverständnis, dann hätte theoretisch Descartes' Satz »Ich denke, also bin ich« schon von unseren Vorfahren ohne Kenntnis einer Schrift und mit nur begrenzter Sprachfähigkeit gedacht werden können. Aber steht dies nicht im Widerspruch zu der Vorstellung der meisten Menschen, dass unser Denken an unsere Sprache gebunden ist? Wir denken laut und meinen damit, dass wir unsere Gedanken unsortiert aussprechen und somit unseren Gesprächspartner an unserem Denken teilhaben lassen. Tatsächlich lassen wir ihn nur an unseren bewussten Gedanken Anteil nehmen und diese sind nur die Spitze des Eisbergs. Über dieses Thema sind natürlich unzählige Bücher geschrieben worden, und daher sei hier nur auf ein wirklich unterhaltsames und vor allem verständliches Werk verwiesen: »Wie der Bauch dem Kopf beim Denken hilft« von Bas Kast. Kern des Buches ist der Appell an unseren Verstand, mal Pause zu machen und das Unterbewusstsein denken zu lassen (das hat mir übrigens schon oft geholfen, auch beim Schreiben dieser Zeilen). Dennoch ist für die meisten Menschen das Denken ein bewusster Prozess, und wir können uns nicht vorstellen, dass Tiere denken können. Diese Meinung vertrat im Übrigen auch Descartes.

In diesem Fall müssen wir wieder komplexe Prozesse auf einfache, überprüfbare Hypothesen reduzieren und dann überlegen, mit welchen Experimenten man diese beweisen kann. In seinem Buch »Können Tiere denken?« beschäftigt sich der Philosophieprofessor Reinhard Brandt mit den Grundlagen und Erfordernissen, die Denken möglich machen[123]. Er entwirft dabei ein Bild unserer Denkwelt, das bestechend einfach ist. Zunächst betrachtet er das, was außerhalb von uns ist. Diese Umwelt teile ich als Mensch zum Beispiel mit meinem Hund, wenn ich mit ihm spazieren gehe. An einer bestimmten Stelle passieren wir nun einen blühenden Strauch. Ich freue mich über die farbenprächtigen Blüten und mein Hund sich über allerlei Botenstoffe, die die Rüden vor ihm hinterlassen haben. Der Busch hat unser beider Aufmerksamkeit, auch, wenn wir ihn mit unterschiedlichen Sinnen wahrnehmen. Nun wird es spannend! In meinem Kopf bilde ich mir ein Urteil über den Busch und seine Blüten und bewerte ihn. Diese Bewertung findet in einer abstrakten Gedankenwelt statt. Interessant ist, dass ich diese Gedankenwelt mit anderen Menschen teilen kann. Brandt spricht von einer gemeinsamen öffentlichen Welt. Diese gibt es aber nur in unseren Gedanken, die wir mittels Sprache austauschen können. Es wäre natürlich vorschnell zu urteilen, dass nur der denken kann, der sich über seine Gedanken sprachlich mitteilen kann. Daher vereinfacht Herr Brandt weiter: Ein bestimmtes Wort meint etwas Bestimmtes, einen Gegenstand oder ein Handeln oder auch etwas sehr Komplexes oder gar Abstraktes. Doch bleiben wir bei etwas Einfachem wie unserem Busch: Theoretisch müsste ich das Wort »Busch« nicht sagen, denn ich könnte auch mit meiner Hand auf den Gegenstand meiner Betrachtung deuten. Die einfachste Form der Abstraktion wäre demnach das Zeigen auf etwas. Allein mit dieser einfachen Geste würde ich die gemeinsame öffentliche Welt der geteilten Gedanken betreten, ohne dass ich dafür sprachliche Begriffe verwenden müsste. Mein Arm hat sich nicht gehoben, um eine Blüte oder einen Apfel zu pflücken und diese Gegenstände in irgendeiner Form zu verwenden, sondern mein Arm hat sich gehoben, um einen Gedanken zu verdeutlichen, nämlich den Gedanken: Es geht mir um den Busch.

Die große Frage ist nun: Können Tiere auf etwas zeigen oder verstehen, wenn auf etwas gezeigt wird? Brandt beantwortet die Frage folgendermaßen: »Tiere nehmen, soweit wir erkennen, an dieser Welt nicht teil als Subjekte, sondern bleiben Objekte unserer Erkenntnisse.« Doch mit dieser Einschätzung ist er vielleicht ein wenig voreilig, wie wir im Kapitel »Wann können wir mit Delfinen reden?« bereits erfahren haben. Delfine[124], aber auch Hunde[125] können durchaus die Geste des Zeigens richtig deuten. Darüber hinaus sind Delfine auch dazu in der Lage selbst auf den Gegenstand ihres Interesses zu weisen (*pointing*)[126]. Ich denke man darf berechtigt darüber spekulieren wie effektiv der Ultraschall der Tiere eingesetzt werden kann um Andere auf etwas aufmerksam zu machen. In unsere optische Welt übersetzt könnten Delfine Objekte ihres Interesses für alle sichtbar aufleuchten lassen. Ebenso sind unsere nächsten Verwandten, die Großen Menschenaffen, dazu in der Lage, Gesten zu folgen[127] und selbst mit Gesten auf ihre Wünsche aufmerksam zu machen[128]. Interessant ist, dass Hunde auf menschliche Gesten sogar um einiges besser reagieren als Große Menschenaffen[129]. Von Großen Menschenaffen wissen wir außerdem, dass sie Blicken folgen können. Sie tun dies in einem vergleichbaren Kontext[130] ebenso wie Delfine[131].

Dennoch bleibt die Frage offen, ob die Tiere die Geste als Referenz verstehen oder anwenden. Vielleicht verstehen sie nur die Intention der Geste bzw. bringen mit ihrer Geste nur eine individuelle Intention zum Ausdruck[132]. Was tatsächlich noch fehlt, ist die Beobachtung im Freiland, bei der eine entsprechende Geste innerhalb eines komplexen Handlungsablaufes verwendet wird.

Sind Delfine Strategen?

Vielleicht liegt es an mir, aber wann auch immer ich auf einen Kanal im Fernsehen schalte, der Natursendungen zeigt, sehe ich Delfine, die Fischschulen umkreisen, oder Wale, die ihr riesiges Maul öffnen. Ja, es mag sein, dass ich eine selektive Wahrnehmung habe und ein bisschen auf Wale und Delfine fokussiert bin, aber selbst wenn ich durch Zufall mal ein anderes Tier sehe, dann wird es gerade gefressen oder frisst selbst. Ich weiß nicht, warum, aber die Fernsehmacher oder das Publikum mögen diese Szenen. Da ist eben etwas los! Aus diesem Grund scheue ich mich, das Thema hier zu intensiv aufzugreifen. Ich möchte Sie nicht mit etwas langweilen, das Sie schon tausend Mal im Fernsehen gesehen haben. Dennoch gibt es einen Aspekt, der hier nicht unterschlagen werden darf: Die meisten Delfinarten, aber auch viele Wale haben, je nach Lebensraum, unterschiedliche Jagdstrategien entwickelt. Diese Strategien sind teilweise so unterschiedlich, dass man sich kaum vorstellen kann, dass eine Tierart so viele verschiedene Varianten der Nahrungsmittelbeschaffung betreiben kann. Interessant ist natürlich auch, dass diese Strategien nicht vererbt, sondern erlernt werden. Es handelt sich somit um ein Kulturgut. Hier nur eine kleine Liste von koordinierten Jagdstrategien bei zwei Delfinarten:

Orcas:

- Umkreisen von Fischschulen, um diese auf einem kleinen Raum zu konzentrieren[133];
- Stranden von Orcas, um Seelöwen zu fangen[134];
- Bewegen von Wasser, um Seehunde oder Pinguine von Eisschollen herunter zu schubsen[135];
- Treiben von Fischschwärmen an die Oberfläche[136].

Große Tümmler:

- Treiben in flaches Wasser mit anschließendem Stranden der Delfine; auf dem Trockenen liegend greifen die Tiere dann einfach nach den Fischen, die am Strand liegen[137];
- Produktion eines Luftblasenvorhangs, um Fische am Entweichen zu hindern[138];
- Aufwirbeln von Schlamm, um Fische am Entweichen zu hindern[139];
- Nutzung von Schwämmen als eine Art Handschuh oder besser Mundschutz zur Suche nach Nahrung im Boden[140].

Eine weitere ausgesprochen beeindruckende Jagdstrategie ist die Kooperation zwischen Delfinen und Fischern. Ich rede jetzt nicht vom Beifang, bei dem Delfine, beabsichtigt oder nicht, zu nah an Fischernetze und somit in eine tödliche Falle geraten. Nein, ich rede von echten Kooperationen, bei denen beide Seiten ihren Nutzen haben. So machen Delfine auf Fischschwärme aufmerksam und treiben diese in die Netze der Fischer. Eine Strategie, die sich auszahlt. Ein Netz ist wie eine Wand im Wasser und die Fische können nicht entweichen. Die Falle schnappt einfach von beiden Seiten zu. Gut dokumentierte und stabile Traditionen, die sich über mehrere menschliche Generationen hinweg erstrecken, gibt es in Südamerika[141] und Asien[142].

Bei allen Kooperationen, egal, ob sie unter Delfinen oder zwischen Delfinen und Menschen ablaufen, handelt es sich zweifelsfrei um ein koordiniertes, scheinbar strategisch geplantes Vorgehen. Doch:

Können Delfine neuartige Probleme lösen?

Die Frage ist nun: Sind die unterschiedlichen Jagdstrategien das Resultat einer Planung? Es gibt einen kleinen, aber feinen Unterschied zwischen strategischem Handeln und strategischem Planen. Bei den unterschiedlichen Jagdstrategien handelt es sich zweifelsfrei um ein koordiniertes strategisches Handeln, und es ist durchaus plausibel anzunehmen, dass diesem eine Planung vorausgegangen ist. Dafür spricht hauptsächlich die Tatsache, dass die Tiere sich scheinbar schnell an neue Situationen anpassen können. Doch uns Menschen reicht es nicht, zu spekulieren oder begründet zu argumentieren, wir wollen Beweise, und am liebsten würden wir den Tieren beim Denken und Planen zusehen.

Das ist natürlich unmöglich. Was wir aber tun können, ist, Experimente zu entwickeln, bei denen die Delfine Aufgaben lösen müssen, die ihnen bis dahin unbekannt waren. Ein Forscherteam in Florida kam zum Beispiel auf die Idee, einen durchsichtigen Kasten im Wasser zu versenken. In diesem Kasten war ein toter Fisch. Dieser fiel nach außen, wenn man Gewichte in den Kasten legte (Abb. 5).

Dazu wurden mehrere Gewichte auf dem Beckenboden verteilt. Anschließend zeigte ein Taucher, wie man an den Fisch gelangen konnte. Nach einiger Zeit hatten die Delfine begriffen, dass man vier Gewichte in den Kasten legen musste, um an den Fisch zu kommen. Als sie das gelernt hatten, ahmten sie das Verhalten des Tauchers nach. Sie nahmen Gewicht für Gewicht auf und brachten sie einzeln zu dem Kasten. Bis hierhin lässt sich das Verhalten

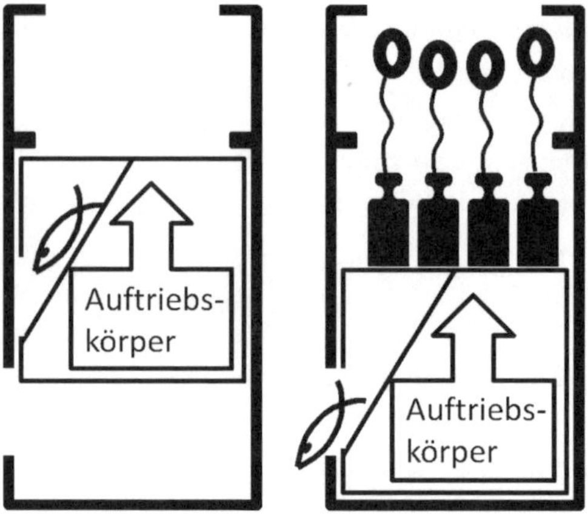

Abbildung 5: Fütterungsmaschine, die Fisch nur freigibt, wenn die Delfine ein für sie neuartiges Problem sinnvoll gelöst haben.

durch Nachahmung erklären. Für sich genommen, ist dies schon eine beachtliche Leistung, denn in freier Natur ist es recht ungewöhnlich Gewichte zu benutzen. Dennoch wäre das kein geplantes Handeln. Aber das Experiment war noch nicht zu Ende, der Clou war so einfach wie genial: Die Gewichte, die ursprünglich direkt neben dem Kasten lagen, wurden nun in einem Abstand von vierzig Metern dazu deponiert. Theoretisch hätten die Delfine nun vier Mal vierzig Meter hin und wieder zurück schwimmen müssten, um die vier Gewichte in den Kasten zu legen. Aus menschlicher Sicht wäre es natürlich vernünftig, alle Gewichte gleichzeitig aufzunehmen und nur einmal zu schwimmen. Als privater »Häuslebauer« weiß ich allerdings, dass zu dieser Leistung selbst manche Menschen nicht fähig sind. So gab es Handwerker, die einen Weg mehrfach hin und her gingen, um Material zu holen, das sie auch mit einem Mal hätten tragen können. Als Bauherr muss man sich dann entscheiden, wie man die Handwerker betrachten will: entweder als Wesen, denen es an der Fähigkeit mangelt, planvoll zu handeln, oder als Betrüger. Im letzteren Fall hätten sie mit einkalkuliert, dass mehrfaches Gehen für sie günstiger ist, weil sie auf Stunde bezahlt wurden. Unsere Delfine mussten zwar auch für ihr Fressen arbeiten, aber sie bekamen keinen Stundenlohn, sondern wurden nach Leistung bezahlt. Vier Gewichte = ein Fisch! Es war also sinnvoll, möglichst viele Gewichte gleichzeitig aufzunehmen. Ich denke, Sie ahnen es schon: Unsere Delfine hatten schnell begriffen, dass man mehrere Gewichte auf einmal aufnehmen kann. Das Bemerkenswerte an diesem Handeln war, dass die Tiere niemals zuvor beobachtet hatten, dass ein Mensch oder ein anderes Tier mehrere Gewichte gleichzeitig genommen hat. Auch konnten sich die beiden untersuchten Delfine nicht gegenseitig beobachten und somit auch nicht voneinander lernen, denn die Experimente wurden vollständig unabhängig voneinander durchgeführt. Dennoch kamen beide nach einigen Versuchen auf die gleiche praktische Lösung.

Da das Experiment so erfolgreich war, entwickelten die Forscher einen weiteren Versuch. Dabei sollte beobachtet werden, ob Delfine auch in der Lage sind, die Reihenfolge ihrer Handlungen strategisch zu planen. Dazu wurden drei Kisten verwendet, bei denen schon ein Gewicht ausreichte, um den toten Fisch aus dem Kasten fallen zu lassen. Das Besondere an den Kisten war, dass das Gewicht bei zwei Kisten einfach nach unten auf den Boden fiel und wieder verwendet werden konnte, wohingegen die dritte Box das Gewicht behielt. Es wäre also sinnvoll, die dritte Box als letzte mit dem Gewicht zu füllen. Auch dieser Test wurde nach einigen Versuchen mit Bravour bestanden, und aufgrund der Tatsache, dass beide Tiere unabhängig voneinander die gleiche logische Strategie entwickelt hatten, kamen die Autoren zu dem Schluss, dass Delfine im Allgemeinen zu planvollem Handeln fähig sind[143].

Werkzeuggebrauch – eine Frage des Lifestyles?

Die Verbesserung unserer physischen Leistungsfähigkeit durch den Gebrauch von Werkzeugen gilt als eine der größten Errungenschaften unserer Vorfahren. Allein durch die spezifische Benutzung des Gehirns war es möglich, Dinge zu tun, zu denen wir eigentlich nicht fähig waren. So konnten wir auf große Distanz hin töten und unseren wenig behaarten und schlecht isolierten Körper durch Kleidung schützen. Es wundert daher nicht, dass wir anderen Tieren, die Werkzeuge benutzen oder sogar herstellen, besondere Aufmerksamkeit schenken und ihnen eine beachtliche kognitive Leistungsfähigkeit zutrauen. Doch was ist mit Tieren, die bereits perfekt an ihre Umwelt angepasst sind, keine Kleidung zum Wärmen brauchen und ohne Tricks erfolgreiche Jäger sind? Delfine gelten als solche, und es wurde allgemein anerkannt, dass sie einfach keinen Grund hatten, Werkzeuge zu erstellen. Doch wie leicht kann man sich irren: Vielleicht können Sie sich noch an das Kapitel »Ein toller Tag im Leben eines jungen Delfinforschers« erinnern. Wir waren in West-Australien und haben gemeinsam mit dem jungen Forscher Delfine fotografiert. Schon Ende der Achtziger-Jahre des letzten Jahrhunderts, während der ersten Studien in diesem Gebiet, machten die Biologen eine überraschende Beobachtung: Einige der dort lebenden Delfine trugen Schwämme mit sich[144]. Grundsätzlich ist ein solches Verhalten nicht ungewöhnlich, und ich habe schon oft beobachtet, dass Delfine einen toten Fisch oder Algen mit sich herumtragen oder mit ihnen spielen. Man weiß auch, dass Delfine ihre toten Kälber oft tagelang mit sich tragen[145]. Doch bei den sogenannten *Sponger*s (Schwammträgern) handelt es sich weder um verspielte Delfine noch um Mütter, die vermeintlich (vielleicht sogar augenscheinlich) um ihr Kalb trauern. *Spongers*, benannt nach dem englischen Wort für Schwamm (*sponge*), benutzen Schwämme als eine Art Handschuh. Nun haben Delfine keine Hände, aber eine empfindliche Schnauze, auch Schnabel genannt. Diese schützen sie mit einem Schwamm, wenn sie im groben, teilweise mit scharfkantigen Muschelstücken vermengten Bodensubstrat nach Nahrung stöbern. Dieses Verhalten gilt als der erste und bisher einzige Beleg für einen Werkzeuggebrauch bei Delfinen[146]. Interessant ist dabei, dass Delfine überall auf der Welt mit ihrem Schnabel im Meeresboden herumstochern. Ein Delfin, der kopfüber mit seinen Ultraschallklicks in den Boden schallt und nach Nahrung sucht, ist also fast ein alltägliches Bild. Dies gilt auch für die Tiere in West-Australien. Es ist daher schon fast unbegreiflich, dass nur 41 der mehrere tausend Tiere zählenden Population in der Shark Bay Schwämme zum Schutz benutzen. Doch sehen wir uns genau an, was die Biologen beobachtet haben[147]: Zunächst einmal fiel auf, dass 29 der 41 Tiere Weibchen waren. Unter den *Spongers* gab es nachweislich nur sechs Männchen, bei sechs weiteren Tieren kannte man das Geschlecht nicht. Interessant war auch, dass es sich bei allen Tieren, von denen man die Verwandtschaftsverhältnisse kannte, um Großmütter, Mütter und Kälber von nur sehr wenigen Familien handelte. Mehr noch: Von über einhundert beobachteten Jungtieren, die von Nicht-*Spongers* abstammten, gab es nicht ein Tier, das mit einem Schwamm beobachtet wurde. Demnach liegt es auf der Hand, dass der Umgang mit Schwämmen nur innerhalb einiger weniger Familien weitergegeben wird. Es wurde auch beobachtet, dass die Jungtiere erst mit etwa zwei Jahren beginnen, Schwämme zu nutzen. Im Prinzip bedeutet diese Beobachtung, dass der Umgang mit Schwämmen gar nicht so einfach zu erlernen ist. Normalerweise wird in diesem Alter schon fleißig nach Fisch gejagt.

Damit nicht genug, machten die Forscher eine weitere überraschende Entdeckung. Werkzeugnutzende Tiere (Primaten, Elefanten und einige Vögel) nutzen Werkzeuge normalerweise gar nicht so oft, wie man das vielleicht erwarten würde. Betrachtet man die Zeit, die ein Tier mit dem Gebrauch eines Werkzeuges verbringt, im Verhältnis zum gesamten Zeitbudget eines Tieres, dann entfallen darauf nur wenige Prozente. Bei den Delfinen in West-Australien sind es 17 Prozent, womit sie im Vergleich zu allen anderen Tierarten den Rekord halten. Da dieser hohe Anteil einen Großteil der gesamten Jagdzeit ausmacht, sprechen die Forscher sogar von einer Art »Lifestyle«. Ausgesprochen überraschend war auch die Tatsache, dass *Sponger* eher alleine jagen und scheinbar nicht viel Kontakt zu anderen Delfinen in ihrer direkten Umgebung haben. Es ließe sich sogar darüber spekulieren, dass sie diesen Kontakt explizit vermeiden, denn nur in sechs Prozent aller beobachteten Sichtungen war ein Nicht-*Sponger* in der Nähe. Dennoch wurde der Lebensraum gemeinsam mit anderen Delfinen genutzt, und es gab keinerlei Hinweise, dass es unter den weiblichen Delfinen zu einer Konkurrenz um Nahrung oder Ressourcen gekommen wäre. Damit wird im Prinzip jede Spekulation darüber, dass *Sponger* möglicherweise sozial isolierte Außenseiter sind, ausgeschlossen, denn sonst müsste man zumindest in seltenen Fällen Aggressionen zwischen den Tieren beobachten können. Weiterhin bedeutet diese Feststellung, dass die Nutzung der Schwämme nicht aus der Not heraus erfunden wurde. So etwas wäre theoretisch möglich, wenn Tiere ausgegrenzt werden und sich nach alternativen Nahrungsquellen umsehen müssen. Betrachtet man die Reproduktionsrate, so scheint die Nutzung von Schwämmen weder Vor- noch Nachteile zu bringen, da *Sponger* und Nicht-*Sponger* anteilig ungefähr gleich viele Nachkommen bekommen. Im Großen und Ganzen muss man feststellen, dass wir ziemlich im Dunkeln tappen, wenn es um die Frage geht, warum die Technik mit dem Schwamm erfunden wurde, und vor allen Dingen, warum sie nicht von mehr Tieren eingesetzt wird. Fest steht allerdings: Es gibt verschiedene Jagdstrategien in West-Australien, und ihr gemeinsamer Nenner ist: Der Apfel fällt nicht weit vom Stamm. Oder ein bisschen wissenschaftlicher: Kälber imitieren mit hoher Wahrscheinlichkeit das Verhalten ihrer Mutter[148].

Aufgrund der Tatsache, dass Delfine mit Schwämmen hauptsächlich in den tieferen Kanälen zwischen den Inseln und Halbinseln beobachtet wurden, spekulierten einige Forscher darüber, ob die Tiere aufgrund physiologischer Fähigkeiten die besseren Taucher seien[149]. Genetische Untersuchungen[150] haben diese Hypothese allerdings widerlegt und zweifelsfrei bewiesen, dass es sich bei der Benutzung von Schwämmen als Werkzeug um ein Kulturgut handeln muss[151]. Die ganze Diskussion ist auch ein wenig haarsträubend, denn in der ganzen Shark Bay gibt es nur wenige Bereiche, die tiefer als zwanzig Meter sind. Für Delfine ist das praktisch überhaupt keine Tauchtiefe. Auch wenn die an den Küsten lebenden Delfine selten tiefer als fünfzig Meter tauchen, so wissen wir doch seit Jahrzehnten, dass Delfine weit über dreihundert Meter tief tauchen können. Eine Delfindame vor den Bermudas tauchte sogar über sechshundert Meter tief[152].

Abb. 6: (a) zeigt einen *Sponger*, einen Delfin, der seine Schnauze mit einem Schwamm schützt. (b) zeigt einen *Sheller*, einen Delfin, der Fische aus einer leeren Meeresschnecke frisst.
© Simon Allen & Kathrin Bacher – Useless Loop Dolphin Project

Seit Kurzem beobachten Forscher aber noch eine weitere mögliche Form des Werkzeuggebrauches, das *shelling*. Damit bezeichnet man ein Verhalten, bei dem Delfine ein Schneckengehäuse vom Meeresboden aufheben und nahe der Wasseroberfläche kräftig schütteln. Die in dem Gehäuse enthaltenen Fische werden dann ganz ohne Jagdstress genüsslich verspeist. Bisher ist allerdings ungewiss, ob die Delfine die Fische vorher in das Schneckengehäuse treiben. In diesem Fall würden sie es tatsächlich als Werkzeug benutzen. Vielleicht haben sie aber auch einfach erkannt, dass sich die Fische oft in den Gehäusen verstecken[153]. Weitere Untersuchungen, so hoffen die Wissenschaftler, werden darüber Aufschluss geben, ob es sich um eine neue Erfindung handelt und ob diese in Zukunft auch von anderen Tieren angewendet werden wird.

Ein letzter besonderer Aspekt sei aber noch erwähnt: Die Großen Tümmler in der Shark Bay mit ihren unterschiedlichen Jagdstrategien als auch die besonderen Vorlieben für andere Säugetiere oder Fische bei den Orcas in Kanada treten in ein und demselben Gebiet auf und könnten tatsächlich als eine Art »Lifestyle« bezeichnet werden. Wie im Kapitel »Kultur – eine menschliche Domäne« im Bonusmaterial auf der Webseite www.walrecht.de zu erfahren ist, ist dies ausgesprochen ungewöhnlich und vermutlich nur mit der Komplexität des sozialen Lebens zu erklären. Einige Forscher hielten dies sogar für ein besonderes Markenzeichen der Wale und Delfine[154], denn bei Menschenaffen sind unterschiedliche Kulturen in der Regel auch räumlich voneinander getrennt[155].

Können Delfine träumen?

Vielleicht fragen Sie sich, wie ein Delfin im Wasser überhaupt schlafen kann und wie man sich das vorstellen muss. Genau genommen gibt es dafür keine Regeln. Typisch ist aber, dass die Tiere langsam an der Oberfläche schwimmen und dabei ein Auge geöffnet Richtung Gruppe blickt. Dadurch können sie gleichzeitig schwimmen, schlafen und sich gegenseitig beobachten. Eine praktische Sache, wenn man in einer Gruppe unterwegs ist und sich nicht verlieren will. Delfine können aber auch einfach auf einer Stelle verweilen. Dabei bleiben sie entweder permanent an der Oberfläche oder sinken im Flachwasser nach jedem Atemzug wieder zurück auf den Boden. Doch kann man das überhaupt schlafen nennen, wenn ein Auge offen ist und die Gruppe beobachtet? Njain!

Delfine beherrschen eine bemerkenswerte Fähigkeit, um die sie jeder gestresste Manager oder Buchautor unter Zeitdruck beneidet. Vermutlich gibt es kein einziges Säugetier, das gänzlich ohne Schlaf auskommt, doch Delfine haben sich einen besonderen Trick einfallen lassen: Sie schicken einfach eine Gehirnhälfte in den Schlaf, die andere bleibt wach. Somit schlafen Delfine eigentlich nie wirklich. Die Ursache für diese erstaunliche Anpassung liegt in ihrer Lebensweise. Anders als wir atmen Delfine bewusst, daher müssen sie bei jedem einzelnen Atemzug wach sein. Dies ist im Übrigen ein echtes Problem für jeden Tierarzt, denn es ist zwangsläufig nicht einfach, die Tiere zu betäuben. Jeder auch noch so kleine Eingriff, der unter Narkose ausgeführt werden muss, ist ein großer Akt, denn die Tiere müssen dabei aktiv beatmet werden.

Die Frage, ob Delfine träumen, ist somit gar nicht so einfach zu beantworten, denn wer nicht schläft, kann ja auch nicht träumen, oder? Bei Säugetieren ist das Träumen zum großen Teil an eine besondere Schlafphase gebunden. Diese wird aufgrund der auffälligen Augenbewegungen in dieser Zeit »Rapid Eye Movement«- oder kurz »REM-Phase« genannt. Obwohl sich Delfine etwa acht Stunden in ihrem »Gehirnseitenwechselschlaf« befinden, gilt es als umstritten, ob sie überhaupt eine REM-Phase haben. Grund dafür ist die Tatsache, dass Delfine mit einem Rhythmus von ca. einer Stunde mal das eine und mal das andere Auge öffnen[156]. Man kann also nicht von einer klassischen REM-Phase sprechen, bei der sich die Augen unter den geschlossenen Augenlidern hin und her bewegen. Also träumen sie nicht?

In Träumen werden Eindrücke des Tages verarbeitet, egal, ob wir uns am nächsten Morgen daran erinnern oder nicht. Wenn unser Gehirn es für notwendig erachtet, werden diese abgespeichert. Manche Menschen sprechen im Schlaf, und mein Hund gibt, neben seinem kontinuierlichen Schnarchen, ab und an ein Bellen von sich.

Delfine dagegen rufen wie Wale. Zugegeben, nicht typischerweise, aber ein wirklich bemerkenswertes Beispiel zeigt, das Delfine in ihrer Schlaf- oder Ruhephase ebenfalls Sinneseindrücke des Tages verarbeiten. Wie wir im Kapitel »Die Sprache der Delfine« bereits gelernt haben, ist es für eine Sprachentwicklung absolute Voraussetzung, andere Laute nachahmen zu können. Sie können sicher nachvollziehen, wie verblüfft der Forscher war, als ein Delfin in der Nacht plötzlich wie ein Wal rief. Hinzu kam, dass das arme Tier in seinem ganzen Leben noch nie einen Wal gesehen hatte, denn er war in einem Delfinarium aufgewachsen. Wie kann nun ein Delfin, der noch nie aus seinem Becken herausgekommen ist, einen Walruf imitieren? Die Antwort kommt gänzlich ohne jegliche Mystik aus, denn irgendwie waren die Betreiber des Delfinariums auf die glorreiche Idee gekommen, während ihrer Show Walrufe zur Unterhaltung ihrer Besucher abzuspielen[157]. Unser schlauer Delfin, seiner natürlichen Sinneseindrücke beraubt, hatte also gelernt was ihm geboten wurde und Walrufe in der Ruhephase wiederholt.

Kennen Delfine Geld?

»Ja, aber nur im Umgang mit uns geldgeilen Säcken«, so schoss es mir einst in den Sinn, als mich ein Journalist danach fragte. Natürlich habe ich etwas differenzierter geantwortet und möchte das auch jetzt tun: Bei uns Menschen wie auch bei den meisten Tieren ist so etwas wie ein grundsätzliches mathematisches Verständnis von Natur aus »eingebaut«. So ist es zum Beispiel ausgesprochen wichtig, die Mengenlehre zu beherrschen, denn einerseits ist es hilfreich, gleich zum größeren Haufen Nahrung greifen zu können, und andererseits ist es wichtig zu entscheiden, ob die Kontrahenten in der Überzahl sind oder nicht. Ohne ein Verständnis der Mengenlehre würde unsere Tierwelt heute ganz anders funktionieren. Das Verständnis der Mengenlehre wurde auch bei Delfinen im Experiment bestätigt[158].

Die folgende Anekdote[159] zeigt aber, dass die Tiere zu weit mehr imstande sind: In einem Delfinarium im Bundesstaat Mississippi wurden Delfine darauf trainiert, Gegenstände und Müll, der nicht in das Becken gehört, zu den Trainern zu bringen. Als Belohnung gab es dafür einen Fisch. Der Delfin Kelly hatte diese Aufgabe allerdings ein wenig zu seinen Gunsten abgewandelt und dabei zwei bedeutende Grundsätze im Umgang mit Geld angewendet. Wenn es ihr gelang, ein Stück Papier zu finden, dann schwamm sie damit nicht direkt zum Trainer, sondern versteckte ihren Schatz im Becken. Grundsatz Nummer eins: Es gibt eine Verrechnungseinheit, und diese wird im Gegensatz zur Nahrung nicht schlecht. Außerdem kann man diese »Währung« jederzeit gegen Ressourcen eintauschen. Somit also auch ein weiteres Beispiel für planvolles Handeln, bei dem Ursache und Wirkung zeitlich getrennt waren. Doch ihr Einfallsreichtum war damit nicht erschöpft: Papier hat die praktische Eigenschaft, dass man es in kleine Stückchen teilen kann. Also riss sie das Papier in mehrere Teile, die sie nacheinander zum Trainer brachte. Der Trainer musste das Spiel natürlich mitmachen und ihr für jedes einzelne Stück einen Fisch geben. Grundsatz Nummer zwei: Eine Verrechnungseinheit kann aufgeteilt werden, ein Zehn-Euro-Schein zum Beispiel in zehn einzelne Euros. Nun stellen Sie sich vor, Sie würden in einen Laden gehen und für einen Euro dasselbe bekommen wie für zehn Euro. Wer hätte da wohl den Fehler gemacht: der Verkäufer oder Sie? Ein Schelm, wer über Kellys Gedanken spekuliert.

Doch Kellys Fantasie war auch damit noch nicht erschöpft: Eines Tages gelang es ihr, eine Möwe zu fangen und sie ihrem Trainer auszuhändigen, sorry, auszuschnauzen. Der Trainer war überrascht und von der Größe des Gegenstandes beeindruckt und gab ihr nicht nur einen, sondern mehrere Fische als Belohnung – mit nachhaltigen Konsequenzen, wie wir gleich sehen werden. Irgendwie muss sich Kelly so etwas gedacht haben wie: »Hey, cool, für eine Möwe bekomme ich mehrere Fische, na, dann fange ich mir einfach eine.« Nun legte sich Kelly nicht einfach auf die Lauer, sondern fischte im wahrsten Sinne des Wortes mit Ködern. Dazu behielt sie den letzten Fisch bei ihrer Fütterung zurück und nutzte ihn, sobald die Trainer verschwunden waren, um Möwen anzulocken und zu fangen. Kam der Trainer zurück, konnte sie die Möwe gegen viele Fische tauschen. Auch wenn ich ein wenig homozentrisch geschrieben habe, Kelly habe gedacht, so muss man doch anerkennen, dass ein dermaßen planvolles Handeln nicht ohne einen wie auch immer gearteten Denkprozess und eine Vorstellung von Zeit ablaufen kann. Ferner muss dieser Denkprozess bewusst gewesen sein, denn sonst lässt sich die Neuartigkeit nicht erklären. Es ist einfach schwer vorstellbar, dass ein neuartiges Verhalten in der beobachteten Komplexität ohne bewusstes Verständnis von Ursache und Wirkung sowie der korrekten Reihenfolge hätte korrekt ausgeführt werden können. Das Fangen von Möwen ist im Übrigen kein Einzelfall (mehr dazu im Kapitel »Kultur – eine menschliche Domäne« im Bonusmaterial auf der Webseite www.walrecht.de).

Haben Delfine einen eigenen freien Willen?

Um ehrlich zu sein: Ich weiß es nicht. Vermutlich haben sie genauso wenig einen eigenen freien Willen wie wir Menschen. Aus diesem Grund ist es vielleicht angebracht, ein paar Zeilen über uns Menschen zu schreiben. Die Geschichte mit dem eigenen freien Willen ist so eine Sache und wird vermutlich von 99,9 Prozent aller Menschen vollkommen überbewertet. Zunächst einmal ist gar nicht klar, was der eigene Wille überhaupt ist. Für die meisten Menschen ist er das Resultat einer bewussten Entscheidung. Der Wille drückt in unserer Wahrnehmung das aus, was wir nach reiflicher Betrachtung für erstrebenswert halten. Schlicht gesagt: Wir wollen etwas! Dennoch muss jeder zugeben, dass der freie Wille nicht so frei ist, wie wir ihn uns vielleicht wünschen würden. Der bekannte Neurowissenschaftler Michael Gazzaniga spricht von einem Märchen, dass sich unser Gehirn selbst erzählt[160]. Ich zum Beispiel könnte nicht von einem auf den anderen Tag ein Nazi werden. Ich habe schlichtweg nicht den freien Willen, diese Entscheidung zu treffen, Sie? Für den Fall, dass Sie ein Nazi sind: Stellen Sie sich einfach vor, Sie müssten Ihre ausländischen Mitbürger genauso achten wie richtige Deutsche. Was ich damit sagen will ist, dass unser Wille von bestimmten Rahmenbedingungen abhängt und dass sich diese unserer bewussten Kontrolle entziehen. Mehr noch: Unser Wille scheint sogar unabhängig von unserer bewussten Entscheidung zustande zu kommen. Nehmen wir ein einfaches Beispiel: Stellen Sie sich vor, Sie wollen Ihren Zeigefinger bewegen. Es liegt nun in Ihrer Entscheidung, ob Sie den linken oder rechten Zeigefinger nehmen. Das Einzige, was Sie zu tun haben, ist, in dem Moment, in dem Sie die Entscheidung getroffen haben, auch tatsächlich den Finger zu bewegen, und zwar sofort und so schnell, wie es eben geht. Stellen Sie sich nun weiter vor, man könnte in Ihrem Kopf messen, wann Sie die Entscheidung, einen Finger zu bewegen, getroffen haben. Was glauben Sie, wie lange es dauert, bis Sie tatsächlich den Finger bewegen? Vielleicht eine Zehntelsekunde, vielleicht zwei Zehntelsekunden? Auf jeden Fall sind Sie sich sicher: Es kann nicht lange gedauert haben. Und Sie haben recht: Von Ihrem bewussten Gedanken bis zum Moment der Bewegung Ihres Fingers sind nur Bruchteile von Sekunden vergangen. Die Entscheidung, den einen oder anderen Finger zu bewegen, hat allerdings Ihr Unterbewusstsein bereits sechs Sekunden zuvor gefällt. Mit anderen Worten: Ein Hirnforscher kann sechs Sekunden, bevor Sie bewusst eine Entscheidung treffen, voraussagen, welchen Finger Sie bewegen werden. Vermutlich werden Sie mir nicht glauben, und um ehrlich zu sein, habe ich das selbst auch nicht getan. Es gibt allerdings eine ganz fantastische BBC-Dokumentation, in der der Moderator und Mathematikprofessor Marcus Du Sautoy in Berlin in der Charité den Hirnforscher John-Dylan Haynes besucht und sich tatsächlich voraussagen lässt, welchen Finger er bewegen wird (leider ist die Dokumentation nur in Englisch[161]). Die Moral von der Geschichte ist nun recht simpel: Wenn unser freier Wille gar nicht frei ist, sondern von den Entscheidungen unseres unbewussten Denkens abhängt, ist es dann nicht wahrscheinlich, dass viele Tiere, ob sie sich nun ihres Willens bewusst sind oder nicht, auch einen eigenen Willen haben?

Fassen wir auch hier zusammen: Delfine haben ein ausgesprochen komplexes Gehirn, das mit großer Wahrscheinlichkeit entsprechend benutzt wird. Wir haben erfahren, dass Delfine neuartige Probleme lösen können und zu strategischem Denken fähig sind. Sie haben eine Vorstellung von Raum und Zeit und können für die Zukunft planen. Es fällt schwer zu glauben, dass diese komplexen kognitiven Leistungen nicht mit der Entwicklung einer Persönlichkeit einhergegangen sein sollen. Darüber hinaus ist ihr eigener freier Wille vermutlich genauso wenig frei wie der unsere.

Der Delfin – kein Einzelfall

Ich hoffe, Sie haben jetzt nicht den Eindruck bekommen, dass Delfine und Wale die große Ausnahme sind und dass sie gemeinsam mit uns Menschen die höchst entwickelten Tierarten auf unserem schönen Planeten sind. Dies wäre grundfalsch! Viele andere Tierarten erbringen ebenso hervorragende kognitive Leistungen. Wir haben uns evolutiv gesehen aus dem Tierreich heraus entwickelt und sind tief in ihm verwurzelt. Es gibt weit mehr Eigenschaften und Verhaltensweisen, die uns mit Tieren verbinden, als solche, die uns von ihnen trennen.

Leider kann ich im folgenden Kapitel nicht so in die Tiefe gehen wie zuvor bei Walen und Delfinen. Einerseits bekäme ich Ärger mit dem Verlag, denn das Buch würde einfach zu dick. Andererseits möchte ich gerne anhand von einzelnen Beispielen deutlich machen, wie tief verwandt unser Denken und Fühlen mit dem Denken und Fühlen von Tieren ist. Diese Gemeinsamkeiten gehen so weit, dass wir menschliche Depression mit dem Lach-Gen von Ratten behandeln wollen und die Ursache unserer Finanzkrise durch das Verhalten von Kapuzineräffchen erklären können.

Primaten

Im Allgemeinen kann man sagen, dass die Gruppe der Primaten weitaus besser erforscht ist als Wale und Delfine. Dies liegt schlicht an der Tatsache, dass es einfacher ist, mit ihnen zu experimentieren. Die am besten untersuchte Gruppe der Großen Menschenaffen sind die Schimpansen und ihnen möchte ich in diesem Kapitel auch die größte Aufmerksamkeit widmen.

Aus heutiger Sicht ist es schwer zu sagen, ob Schimpansen aufgrund ihres Habitus und ihrer Mimik für uns Menschen besonders attraktiv waren, oder ob sie die Haltung in menschlicher Obhut nur länger überlebten als die anderen beiden Menschenaffenarten Orang-Utan und Gorilla. Tatsache bleibt: Das meiste Wissen, das wir über unsere nächsten Verwandten haben, stammt aus der Beobachtung von Schimpansen. Die wenigsten Menschen wissen allerdings, dass es zwei Schimpansenarten gibt: den Gemeinen Schimpansen, bekannt aus Funk und Fernsehen und begehrt in jedem Zoo und Zirkus, und den Zwergschimpansen, auch Bonobo genannt. Ihre Verbreitung ist auf das mittlere Afrika beschränkt. Durch die Zerstörung ihres Lebensraums sind sie als gefährdet eingestuft und können daher nur durch Schutzmaßnahmen gerettet werden.

Kein anderes Tier verhält sich menschenähnlicher, und kein anderes Tier sieht uns äußerlich so ähnlich wie die Vertreter der Gruppe der Großen Menschenaffen. Sie lachen, wenn man sie kitzelt, und ihr Blick scheint tief in uns einzudringen. In ihm entdecken wir Verständnis, Neugier und manchmal vielleicht auch so etwas wie Weisheit. Doch neben unseren subjektiven Empfindungen und der Tatsache, dass wir 98 Prozent unserer Gene teilen: Was ist wirklich dran an unserer Wahrnehmung? Sind wir wirklich so gleich, können wir in ihrem Blick wirklich lesen? Die folgenden Abschnitte wollen darauf eine Antwort geben und werden uns in eine Welt entführen, die wir – im Gegensatz zu der der Wale und Delfine – recht gut verstehen können, eine Welt, in der man auf zwei Beinen geht und in der man mit den eigenen Händen Erstaunliches tun kann.

Was verbirgt sich hinter dem Blick?

Zunächst einmal verbirgt sich dahinter ein komplexes Gehirn, mit dem sich allerlei spannende Dinge tun lassen. Beispielsweise kann man Mathematiktests bestehen. Man kann diese Tests sogar so gut bestehen, dass man/Affe oder besser Primat gegen einen

Menschen antreten darf. Nun sind wir Menschen ja auf unser abstraktes Denken besonders stolz, und Mathematik gilt als die Königsdisziplin der Abstraktion. Wir wissen, dass einige Tiere länger die Luft anhalten können, dass manche polarisiertes Licht sehen oder Ultraschall hören und wieder andere sogar fliegen können. All dies lässt uns oft neidisch sein, doch es handelt sich dabei nur um Anpassungen an die natürliche Umgebung. Nichts, was wir nicht auch mit ein paar Handgriffen an dem richtigen Gerät erreichen könnten. Bei abstraktem Denken und der Mathematik ist das ganz anders, da sind wir unschlagbar. Oder nicht?

Das junge Schimpansenweibchen Ayumu überraschte vor einigen Jahren die Welt der Verhaltensforscher, als sie in einem Test besser abschnitt als die Studenten des Forschers[162].

Zunächst einmal wurden ihr unsere arabischen Zahlen beigebracht und sie lernte, dass 1, 2, 3, 4, 5, 6, 7, 8 und 9 eine Sequenz oder auch Serie sind. In einem einfachen Test waren auf einem Computer-Touchscreen alle neun Zahlen abgebildet und sie hatte lediglich die Aufgabe, zuerst die Eins, dann die Zwei, dann die Drei usw. zu drücken. Jede andere der fast 400.000 Kombinationsmöglichkeiten war falsch. Dazu muss man wissen, dass das Verständnis einer Sequenz die Grundlage für folgerichtiges Denken ist. Das eine kann nur nach dem anderen geschehen usw. Grundsätzlich hat das nichts mit den Zahlen selbst, sondern mit Abstraktion zu tun. Es hätten auch irgendwelche Symbole sein können, die auf dem Touchscreen abgebildet waren, wichtig war nur die richtige Reihenfolge. Anschließend wurde der Test ein wenig schwieriger: Nachdem die Eins gedrückt wurde, legten sich weiße Vierecke über alle anderen Zahlen. Die Aufgabe bestand nun darin, aus dem Gedächtnis die richtigen Vierecke zu drücken – eine Aufgabe, die in einem Assessment-Center so manchen Bewerber zum Schwitzen bringen würde. Damit wurde das Kurzzeitgedächtnis getestet. Versuchen Sie einmal, 406 durch Sieben zu teilen. Schriftlich ist das überhaupt kein Problem, wenn Sie es aber im Kopf tun müssen, ist Ihr Kurzzeitgedächtnis ein limitierender Faktor, weil Sie sich einfach die Zwischenergebnisse nicht gut merken können. Unser Kurzzeit- oder auch Arbeitsgedächtnis ist von entscheidender Bedeutung, wenn wir bewusst über etwas nachdenken oder mathematische Probleme lösen wollen. Es ist auch für eine schnelle Auffassungsgabe verantwortlich, und wer war nicht schon einmal von einer intelligenten Person beeindruckt, die noch bevor wir überhaupt das eigentliche Problem begriffen hatten, blitzartig eine gut begründete Lösung parat hatte. Ein großes und schnell arbeitendes Arbeitsgedächtnis ist also ein wesentlicher Bestandteil von intelligentem und folgerichtigem Denken. Es wird Sie nicht überraschen: Ayumu bestand den Test ohne Probleme und war zudem überraschend schnell. Daher testeten die Forscher auch ihre Studenten und mussten verblüfft feststellen, dass Ayumu schneller war. Von diesem Experiment inspiriert, wollten sie wissen, ob Ayumu zu dieser Gedächtnisleistung auch fähig war, wenn die Zahlen nur einen Bruchteil von einer Sekunde zu sehen waren. Ayumu bestand auch diesen Test, und es reichte ihr, 0,2 Sekunden auf die Zahlen zu schauen, um die Aufgabe zu lösen, wohingegen die Studenten schon bei 0,4 Sekunden beträchtlich mehr Fehler machten.

Was könnte der Grund für diese beachtliche Leistung sein? Vielleicht gehören auch Sie zu den von sich selbst enttäuschten Erwachsenen, die an ihren kognitiven Fähigkeiten zweifeln, wenn Sie mit Kindern »Memory« spielen. Seien Sie nicht zu streng mit sich! Erwachsene sind in der Regel immer schlechter als Kinder, und so ging es auch unseren Studenten. Ayumu war ein Jungtier. Ihre Mutter Ai schnitt dagegen ein wenig schlechter ab als die Studenten. Die Forscher vermuten, dass es sich um den gleichen Effekt handelt und dass junge Menschen wie auch junge Schimpansen im Gegensatz zu ihren erwachsenen Artgenossen ein hervorragendes fotografisches Gedächtnis haben. Dies ändert aber nichts an dem Verständnis einer richtigen Reihenfolge.

Vielleicht denken Sie nun, das ist nicht wirklich Mathematik – und um ehrlich zu sein, damit haben Sie recht, denn es wurden ja nur essenzielle Voraussetzungen für ein mathematisches Verständnis getestet. Was müssen Tiere Ihrer Meinung nach können, um uns ihre mathematischen Fähigkeiten zu beweisen? Müssen sie den Sinus von 83 benennen können oder vielleicht die Fläche unter einer bestimmten Funktion integrieren können? Nein, so viel verlangen Sie gar nicht, es reicht Ihnen wahrscheinlich einfache Mathematik wie Multiplikation, Division, Subtraktion und Addition. Alles eine Frage des Geschmacks, doch nicht nur Delfine, sondern auch viele andere Tiere haben ein Faible für die Mengenlehre. Ein Blick in das gute alte Mathematikbuch lässt uns vor Ehrfurcht erstarren, denn die Mengenlehre gilt als die Grundlage unserer heutigen Mathematik und ihrer Teilbereiche, zum Beispiel Analysis, Algebra oder Geometrie. Demnach wäre es nicht ungeschickt, mathematisches Verständnis bei Tieren durch Experimente zur Mengenlehre zu untersuchen. Stellen Sie sich nun vor, Sie sitzen vor einem schwarzen Computermonitor. Nun leuchten an wahllosen Stellen fünf rote Punkte auf, kurze Zeit später leuchten an einer anderen Stelle vier rote Punkte auf. In Ihrem Arbeitsgedächtnis befinden sich nun ein Mal fünf Punkte und ein Mal vier Punkte. Natürlich ist es für Sie eine Kleinigkeit, die Punkte zu addieren und sich eine Neun zu merken. Im nächsten Schritt bekommen Sie nun zwei Optionen: In einem Kasten befinden sich Ihre insgesamt neun Punkte und in einem anderen nur sieben. Nun stellen Sie sich weiter vor, Ihr Lebenspartner würde Sie zum Essen einladen, wenn Sie den Kasten auswählen können, in dem die Punkte richtig addiert sind. Ungefähr so lief ein Experiment mit einigen Schimpansen ab[163]. Auch in diesem Fall war es wieder von besonderer Bedeutung, das Experiment in einer Form durchzuführen, die von den Tieren gemeistert werden konnte. Nur so konnten wir die Leistungsfähigkeit unserer Geistesverwandten erkennen und unsere gemeinsamen mathematischen Wurzeln erforschen. Bis vor wenigen Jahren betrachtete man solche Fähigkeiten als menschliche Domäne. Es war einfach schwer vorstellbar, dass Tiere aufgrund ihrer kognitiv noch nicht ausreichend entwickelten Fähigkeiten überhaupt zu so etwas wie Addition imstande sind. Heute sind wir schlauer.

Einer meiner Freunde ist GEO-Fotograf und überraschte mich nach einer Reise nach Sulawesi mit einem Bild, das mich nachhaltig beeindruckt hat: Mitten im Dschungel saß ein Makake und betrachtete sich in einem abgebrochenen Autospiegel (Abb. 7).

Abbildung 7: Ein Makake im Dschungel von Sulawesi benutzt einen abgebrochenen Autospiegel als Werkzeug, um sich zu betrachten. © Solvin Zankel[164]

Aspekte wie: »Oh nein, es gibt einfach keine unberührte Natur mehr« oder »Genial, der Affe macht ein Spiegelexperiment« bis hin zu der Frage »Nutzt er jetzt den Spiegel als Werkzeug, um sich in den Mund zu sehen?« gingen mir durch den Kopf. Zugegeben: Nicht die Nutzung, sondern die Herstellung von Werkzeugen ist wirklich genial. Aber mal ehrlich: Ein Auto ist auch ein Werkzeug, und wer von uns kann schon selbst eines bauen? Viele wissen ja noch nicht einmal, wie man den Ölstand kontrolliert!

Spaß beiseite: Die Verwendung, aber vor allem die Herstellung von spezifischen Werkzeugen gilt nach wie vor für die meisten Menschen als einer der wichtigsten Schritte der Menschwerdung und zweifelsfrei handelt es sich um die erste Form einer materiellen Kultur.

Um es gleich vorwegzunehmen und an die Diskussion zum Thema »Kultur bei Delfinen« anzuknüpfen (siehe »Kultur – eine menschliche Domäne« im Bonusmaterial auf der Webseite: www.walrecht.de): Auch die materielle Kultur bei Primaten wurde nach einer allgemeinen Hochphase heftig kritisiert. Begründet wurde diese Kritik mit der Tatsache, dass unterschiedliche Werkzeuge in unterschiedlichen Regionen benutzt wurden und dass somit dafür eine ökologische oder genetische Ursache mindestens genauso wahrscheinlich sei. Auch »tarnten« sich verschiedene Verhaltensweisen als vermeintlich erlerntes Kulturgut und waren doch nur durch Versuch und Irrtum entstanden. Hinzu kamen interessante Beobachtungen, dass es selbst in einem Gebiet und innerhalb einer Population zu unterschiedlichem Werkzeuggebrauch kommen konnte, ohne dass es sich dabei zwangsläufig um eine kulturelle Leistung handeln musste. So fand man zum Beispiel heraus, dass es unterschiedliche Varianten von *antdipping* gibt. Damit ist der Gebrauch eines Stöckchens, mit dem Affen in einem Ameisennest stochern, gemeint[165]. Die erbosten Ameisen stürzen sich natürlich auf den vermeintlichen Eindringling und werden dann von dem Schimpansen einfach mit dem Stöckchen aus dem Bau gezogen und genüsslich verspeist. Nun hatte man beobachtet, dass das unterschiedlich lange Stöckchen auf unterschiedliche Weise genutzt wurde, und es drängte sich der Verdacht auf, dass es sich um ein Kulturgut handelt, das von einem Tier an ein anderes weitergegeben wird. Die Untersuchung machte allerdings deutlich, dass die verschiedenen Techniken bei unterschiedlichen Ameisenarten zur Anwendung kamen. Es wäre also durchaus denkbar, dass die unterschiedlichen Strategien durch unterschiedlich viele Ameisenbisse zustande gekommen sind. In diesem Fall wäre die Aggressivität der Ameisen für das Verhalten der Tiere verantwortlich[166]. Beide Erklärungen sind möglich und schließen sich nicht aus. Es ist nur schwer, sich in einem solchen Fall auf eine Ursache festzulegen. Immerhin muss man berücksichtigen, dass Schimpansen die Stöckchen nicht einfach benutzen, sondern diese vor Gebrauch speziell bearbeiten.

Unabhängig von solchen speziellen Fällen gibt es heute durchaus Belege dafür, dass der Werkzeuggebrauch nicht nur bei uns Menschen ein Kulturgut ist. Untersuchungen an gefangenen Tieren konnten eindeutig belegen, dass die Tiere zu kulturellen Leistungen fähig sind[167]. Doch bleiben diese Untersuchungen immer den Beweis schuldig, dass die Tiere sich auch in freier Natur entsprechend verhalten.

In Freilanduntersuchungen an der Elfenbeinküste zeigten uns allerdings einige Schimpansen im wörtlichen Sinn, »wo der Hammer hängt«: Sie nutzen starke Äste oder Steine, um Nüsse zu knacken. Dazu suchen sie im weichen Waldboden nach Wurzeln, die sie als Amboss benutzen. Die Forscher konzentrierten sich auf die »Hammerauswahl« innerhalb eines bestimmten Gebietes mit gleichen ökologischen Bedingungen, in dem drei Schimpansengruppen leben. Man muss dazu wissen, dass geschlechtsreife Weibchen nicht immer in einer Gruppe bleiben, sondern diese auch gerne mal wechseln. Somit konnten nicht nur die ökologischen, sondern auch die genetischen Ursachen für ein beobachtetes Verhalten ausgeschlossen werden, denn die Gene verteilen sich durch die Weibchen im gesamten Gebiet. Unter diesen Bedingungen untersuchten die Forscher den Gebrauch unterschiedlicher »Hämmer«. Das Ergebnis war eindeutig: Es wurden sowohl in der Größe als auch bei der Auswahl des Materials Unterschiede zwischen den Gruppen festgestellt[168]. Somit konnten die Forscher recht eindeutig belegen, dass es sich bei der unterschiedlichen »Hammernutzung« in den drei Gruppen um ein Kulturgut handelt und dass dabei sowohl ökologische als auch genetische Ursachen ausgeschlossen sind.

An dieser Stelle muss ich noch einen Punkt ergänzen: Es gibt Kritiker, die zumindest in Erwägung ziehen, dass die unterschiedlichen Primatenpopulationen ihren Umgang mit Werkzeugen dem Menschen abgeschaut haben. Selbst wenn dem so wäre, würde es sich durchaus um eine beachtliche Leistung handeln. Untersuchungen von Pflanzenteilen an Steinhämmern in der Taï-Region konnten aber belegen, dass die Schimpansen bereits seit über 4.000 Jahren mit ihren Steinen Nüsse knacken. Dies mag nicht lange erscheinen, aber Menschen haben diese Gegend erst später besiedelt[169].

Ein etwas brutaleres Werkzeug, nämlich der Speer, wird bei der Jagd auf Buschbabys eingesetzt. Buschbabys sind kleine nachtaktive Äffchen, die tagsüber in Baumhöhlen schlafen. Wird eine vielversprechende Höhle von einem Schimpansenweibchen oder einem Jungtier entdeckt, dann kann es passieren, dass sie sich eine Art Speer bauen und damit in die Höhlen stechen[170]. Dazu werden Äste abgebrochen, von Blättern und Verzweigungen befreit und schließlich mit den Zähnen spitz geschliffen. Die Forscher beschreiben den gesamten Prozess als eine fünfstufige planvolle Handlung.

Waffen ganz anderer Art hat sich ein Schimpanse im schwedischen Zoo von Furuvik hergestellt. Er sammelte Steine, um sie zu Besuchszeiten auf das Publikum zu schleudern. Die Pfleger waren darüber gar nicht erfreut und suchten das Areal regelmäßig nach seinen versteckten Steinlagern ab. Irgendwann entdeckte das Tier, dass man aus den Betonwänden Steine herausschlagen konnte. Durch Klopfen identifizierte er Hohlräume in der Wand, schlug teilweise große Brocken heraus und verwandelte sie im Anschluss daran in handliche Wurfdisken von bis zu fünfzehn Zentimeter Durchmesser. Das Verhalten wurde über zehn Jahre beobachtet und konnte von dem Zoopersonal nicht verhindert werden[171].

Vielleicht interessiert Sie aber auch ein weiteres, aus meiner Sicht wirklich interessantes Beispiel: Stellen Sie sich vor, Sie sind auf einer Party und greifen vorsichtig in die Schale mit den Chips. Die Party ist ein bisschen öde, und man könnte fast von einer peinlichen Situation sprechen. In die Stille hinein beißen Sie beherzt in eine Handvoll krosser Chips. Noch nie getan? Sollten Sie mal versuchen, die Aufmerksamkeit der Partygäste ist Ihnen sicher, und wenn Sie dann noch ein bisschen blöd schauen, haben Sie die Lacher auf Ihrer Seite.

Einige Schimpansengruppen nutzen anstelle der Chips knackige Blätter, um auf sich aufmerksam zu machen. Man nennt das *leaf-clipping*[172]. Das Spannende daran ist, dass verschiedene Gruppen dieses Signal in einem unterschiedlichen Kontext verwenden: Bei den Taï-Schimpansen machen erwachsene Männchen damit auf sich aufmerksam, bevor sie eine bestimmte Absicht zeigen, bei den Bossou-Schimpansen tun es die Jungtiere, wenn sie zum Spielen animieren möchten, und bei den Mahale-Schimpansen sind es wieder die erwachsenen Männchen, die dieses Verhalten zeigen, aber sie zeigen damit, dass sie Sex wollen. Letzteres wird wiederum bei Taï-Schimpansen mit Knöchelknacken (*knuckle-knock*) angedeutet. Wenn allerdings ein junger Taï-Schimpanse spielen will, dann baut er ein provisorisches Tagesnest[173]. Im Prinzip ist die unterschiedliche Symbolik mit unserem Kopfschütteln vergleichbar: Die meisten Menschen verstehen es als eine Verneinung, doch ist man in Bulgarien oder Nordgriechenland unterwegs, sollte man daran denken, dass dort ein Kopfschütteln »Ja« bedeutet. Das symbolhafte Blätterknacken ist somit kontextspezifisch und austauschbar – eine wichtige Voraussetzung für die Entwicklung einer Sprache. Der Freilandforscher Prof. Christophe Boesch vom Leipziger Max-Planck-Institut für evolutionäre Anthropologie schreibt daher: »Das symbolische Blätterknacken könnte nur die Spitze des Eisbergs und eine neue, uns noch unbekannte Dimension der Schimpansenkommunikation sein.«[174]

Sprechen Sie Yerkish?

Nachdem wir gelernt haben, dass Schimpansen mit knisternden Blättern kommunizieren können, stellt sich natürlich die Frage: Was können sie noch? Über die Kommunikation bei Primaten sind bereits unzählige Bücher geschrieben worden und es werden noch einige folgen. Es ist daher nicht möglich, dieses Thema wirklich angemessen zu beleuchten. Doch einige beeindruckende Beispiele möchte ich Ihnen nicht vorenthalten:

Ähnlich wie Louis Herman und John Lilly in Bezug auf Delfine haben sich auch die bekannten Primatenforscher David und Ann Premack[175], Sue Savage-Rumbaugh, das Ehepaar Gardner, Herbert Terrace und viele weitere damit beschäftigt, ihren Versuchstieren sprechen oder besser kommunizieren beizubringen. Dabei ging es natürlich weniger um die Kommunikation zwischen Artgenossen – das können die Tiere auch gut ohne menschliche Hilfe –, sondern vielmehr darum, den Tieren eine Kommunikation beizubringen, mit der wir Menschen umgehen können. Der Idealfall wäre natürlich, wenn man ihnen einfach Englisch oder eine andere menschliche Sprache beibringen könnte. Leider funktioniert das nicht, denn die Anatomie des Sprachtraktes, also die Stimmbänder, der Kehlkopf und der Gaumen, unterscheiden sich bei Affen grundlegend von dem der Menschen[176]. Daher ist es ihnen nicht möglich, die Aussprache so fein zu modulieren, um beispielsweise Vokale zu bilden.

Bereits in den frühen Siebziger-Jahren einwickelten einige Forscher eine auf Symbolen basierende »Sprache«, genannt Yerkish. Diese Symbole waren auf Tafeln[177] angebracht und konnten überall hin mitgenommen werden. Begonnen wurde mit 120, und heute wird mit fast 400 abstrakten Symbolen gearbeitet. Der vielleicht bekannteste Sprecher von Yerkish ist Kanzi[178], ein 1980 geborener Bonobo, der persönlich auf Fragen von interviewenden Journalisten antwortet und der angeblich zwischen *apes* und *monkeys*, also zwischen Vertretern der Großen Menschenaffen (Personen) und allen anderen Affen (Nichtpersonen = Tieren) unterscheidet[179]. Wahre Berühmtheit erlangte er, als er in der amerikanischen Naturdokumentation »Champions of the Wild«[180] Pacman spielte und gewann. Nach vielen Jahren im Labor lebt er nun gemeinsam mit seiner Familie in einem mehr als 50 Hektar großen Waldstück der von Sue Savage-Rumbaugh mitbegründeten Stiftung »Great Ape Trust«[181] in der Nähe der Stadt City of Des Moines im Bundestaat Iowa.

Ein weiterer Versuch bestand darin, den Tieren die Gebärdensprache ASL (American Sign Language[182]) beizubringen, denn dies ist, anders als das Zeigen auf Symbole, Teil ihres natürlichen Verhaltensrepertoires. Heute gilt die Schimpansin Washoe als erstes nichtmenschliches Wesen, das eine menschliche Sprache erlernt hat. Washoe wurde 1965 in West-Afrika geboren und für Experimente der Air Force eingefangen. 1967 begannen Allen und Beatrix Gardner, sie in ASL zu trainieren[183]. Um dies zu erreichen, wurde sie fast menschlich erzogen. Nach einiger Zeit verzichtete man daher darauf, mit Verstärkung bzw. Konditionierung zu arbeiten. Mit anderen Worten: Sie bekam ihre Nahrung nicht mehr als Belohnung für ein bestimmtes Verhalten, sondern bei Bedarf. Die Rechnung ging auf, denn allein durch ihr Interesse erzielte sie beachtliche Erfolge in ASL. So bezeichnete sie zum Beispiel einen Schwan selbstständig mit den Worten »Wasser« und »Vogel« also »Wasservogel«. Anekdoten über ihr emotionales und selbstbewusstes Verhalten hatten einen großen Einfluss auf die wissenschaftliche, aber auch auf die öffentliche Diskussion[184]. Sie starb im Alter von 42 Jahren.

Herbert Terrace, damals ein Wissenschaftler an der Columbia Universität, nannte sein Versuchstier Nim Chimpsky. Durchaus ungewöhnlich, denn normalerweise werden Versuchstiere nummeriert oder bekommen in seltenen Fällen einen Vornamen. Wenn man dann einen Vor- und einen Zunamen vergibt, fällt das natürlich auf. Sollte es auch. Einer der größten Kritiker der »Affensprache« ist Noam Chomsky, ein bekannter Philosoph und Sprachwissenschaftler, der im Jahr 2005 sogar zum weltweit bekanntesten Intellektuellen gekürt wurde[185]. Was für eine amüsante Vorstellung, wie Noam Chomsky sich gefühlt haben muss, als er sich vorstellte, wie Terrace sich mit seinem Affen Nim Chimpsky über ihn, Noam Chomsky, unterhalten hat. Gut für ihn, dass er an die Sprachfähigkeit nicht geglaubt hatte. Ein wenig verwirrt? Ja, das waren auch andere, denn nachdem Herbert Terrace zunächst die Lacher auf seiner Seite hatte, publizierte er einen Artikel, den damals vermutlich jeder erst ein zweites Mal lesen musste und auch dann nicht glauben konnte, was da stand. Herbert Terrace kam nämlich nach seinen Versuchen zu dem Schluss, dass die vermeintliche Kommunikation mit dem Affen wohl doch eher mit Imitation und nicht mit sprachlichem Verständnis erklärt werden müsse[186]. Noch heute sorgt dieser Artikel für eine gewisse Skepsis gegenüber der Idee einer sprachlichen Kommunikation bei anderen Großen Menschenaffen. Natürlich wurden damals der Versuchsaufbau und auch die Haltungsbedingungen der Schimpansen genau verglichen, und einige Forscher kamen zu dem Schluss, dass Nim tatsächlich anders behandelt wurde. So sprach die Familie von Herbert Terrace keine Zeichensprache und musste diese praktisch gemeinsam mit Nim erlernen. Damit er dennoch diese Form der Verständigung gut internalisierte, wurde Nim regelmäßig ins Institut gebracht und hatte dort verschiedene Lehrer, die ihm die Zeichensprache beibrachten. Zweifellos nicht die beste Ausgangssituation. Stellen Sie sich einfach vor, wie die Entwicklung eines menschlichen Kindes verlaufen würde, wenn es die Sprache nicht in im Elternhaus, sondern bei Sprachtrainern lernen würde und die Eltern die Sprache nicht perfekt beherrschen. Daher ist es durchaus plausibel, dass Nim die Gebärdensprache tatsächlich eher als abstrakte Handlungen erlernt und nicht als Instrument der sozialen Kommunikation angewendet hat. Wie dem auch sei: Irgendwann begann er seine menschliche Familie zu beißen und zu terrorisieren. Daraufhin wurde er an die Universität zurückgegeben, und sein trauriges Erwachsenenleben begann. Als vermeintlicher Mensch sozialisiert, wurde er gemeinsam mit anderen Schimpansen gehalten und später an ein Tierversuchslabor verkauft. Eine Geschichte, auf deren Grundlage auch das Drehbuch für den Film »Planet der Affen: Prevolution« aufbaut und die als Dokumentarfilm unter dem Namen »Project Nim«[187] 2012 in die amerikanischen und englischen Kinos kam.

David und Ann James Premack unternahmen ebenfalls Experimente mit verschiedenen Tieren und versuchten in ihrem Buch »The Mind of an Ape« 1983 einen möglichen gemeinsamen Nenner zu definieren: »Wir wissen jetzt, dass jemand, der gesprochene Sprache versteht, auch ein Sprachverständnis haben muss, auch wenn er oder sie nicht sprechen kann.«[188]

Seit Ende der Siebziger-Jahre gab es unzählige weitere Studien, nicht mit Schimpansen, sondern auch mit Orang-Utans und

Gorillas. Für Gorillas wurde sogar eine eigene Gebärdensprache, die GSL (*Gorilla Sign Language*), entwickelt.

Der oben schon erwähnte Noam Chomsky bringt seine Kritik mit folgenden Worten zum Ausdruck: »Wenn Menschenaffen diese fantastische Sprachbegabung hätten, warum haben sie diese dann nicht genutzt, um ähnlich erfolgreich (im technischen Sinn) zu sein wie wir Menschen? Ist das nicht etwa so, als würden Menschen fliegen können, aber täten es nicht, weil es uns noch niemand beigebracht hat?«[189] Zweifellos eine provokante Übertreibung, aber im Kern richtig. Untersuchungen an gefangenen Affen sind genauso kritisch zu beurteilen wie Untersuchungen an gefangenen Delfinen. Was es braucht, sind Beobachtungen ihres natürlichen Verhaltens im Freiland.

Die ersten Freilanduntersuchungen zur Kommunikation von Menschenaffen unternahm man mit Gorillas in Ruanda. Die damals wegen ihrer eigenwilligen Beobachtungsmethode umstrittene Forscherin Dian Fossey beschrieb sechzehn kontextabhängige Laute[190]. Seither sind unzählige weitere Untersuchungen durchgeführt worden, und ich möchte mich daher nur auf einige aktuelle Veröffentlichungen konzentrieren. Fakt ist, dass auch Schimpansen in der Wildnis Rufe für bestimmte Dinge haben. Interessanterweise werden diese Rufe nur abgegeben, wenn Sozialpartner in der Nähe sind[191]. Eigentlich logisch aber dennoch ein weiterer Hinweis darauf, dass es sich wirklich um Kommunikation und nicht um eine mechanistische Lautäußerung handelt. Ein weiterer wichtiger Lebensaspekt ist der soziale Frieden bzw. die Aggressionen unter den unterschiedlichen Tieren. Mittels Playback-Experimenten konnten Forscher sehr genau feststellen, dass die Rufe während einer aggressiven Auseinandersetzung Details über die Art der Auseinandersetzung verraten[192]. Dies ist wohl mit einer Fußballübertragung im Radio zu vergleichen: Man muss das Spiel nicht sehen, um zu wissen, was los ist. Wie wir in Bezug auf Delfine erfahren haben, ist es besonders wichtig, Rufe zu imitieren oder auch nur verändern zu können. Menschenaffen sind darin nicht unbedingt Meister, doch konnten Ansätze dieser Fähigkeit gefunden werden. So neigen befreundete Tiere dazu, den »Slang« ihrer nahen Sozialpartner anzunehmen[193].

Mit großer Wahrscheinlichkeit ist aber die vokale Kommunikation nicht das entscheidende Kommunikationsmittel. Ausgesprochen wichtig sind Körpersprache und Gesten. Diese fünfzig bis einhundert Gesten werden ausgesprochen vielfältig eingesetzt und zum Teil auch mit Lauten kombiniert.

Für viele Forscher sind unsere nahen Verwandten nicht um ihrer selbst Willen interessant, sondern weil man an ihnen die Entstehung der menschlichen Sprache und Kommunikation erforschen kann. In einer dieser Veröffentlichungen wurde die Frage gestellt, ob kommunikative Gesten erlernt werden oder ob sie Teil der genetischen Programmierung sind. Es stellte sich heraus, dass ein Großteil der Gesten nicht universell war. Demnach ist die »Gebärdensprache« bei Menschenaffen kein Kulturgut, welches erst erlernt wird, sondern genetisch vorgegeben[194]. Diese Beobachtung muss aber noch durch weitere Untersuchungen gestützt werden. Wenn sie allerdings richtig ist und die Zeichensprache schon bei unseren Vorfahren einen universellen Charakter hatte, dann ist das Mysterium geklärt, warum man überall auf der Welt mit ein bisschen Pantomime prima klarkommen kann. Aber auch andere Experimente machen die Nähe zu unseren Verwandten deutlich: Aktuelle Untersuchungen im PET-Scan (Positronen-Emissions-Tomographie) konnten zeigen, dass die Borka-Region, also das Gehirnareal, das bei uns Menschen für Sprachsteuerung verantwortlich ist, bei Schimpansen, die rufen, aktiv ist, wohingegen die Region bei der Kommunikation mit Gesten nicht aktiviert ist[195].

Betrachten wir am Ende die Fakten: Wir Menschen sind zweifelsfrei Sprachkünstler und werden mit einer Begabung zum Spracherwerb geboren. Es gibt momentan keinerlei Hinweise, dass irgendein Tier auf unserem Planeten in einer vergleichbaren Form zur Kommunikation fähig ist. Auch wird uns aus evolutionärer Sicht niemand so schnell diesen Rang ablaufen.

Dennoch, aus Experimenten mit gefangenen Tieren wissen wir, dass auch andere Menschenaffenarten wie Schimpansen, Orang-

Utans und Gorillas dazu fähig sind, Sätze mit einer einfachen Grammatik und mit drei bis vier Worten zu bilden. Untersuchungen im Freiland zeigen einen beachtlichen Umfang an unterschiedlichen kommunikativen Zeichen und deuten eine komplexe Kommunikation an, die wir vielleicht schon als eine sehr primitive Protosprache interpretieren können. Letztlich können wir uns nun entscheiden, wie wir den Stand der Wissenschaft betrachten wollen: Schließen wir uns den meisten Primatenforschern an und gehen davon aus, dass sich die Fähigkeit zur Sprachbildung im Verlauf der Evolution graduiert und an unser komplexer werdendes Sozialleben angepasst entwickelt hat? Oder folgen wir den Thesen der bekannten Linguisten wie Noam Chomsky oder Steven Pinker[196], ebenfalls ein Star am Wissenschaftlerhimmel, und betrachten die Sprachbegabung des Menschen als ein Unikat, als eine uns praktisch eingebaute und evolutiv neuartige Fähigkeit, die uns zu dem gemacht hat, was wir heute sind? Im ersten Fall sind wir unseren tierischen Verwandten lediglich zeitlich ein wenig voraus, im zweiten Fall besitzen wir eine Fähigkeit die scheinbar aus dem nichts entstanden ist. Beide Blickwinkel sind bisher noch nicht schlüssig zu beweisen. Seien wir also auf künftige Ergebnisse der Genetik und der Neurologie gespannt!

Frauenpower

Wir haben nun schon einiges über die kulturellen Leistungen unserer nächsten Verwandten erfahren. Wie wir wissen, basiert jede Kultur auf der Weitergabe von Informationen und ist in einem hohen Maß auf soziale Interaktion angewiesen. Für uns Männer wenig schmeichelhaft, haben die männlichen Vertreter ihrer Art keinen Anteil an dieser Leistung. Kulturelle Informationen, Traditionen und Wissen werden von den Weibchen vermittelt[197]. Die diesen Erkenntnissen zugrundeliegende Analyse basiert auf mehreren Jahrzehnten Untersuchung in verschiedenen Schimpansen-Kolonien, und, meine lieben männlichen Leser, leider können wir die Ergebnisse nicht als Einzelfall abtun.

Auch Schimpansen leben, wie wir Menschen und Delfine, in einer *Fission-fusion-Society*: Es gibt Einzelgänger, Paare, kleine und größere Gruppen. Die Gruppen sind allerdings recht stabil, und besonders die Männchen verlassen diese Gruppen nicht. Ein Glücksfall für die Forscher, aber auch ein großer Nutzen für die Schimpansen-Population ist die Tatsache, dass Weibchen ihre Gruppe verlassen können und dann ein Mitglied einer neuen Gruppe werden. Auf diese Art und Weise verbreiten sich neue Verhaltensweisen oder Erfindungen innerhalb der Population. Die Forscher brauchten also nur den Weibchen zu folgen, um auf der Spur der Information oder einer bestimmten Handlungsweise zu bleiben.

Die Affenbörse

Nein, Ihr erster Gedanke war falsch: Ich möchte hier nicht über einen Platz reden, auf dem Affen gehandelt werden, sondern über einen Platz, auf dem Affen Handel betreiben – und zwar mit Geld, sogenannten Token. Ein solcher Platz existiert tatsächlich, und zwar an der Yale-Universität in New Haven (Connecticut). Dort wird am Lehrstuhl für Psychologie nicht weniger als evolutiv bedingtes, irrationales Verhalten bei Menschen untersucht. Ziel ist es, herauszufinden, warum wir uns manchmal so unglaublich dämlich verhalten. Also zum Beispiel, weshalb wir in dem von uns geschaffenen Finanzsystem irrational agieren, warum wir nicht auf die Verbrennung fossiler Brennstoffe verzichten, um unser Klima zu erhalten, und warum wir nicht nachhaltig wirtschaften, damit unsere Nachfahren nicht unsere Probleme ausbaden müssen. Um die Ursache für dieses Verhalten zu verstehen, wird mit extrem simplen Experimenten gearbeitet. Eines dieser Experimente beschäftigt sich mit der Ökonomie bei Affen. Daher hat man die genannte Affenbörse eingerichtet, auf der die Tiere Futterhandel betreiben können. Es wurde dort eine ganze Reihe von interessanten Experimenten durchgeführt, und alle deuten mehr oder weniger darauf hin, dass die dort untersuchten Kapuzineraffen ähnlich handeln wie wir[198]. Ein Experiment lässt aber besonders tief in die »Abgründe« unseres Verstandes blicken: Dabei hatten die Äffchen die Wahl zwischen einem sicheren Geschäft und einer risikoreichen Transaktion.

Ein einfaches Beispiel: Sie haben die Wahl und können sich entscheiden, mit wem Sie Handel treiben möchten.

- **Person A** zeigt Ihnen eine Weintraube. Wenn Sie mit Ihrem Token bezahlen, bekommen Sie eine weitere Weintraube hinzu und haben somit zwei Weintrauben.
- **Person B** zeigt Ihnen ebenfalls eine Weintraube. Wenn Sie ihr Ihren Token geben, bekommen Sie entweder nur diese eine Weintraube oder zusätzlich zwei Weintrauben. Sie haben also eine 50:50-Chance auf eine weitere Weintraube, aber eben auch das gleiche Risiko, Ihre sonst sichere zweite Weintraube zu verlieren.

Da Sie immer mehrere Versuche haben, sind statistisch gesehen beide Optionen gleichwertig, denn im Durchschnitt bekommen Sie zwei Weintrauben. Ein logisch arbeitender Verstand hätte demnach keine Präferenzen. Doch wie würden Sie sich entscheiden? Die meisten Menschen[199], aber auch die untersuchten Äffchen[200] entschieden sich für den Geschäftspartner A: Es gibt keinerlei Risiko, und man bekommt zusätzlich zu der sicheren Weintraube eine weitere hinzu. Dafür haben wir sogar ein Sprichwort: Lieber den Spatz in der Hand als die Taube auf dem Dach.

Nun folgt ein zweites Experiment:

- **Person A** zeigt Ihnen drei Weintrauben, aber wenn Sie Ihren Token einlösen, bekommen Sie nur zwei. Sie haben also subjektiv das Gefühl, dass Sie auf jeden Fall eine Weintraube verlieren. Wie schon im ersten Experiment bekommen Sie jedoch von dieser Person immer zwei Weintrauben.
- **Person B** zeigt Ihnen auch drei Weintrauben, und Sie haben eine 50:50-Chance, auch tatsächlich Ihre drei Weintrauben zu bekommen. Natürlich haben Sie auch dasselbe Risiko, zwei

Weintrauben zu verlieren und am Ende nur eine Weintraube zu bekommen.

Auch in diesem Fall sind die beiden Optionen statistisch gleichwertig, im Durchschnitt bekommen Sie zwei Weintrauben. Doch wie würden Sie sich entscheiden?

Die meisten Menschen, aber auch die untersuchten Äffchen entschieden sich für Person B. Es fällt uns einfach schwer, etwas, das wir schon haben (die drei gezeigten Weintrauben), wieder zu verlieren. Wir wollen alles behalten und gehen dafür auch ein Risiko ein. Die Psychologie hat dafür einen eigenen Begriff, die sogenannte Verlustaversion (*loss aversion*).

Nun mögen Sie sich fragen: Und was bedeutet das jetzt? Einerseits zeigt dieses Experiment, dass die Reaktionsweise vermutlich älter als dreißig Millionen Jahre ist. Wir verhalten uns bei der Entscheidungsfindung exakt so wie unsere tierischen Verwandten und so, wie sich vermutlich auch unsere gemeinsamen Ahnen verhalten haben. Wir handeln somit nach einem verhältnismäßig alten, aber irrationalen Muster. Nicht weiter tragisch, werden Sie denken, schließlich bleiben im Mittelwert immer zwei Weintrauben übrig. Es ist also völlig egal, ob wir nun eine Präferenz für den einen oder den anderen Handelspartner haben. Richtig, aber eben nur in einem künstlichen Experiment, bei dem darauf geachtet wurde, dass am Ende tatsächlich das Gleiche herauskommt. In der Realität sieht das ganz anders aus: Wenn wir Menschen mit einem Verlust konfrontiert werden, gehen wir Risiken ein, oft mit fatalen Folgen. Stellen Sie sich dazu die Funktionsweise unseres Finanzsystems vor: Ein Börsenmakler versucht mit seinem dreißig Millionen Jahre alten Denkschema Futures mit unglaublichen Hebelsätzen zu handeln und tut dies in einem extrem komplexen, interagierenden System mit kaum vorhersehbaren Reaktionen. Sein tiefes Bedürfnis, keine Verluste einzufahren, wird ihn dazu bringen, Risiken einzugehen, die unverhältnismäßig groß sind zum möglichen Verlust. Unsere derzeitige Finanzkrise erklärt sich zu großen Teilen durch Verlustaversion: Menschen haben beispielsweise gezögert, ihr Haus mit Verlust zu verkaufen. Das Resultat: Sie wurden gepfändet. Investmentbanken haben sich nicht rechtzeitig von »faulen« Aktien getrennt. Das Resultat: Sie sind heute pleite und reißen im Nachgang ganze Volkswirtschaften mit in den Abgrund. Die gute Nachricht ist, dass wir intelligente Wissenschaftler haben, die uns auf unser irrationales Verhalten aufmerksam machen. Daher haben wir die Finanzmärkte fundamental geändert und an die Fähigkeiten unseres Steinzeitgehirns angepasst.

Der große Unterschied zwischen uns und den Tieren ist, dass wir dazu in der Lage sind, unseren Verstand über unsere Verlustängste zu stellen. Daher akzeptieren wir heute den Verlust an Lebensqualität, um morgen die Katastrophe zu verhindern. Wir haben unsere Autos abgeschafft und fahren mit dem Rad zur Arbeit. Wir heizen unsere Häuser nur noch mit regenerativer Energie. Wir wissen, dass unser gigantischer Fleischverbrauch katastrophale Auswirkungen auf das Klima hat und sind daher alle Vegetarier. Es gibt keinen Müll mehr, weil wir nachhaltig wirtschaften und auf Verpackung verzichten. Kein begrenzter tierischer Verstand wäre mit solch einschneidenden Maßnahmen einverstanden, und niemals würde ein begrenzter tierischer Verstand eine Partei wählen, die diese nötigen, aber schmerzlichen Einschnitte in unserem Lebensstandard fordert. Nein, ein begrenzter tierischer Verstand hätte eine Verlustaversion und würde die Konsequenzen seines Handelns verdrängen. Nur gut, dass unser hoch entwickelter menschlicher Verstand keine Probleme hat, Erkenntnisse der Wissenschaft zu verarbeiten und sein Handeln danach zu richten – Willkommen im Schlar-Affenland!

»Die Luft wird von explodierenden Maschinengewehrsalven zerrissen, und der Junge sieht, wie seine Eltern zu Boden stürzen, ein Bild, das sich für immer in sein Gedächtnis brennt. Gemeinsam mit den anderen Kindern wird er verschleppt und in ein neues Leben gezwungen. Zehn Jahre später mordet er als Teenager Hunderte unschuldiger Opfer. Die Szene könnte die Folgen einer posttraumatischen Störung (PTSD: *post-traumatic stress disorder*) eines Kindes im Kosovo oder in Ruanda beschreiben.«[201]

Tatsächlich sind diese Zeilen der Beginn eines Artikels über einen Genozid in Afrika, die Teenager sind jedoch Elefanten und die Opfer Nashörner. Der Artikel ist nicht in irgendeinem »Käseblatt« erschienen, sondern in »Nature«, einer der wichtigsten wissenschaftlichen Zeitschriften. Hier werden die Auswirkungen einer zerstörten Kultur bei Elefanten dargestellt, und wir sollten den Autoren, die verschiedene Lehrstühle an unterschiedlichen Universitäten dieser Welt innehaben, nicht unterstellen, dass sie mit ihrem Artikel die Tiere vermenschlichen. Die Autoren haben sich zweifelsfrei einer Analogie bedient, doch diese Analogie basiert auf unseren wissenschaftlichen Erkenntnissen zum Sozialverhalten von Elefanten. Eben diese Erkenntnisse sollen helfen, Fehler im modernen Naturschutz-Management zu vermeiden.

Elefanten werden sechzig bis siebzig Jahre alt[202]. In etwas mehr als dieser Zeitspanne wurde die Elefantenpopulation in Afrika auf ein Zwanzigstel des ursprünglichen Bestandes reduziert. In Asien sieht die Situation nicht besser aus: In Thailand ist die Population im Freiland von ca. 100.000 auf ca. 2.000 Tiere geschrumpft. Im gleichen Zeitraum hat sich die menschliche Population, trotz zweier Weltkriege und einigen Epidemien wie der spanischen Grippe, mehr als vervierfacht. Unsere menschliche Kultur hat zweifelsfrei durch Kriege und Epidemien Rückschläge erlitten. Es ist für uns ein glücklicher Umstand, dass diese Ereignisse immer räumlich und zeitlich begrenzt waren und dass ein großer Prozentsatz unserer Population nicht traumatisiert wurde und somit in der Lage war, unsere Kultur zu erhalten und unsere Nachkommen zu einem normalen sozialen Verhalten zu erziehen. Elefanten hatten weniger Glück: Praktisch jedes heute lebende Individuum musste in seiner frühen Kindheit und Jugend die Tötung enger Familienmitglieder miterleben. Das damit verbundene Trauma und die Unterbrechung der Weitergabe einer Kultur und eines normalen sozialen Umgangs haben dazu geführt, dass sich heute nur wenige Elefanten »normal« verhalten. So konnte in einem stark betroffenen Gebiet beobachtet werden, dass neunzig Prozent aller Todesfälle bei Männchen durch Kämpfe mit einem anderen Männchen verursacht worden. Der normale Anteil in verhältnismäßig ungestressten Elefantengemeinschaften liegt bei sechs Prozent. Die betroffenen Männchen haben einfach nicht gelernt, ihre Aggressionen zu kontrollieren und Verhalten zu zeigen, das eine aggressive Situation entschärft. Die Forscher empfehlen daher dringend, die wissenschaftlichen Erkenntnisse zur Traumabewältigung bei Menschen nach Erfahrungen mit einem Genozid oder ähnlichen dramatischen, ein ganzes Volk betreffenden Auswirkungen auch bei Elefanten anzuwenden. Die wichtigste Maßnahme bei traumatisierten Individuen ist die Integration in eine stabile soziale Gemeinschaft. Leider kommen die Autoren zu dem Schluss, dass dies derzeit weder in Schutzgebieten noch in Zoos realisiert wird. Als Resultat, so geben sie an, wird asoziales Verhalten zementiert.

Diese traurige Einführung soll verdeutlichen, über welche Art von Tier wir hier reden. Einerseits zeigt die Tatsache, dass renommierte Wissenschaftler auf Erkenntnisse über psychische Erkrankungen bei Menschen zurückgreifen, um ganze Populationen von Tieren zu therapieren, in welchem Maß unser Verständnis der Komplexität der Elefantengemeinschaften schon vorangeschritten ist. Andererseits macht dieser Artikel deutlich, dass wir die Tiere nur noch retten können, wenn wir Mechanismen nutzen, die darauf abzielen, Verhalten zu unterstützen, das wir bis vor Kurzem nur bei uns Menschen für möglich gehalten haben.

Das Leben der Elefanten

Elefanten sind die größten an Land lebenden Tiere und sie haben mit ca. 22 Monaten die längste Tragzeit im Tierreich. Mit anderen Worten: Es sind Tiere der Superlative. Die Spitze ihres Rüssels ist ein leistungsstarkes Greiforgan, mit dem sie Werkzeuge bauen und »Moderne Kunst« betreiben. Derzeit gibt es nur noch zwei lebende Gattungen: eine mit großen Ohren in Afrika und eine mit kleinen Ohren in Süd-Ost-Asien. Elefanten sind Vegetarier und leben wie wir, die anderen Großen Menschenaffen und die Delfine in *Fission-fusion-Societies*. Obwohl Elefantengesellschaften einer großen Dynamik unterliegen, gibt es bei der Analyse von Ego-Netzwerken klare Hinweise auf Langzeitbeziehungen.[203] Wie wir im Abschnitt »Das Experiment« gelernt haben, bestehen Elefanten den Spiegeltest und haben somit ein bewusstes Selbst.

Sie leben in engen Familienverbänden, die normalerweise von älteren Weibchen geführt werden. Mehrere Familien bilden einen Clan.[204] Die jüngeren Tiere profitieren von der Erfahrung des alten Muttertieres. Dieser Zusammenhang gilt allgemein als anerkannt und wird bei vielen höher entwickelten Säugetieren beobachtet. Dennoch gibt es bisher wenige Versuche, die für diesen Zusammenhang einen klaren experimentellen Beweis erbringen konnten. Bei einem dieser Versuche wurden Elefantenherden mit unterschiedlich alten Leittieren mit Löwengebrüll beschallt. Es zeigte sich, dass die älteren und erfahreneren Leittiere deutlich zwischen männlichem und weiblichem Löwengebrüll unterscheiden konnten. Im Falle des männlichen Gebrülls hielten sie ihre Herde zu größerer Aufmerksamkeit und Geschlossenheit an, denn männliche Löwen sind gefährlicher. Im Fall eines wirklichen Löwenangriffs hätte die Sorglosigkeit der jüngeren Leittiere Opfer gefordert.[205] Ganz unumstritten sind solche Experimente allerdings nicht, denn die Beschallung mit Löwengebrüll ist zweifellos für die Tiere mit extremem Stress verbunden. In meiner Arbeit für die WDC trete ich beispielsweise dafür ein, dass keine sogenannten Playback-Experimente an Walen und Delfinen durchgeführt werden. Warum? Wir wissen, dass Schnabelwale vor Schreck zu schnell auftauchen können und dann an den Verletzungen der Taucherkrankheit elendig zugrunde gehen. Vermutlich ist das ungefähr so, als würden wir von einer Meute Skinheads in einen U-Bahnschacht getrieben und von einem Zug überfahren. Dennoch gilt dieses Experiment in der Welt der Wissenschaft als ein seltener, aber unumstößlicher Beweis für die Wichtigkeit und die Bedeutung der alten Tiere. Vielleicht können und sollten wir diesen Zusammenhang auch in unserer schnelllebigen Gesellschaft stärker berücksichtigen und dem Erfahrungsschatz der Alten größere Bedeutung beimessen.

Rumble in the Jungle

Die Überschrift ist eigentlich Quatsch, denn obgleich der *Rumble* eines Elefanten tatsächlich über viele Kilometer durch den Dschungel und die Savanne schallt, so können wir Menschen ihn gar nicht hören. Für uns wäre der Dschungel mucksmäuschenstill. Die sogenannten *Contact-Calls* der Elefanten werden nämlich im Infraschallbereich abgegeben und liegen somit unter unserer Hörschwelle. Der Vorteil dieser Rufe liegt in ihrer enormen Reichweite und der Tatsache, dass sie auch über den Boden übertragen werden. Elefanten können somit zusätzlich zu ihren großen Ohren sogar mit den Füßen hören und sind damit die einzigen Tiere an Land, die über die Distanz mehrerer Kilometer akustisch Kontakt halten können. Vermutlich erkennen die Tiere den Rufer sogar an seiner individuellen Stimme. Im Allgemeinen wird bei Elefanten zwischen folgenden Rufen unterschieden: Trompeten (*trumpets*), Zwitschern (*chirps*), Röhren (*roars*) und dem oben beschriebenen Grollen (*rumbles*)[206]. Neuere Untersuchungen beschreiben bis zu vierzehn unterschiedliche Signale[207] und es ist nicht unwahrscheinlich, dass es weitaus mehr gibt. Die Rufe werden alters- und geschlechtsspezifisch, aber auch in unterschiedlichen Kontexten wie Spiel, Störung, Stress, Aggression, zur Kontaktaufnahme und anderem eingesetzt. Elefanten beherrschen vokales Lernen und Imitation[208] und sind somit nicht an ihre angeborenen Laute gebunden. Theoretisch können sie also ihren »Wortschatz« erweitern und eine Sprache entwickeln. Die Forscher gehen davon aus, dass diese Fähigkeit wichtig ist, um in dynamischen sozialen Gemeinschaften Kontakte zu pflegen und über lange Zeit aufrechtzuerhalten. In einer aktuellen Veröffentlichung scheint sogar der Beweis angetreten zu sein, dass Elefanten die menschliche Sprache imitieren können[209]. Dazu stecken sie ihren Rüssel in den Mund und benutzen ihren Rachen als Resonanzkörper. Auf diese Idee muss man erst mal kommen!

Werkzeuggebrauch

Werkzeuggebrauch im Tierreich ist, auch wenn dies vor zweihundert Jahren infrage gestellt wurde, keine ungewöhnliche Beobachtung. Die Herstellung von Werkzeugen ist aber etwas Besonderes, das heißt, man benutzt nicht einfach einen Gegenstand, sondern manipuliert ihn in sinnvoller Art und Weise. Bei Elefanten hat man beispielsweise beobachtet, dass sie sich diverse »Fliegenklatschen« herstellen[210]. Dazu nehmen sie Stöcke oder Büsche und präparieren sie so, dass sie eine spezielle Länge haben und nicht zu buschig sind und sie nehmen andere Gegenstände als Hilfe zum Abstützen oder festhalten. Dennoch möchte ich Ihnen nicht vorenthalten, dass andere Forscher diese Leistung nicht so bemerkenswert finden und argumentieren, dass Elefanten üblicherweise Stöcke und Büsche zerkleinern, um sie zu fressen. Demnach sei die kognitive Leistung nicht so hoch einzuschätzen[211].

Kooperatives Handeln

Elefanten haben mit ca. 11.000 Millionen fast so viele Gehirnneuronen wie wir Menschen (11.500 Millionen). Wir dürfen also von Elefanten durchaus einiges erwarten. Dennoch sind sie weitaus weniger intensiv und experimentell untersucht als Menschenaffen und Delfine. Dies liegt schlichtweg an ihrer Größe und den damit verbundenen rein logistischen Problemen. Hinzu kommt, dass Elefanten sich in menschlicher Obhut so gut wie nicht vermehren. Die gemeinsame Geschichte ist, wenn man an Hannibals Überquerung der Alpen denkt, über 2.000 Jahre alt, aber es ist bis vor wenigen Jahrzehnten nicht gelungen, Elefanten zu züchten, wahrscheinlich aufgrund ihres komplexen Soziallebens und der unnatürlichen Haltung in menschlicher Obhut. Damit sind sie die einzigen Nutztiere, die sich der Domestizierung durch selektive Zucht entzogen haben.

Trotz dieser Schwierigkeiten ist es vor Kurzem in einem interessanten Experiment gelungen, gefangene Elefanten zu kooperativem Handeln anzuregen[212]. Dazu wurden sie darauf trainiert, gemeinsam an einem Seil zu ziehen, um ein Brett mit Nahrung in ihre Reichweite zu befördern. Der Trick dabei war nur, dass zwei Elefanten nebeneinander standen, jeder ein Ende des Seiles greifen konnte und das Seil über zwei Rollen mit dem Brett verbunden war. Wenn nun ein Elefant alleine zog, rutschte das Seil durch die Rolle. Er hatte dann zwar das ganze Seil, aber das Brett hatte sich keinen Zentimeter bewegt. Es mussten also beide Tiere gleichzeitig am Seil ziehen, um an die begehrte Nahrung zu gelangen. Das Experiment glückte. Nach kurzer Zeit hatten die Tiere begriffen, dass sie nur gemeinsam und zeitlich koordiniert zum Ziel kommen. Doch damit war das Experiment noch nicht beendet. Nun wurde erst der eine und einige Zeit später der andere Elefant zu dem Versuchsaufbau gelassen. In dieser Situation war es natürlich sinnlos, am Seil zu ziehen, und so warteten die Dickhäuter nach einem kurzen Lernprozess geduldig auf ihren Partner. In einem dritten Schritt wurde das Seil so platziert, dass es nur von einem Elefanten erreicht werden konnte. Schon nach kurzer Zeit hatten die Tiere begriffen, dass sie unter diesen Umständen keinen Versuch unternehmen mussten, um an die Nahrung zu kommen. Das Konzept des Versuchsaufbaus war offenkundig verstanden und der Beweis für kooperatives Handeln erbracht.

Wie man mit Autos Nüsse knackt – Von weiteren Intelligenzbestien

Im Folgenden möchte ich an ausgewählten Beispielen zeigen, dass wir nicht nur mit Delfinen, Affen und Elefanten so einiges gemeinsam haben, sondern dass auch Tiere, die wir nicht unbedingt mit großer Geisteskraft assoziieren, zu überraschenden Leistungen fähig sind.

Vögel

Wie wir im Abschnitt »Das Experiment« erfahren haben, gibt es tatsächlich Vögel, die den Spiegeltest bestehen. Insofern mag es nicht verwundern, dass einige Vögel zu ganz beachtlichen kognitiven Leistungen im Stande sind. Eine dieser Leistungen ist, mit Autos Nüsse zu knacken[213].

Es gibt eine ganze Reihe von Krähenpopulationen, die Nüsse knacken, indem sie nach oben fliegen, die Nüsse fallen lassen, wieder zurückkehren und hoffen, dass die Schale auf dem festen Boden zerbrochen ist. Dies ist eine recht mühselige Angelegenheit denn nicht jede Nussschale zerspringt wunschgemäß. Ob es dafür nicht eine einfachere Lösung gibt? Offenkundig zermalmen Autoreifen alles, was sie überrollen. Liegt es da nicht nahe, Nüsse auf Straßen zu werfen und zu warten, bis sie von den Autos überfahren werden? Für uns Menschen ist diese Idee ein wenig abwegig und um ehrlich zu sein: für Krähen wohl auch. Fakt ist aber, dass genau dies beobachtet werden kann. Vor ca. 25 Jahren wurde in Japan die erste Krähe beobachtet, die ihre Nüsse an einer Kreuzung auf den Boden warf. Sie musste nicht hochfliegen, denn der Verkehr tat sein Übriges. War die Nuss geknackt, wartete sie gemütlich, bis die Ampel auf Rot sprang, und marschierte dann zu ihrer Nuss. Eine Beobachtung, die einen fast dazu verleiten könnte, wirklich strategisches Denken zu vermuten. Doch die weit einfachere Erklärung ist schlichte Konditionierung: Die erste Krähe hat vermutlich ihre Nuss wie immer auf einen harten Untergrund fallen lassen. Dabei stellte sich heraus, dass die Nüsse nicht immer zerbrachen – nur dann, wenn diese komischen, stinkenden Dinger darüber gefahren waren. Irgendwann machte sie dann die Erfahrung, dass es bestimmte Bereiche auf einer Straße und bestimmte Zeiten gab, an denen der Strom dieser seltsamen Dinge für kurze Zeit unterbrochen war. Auf diese Art und Weise ist eine Präferenz für Kreuzungen mit Ampeln entstanden. Das wirklich Besondere an dieser Beobachtung ist aber die Tatsache, dass die Krähen in den vergangenen 25 Jahren kontinuierlich beobachtet wurden. Waren es am Anfang nur einige Tiere, so knacken heute praktisch alle Krähen in der Umgebung ihre Nüsse mithilfe von Autos. Da es sehr unwahrscheinlich ist, dass ausschließlich in dieser Gegend alle Krähen auf die Idee gekommen sind, mit Autos Nüsse zu knacken, kann man in Ermangelung einer besseren Erklärung durchaus berechtigt über eine Kultur bei Krähen spekulieren. Auch wäre dies kein Einzelfall, denn bei Raben gibt es Belege für eine kulturelle Weitergabe von bestimmten Rufen[214]. Interessant ist, dass die meisten Rufe geschlechtsspezifisch weitergegeben werden und somit ein gewisser Anteil an Rufen nur von Männchen oder Weibchen verwendet wird. Bleibt zu hoffen, dass sich Männchen und Weibchen trotzdem verstehen – oder leben Krähenpärchen gerade darum ein Leben lang zusammen?

Krähen gehören übrigens zu der etwa 120 Arten zählenden Gruppe der Rabenvögel. Diese wiederum sind Singvögel, nur leider haben sie keine schöne Stimme. Dafür wurde die Gruppe, zu der auch Raben, Eichelhäher und Elstern gehören, mit ganz erstaunlichen kognitiven Leistungen ausgestattet. Dies muss irgendwie auch unseren Ahnen klar gewesen sein. So spricht schon der Gott Odin laut des nordischen Mythos mit den weißen Raben namens »Gedanke« und »Gedächtnis«, und einige Indianerstämme waren der Ansicht, dass Raben die Welt erschaffen hatten. Hinzu kommen diverse Mythen über die Raben der Hexen und Zauberer[215]. Doch was genau haben diese putzigen Flugtiere, die manchmal in schwarz und manchmal in bunt daherkommen, an sich, was sie so speziell macht?

Von Eichelhähern weiß man, dass sie vierzehn verschiedene Ruftypen kennen und unterschiedliche Warnrufe für Falken und Eulen haben[216]. Beide sind je anders gefährlich und erfordern eine spezielle Reaktion. Bei Elstern auf Sri Lanka hat man festgestellt, dass sie die Rufe ihrer natürlichen Feinde imitieren und damit ihre Artgenossen, aber auch andere Tiere warnen[217]. Wie wir im Kapitel über die Kommunikation bei Delfinen erfahren haben, ist die Fähigkeit des vokalen Lernens und der Imitation von Rufen die Grundvoraussetzung für den Spracherwerb, und nur wenige Tiere sind dazu in der Lage.

Man mag es kaum glauben, aber Rabenvögel haben zudem ein unglaublich gutes Gedächtnis. Ähnlich wie unsere süßen Eichhörnchen legen sie nämlich Vorräte an. Leider haben Eichhörnchen kein besonders gutes Gedächtnis und finden daher ihre Nahrung oder die ihres Kumpels eher mit der Nase als durch ihre Erinnerung. Anders bei den Rabenvögeln: Sie merken sich ihre Verstecke in Sequenzen, ganz ähnlich wie unsere menschlichen Gedächtniskünstler. Ein weiterer bedeutender Aspekt ist, dass die Tiere offenbar auch eine Vorstellung von Zeit haben, denn sie wissen genau, wann ihre Schätze verderben oder reif sind[218].

Nun wissen die Tiere natürlich, dass auch ihre Artgenossen Verstecke anlegen. Was ist daher einfacher, als selbst Nahrung zu sammeln? Richtig, klauen! Von Biologen wird dies auch freundlich Kleptoparasitismus genannt. Dazu spionieren die Vögel im wahrsten Sinne des Wortes die Verstecke ihrer Artgenossen aus. Dagegen verstecken sie selbst ihre Vorräte nur, wenn sie sich unbeobachtet fühlen. Wenn dann doch irgendwo ein diebischer Artgenosse lauert, tun sie so, als hätten sie nichts Besonderes zu tun. Sie flattern davon und suchen sich ein ruhigeres Plätzchen. Bei der Suche nach einem geeigneten Versteck wird scheinbar sogar das Substrat berücksichtigt: Wenn die Möglichkeit besteht, von anderen Vögeln gehört zu werden, bevorzugen sie ein Substrat, das kaum Geräusche macht, also Erde anstelle von kleinen Steinchen. Doch damit nicht genug: Wenn sich ein Eichelhäher beobachtet fühlt, aber seinen Schatz schon verborgen hat, dann gibt es zwei

Möglichkeiten. Die Tiere, die selbst schon einmal »stibitzt« haben, graben ihre Nahrung wieder aus und verschwinden damit. Junge Tiere, die diese Erfahrung noch nicht gemacht haben, fliegen einfach weg und überlassen es dem Schicksal, ob sie ihre Nahrung später wieder ausgraben können[219]. Diese Beobachtung ist ausgesprochen interessant und hat weitreichende Konsequenzen. Der erfahrene Vogel muss sich nämlich in den Spion hineinversetzt haben. Dabei muss ihm klar geworden sein, dass sein Gegenüber das Versteck kennt und dass es den Schatz bergen wird, sobald es die Möglichkeit dazu hat. Diese Fähigkeit traute man noch bis vor wenigen Jahren nur uns Menschen zu, doch dazu später im Kapitel: »Mitgefühl und die *Theory of Mind*«.

Schon lange ist bekannt, dass einige Rabenvögel außerdem kleine Stöckchen als Werkzeuge benutzen. Sie fertigen diese sogar selbst an und passen sie an ihre Bedürfnisse an. 2002 gelang allerdings ein unglaubliches, schon fast beängstigendes Experiment: Die Krähe Betty wurde wieder einmal auf ihre kognitive Leistung getestet. Allerdings gab man ihr eine Aufgabe, die sie eigentlich überhaupt nicht lösen konnte: Sie sollte mit einem glatten Metalldraht einen kleinen Henkel ergreifen, um damit Nahrung aus einem Becher zu ziehen.

Für Krähen ist das eigentlich kein Problem, denn in der Natur suchen sie sich ein Stöckchen, das kleine Widerhaken hat, und lösen damit die Aufgabe. Im Labor gab es aber keine Stöckchen, stattdessen nur diese glatten Metallstäbchen. Sie waren allerdings biegsam und ließen sich theoretisch in die Form eines Widerhakens bringen, was für uns Menschen eine verhältnismäßig einfache Aufgabe ist, da wir die Eigenschaften von Draht kennen, wissen, was ein Haken ist, und die Situation abstrahieren können, um eine Lösung für das Problem zu finden. Für einen Vogel, der keine Erfahrung mit Metalldraht hat und dem man keine besonders große logische Denkleistung zutraut, ist solches eigentlich (im wahrsten Sinn des Wortes) undenkbar. Doch Betty überraschte die Wissenschaftler und kurz danach die gesamte Weltpresse, denn es gab kaum einen Nachrichtensender, der nicht von der klugen Krähe berichtete. Das Tier hat praktisch aus dem Stehgreif die Eigenschaften des Materials erkannt und es auf eine Art und Weise bearbeitet, wie es in der Natur nicht vorkommt[220]. Eine Meisterleistung sondergleichen im gesamten Tierreich. Kürzlich konnte sogar belegt werden, dass die Tiere tatsächlich planvoll vorgehen. So wurde ein Experiment kreiert, in dem es mit einem Stäbchen möglich wurde, an ein weiteres, längeres Stäbchen heranzukommen und mit diesem wiederum ein noch längeres Stäbchen zu erreichen. Mit dem letzten, besonders langen Stäbchen war es dann möglich, an die Nahrung zu gelangen[221]. Zweifelsfrei eine sequenzierte, planvolle Handlung.

Ein anderer, berühmt gewordener Vogel heißt Alex und gehörte der Chemikerin Dr. Irene Pepperberg. Nachdem sie 1977 ihre Doktorarbeit abgeschlossen hatte, entdeckte sie das interessante Feld der Mensch-Tier-Kommunikation und kaufte dafür einen ein Jahr alten Graupapagei in der Garden-Variety-Tierhandlung in Chicago. Sie nannte ihn Alex, was als Synonym für ***A**vian-**L**anguage-**Ex**periment* (Vogel-Sprach-Experiment) steht. Alex war nicht nur in der Lage, weit über einhundert Worte zu sagen und noch viele mehr zu verstehen, er war auch in der Lage, den Inhalt des Gesprochenen zu verstehen. Dies steht im krassen Gegensatz zu den meisten anderen Papageien, die nur darauf trainiert sind, menschliche Sprache zu imitieren. Man konnte Alex beispielsweise fragen, welche Farbe Mais habe. Diese Frage konnte er ohne einen entsprechenden Kontext und der tatsächlichen physischen Anwesenheit eines Maiskorns beantworten. Mit anderen Worten: Alex hatte keinerlei Anhaltspunkte, um die Frage zu beantworten, außer eben den Informationen in der Frage selbst. Dennoch lautete seine Antwort: gelb! Nach Pepperberg hatte er ein Konzept von Mais, das er abrufen konnte, und demnach konnte er korrekt die Farbe benennen[222]. Die Liste seiner überraschenden Fähigkeiten ließe sich beliebig verlängern[223]. Es ist schwer vorstellbar, dass er all diese komplexen Tests nur aufgrund eines ausgeklügelten Trainings, einer sogenannten operanten Konditionierung bestanden haben sollte. Zudem hat Irene Pepperberg nicht mit der typischen Belohnung durch Futter gearbeitet, sondern auf soziale Interaktion gesetzt. Leider hat Alex nur die Hälfte des für ihn möglichen Lebensalters von etwa sechzig Jahren erreicht. Als Todesursache für sein plötzliches Dahinscheiden in 2007 wird auf der Seite der »Alex-Stiftung«[224] Herzversagen angegeben, ohne dass dafür ein Grund benannt werden kann. In Deutschland dürfen Graupapageien als sozial lebende Tiere übrigens nicht alleine gehalten werden und brauchen ein großes Gehege[225]. Die Haltung im Privathaushalt ist somit nicht zu empfehlen. Bei einer solchen Überlegung sollten wir auch bedenken, dass wir vermutlich ein Tier mit Persönlichkeit in unseren Haushalt einziehen lassen würden und es plötzlich Mitspracherecht verlangen könnte.

Nicht alle Vögel besitzen so hoch entwickelte kognitive Fähigkeiten wie Rabenvögel und Papageien. Es ist daher auch keine Überraschung, dass diese beiden Gruppen ein besonders großes und entwickeltes Gehirn besitzen. Gemessen an der Körpergröße besitzen Raben zum Beispiel ein Gehirn von der Größe eines Schimpansen[226]. Dabei ist besonders das Vorderhirn, also der Bereich unseres Denkapparates (Prosencephalon), besonders vergrößert[227]. Wenn man bedenkt, dass sich die stammesgeschichtliche Entwicklung von Vögeln und Säugetieren vor ca. 280 Millionen Jahren vollzogen hat und dass die Vorfahren der Wale und Delfine vor 95 Millionen Jahren zurück ins Wasser gewandert sind, dann haben wir hier den Beweis, dass sich Intelligenz auf unterschiedliche Art und Weise entwickelt hat und in unterschiedlich gebauten Gehirnen funktioniert.

Auf den Hund gekommen

Das bin ich zwar nicht, aber in einer Zwickmühle steckt Ihr Autor dennoch. Ihnen als aufmerksamen Lesern ist natürlich nicht entgangen, dass ich Hundebesitzer bin. Ich bin mit einem Hund groß geworden, und ich kann die Jahre, die ich ohne einen Hund gelebt habe, an meinen beiden Händen abzählen. Ich lese in ihrer Körpersprache und weiß um die vielen individuellen Unterschiede und Charaktere. Meine Hunde waren und sind Familienmitglieder, die eine wichtige Rolle in meinem sozialen Netzwerk spielen. Aus diesem Grund stelle ich mir ernsthaft die Frage, ob mich diese Erfahrungen qualifizieren oder disqualifizieren. Auf der einen Seite bin ich vielleicht geneigt, in Hunden weit mehr zu sehen, als sie wirklich sind. Unzählige persönliche Erlebnisse könnten mich, wenn ich ehrlich bin, leicht dazu verleiten. Auf der anderen Seite kann ich mir vielleicht nicht vorstellen, dass Hunde sich selbst bewusste, abstrakt denkende Persönlichkeiten mit einer Vorstellung von Raum und Zeit sind. Schon aus ethischen Gründen hätte ich ein Problem: Wie könnte ich dann zum Beispiel rechtfertigen, dass ich den freien Willen meines Hundes einschränke und ihn ab und an alleine zu Hause lasse oder ihn wie Vieh an der Leine führe. Bedenkt man diese beiden unterschiedlichen Perspektiven, so müsste ich mir selbst die Objektivität absprechen. Dennoch möchte ich an dieser Stelle einige Erkenntnisse, die im Verlauf des Buches als Beispiele aufgetaucht sind, zusammenfassen.

In dem Kapitel über »Kommunikation bei Delfinen« haben wir gelernt, dass nur wenige Tiere dazu in der Lage sind, sich an ihrer Stimme erkennen zu können[228]. Hunde gehören dazu und sind somit Teil des erlesenen Kreises der sozial lebenden Tiere, bei denen die Individualität eine bedeutende Rolle spielen muss. Weiterhin haben wir in dem Kapitel über das Gehirn erfahren, wie wichtig es ist, Gesten oder Blicken folgen zu können, es ist der erste Schritt auf dem Weg zur Abstraktion. Immerhin schneiden Hunde dabei besser ab als unsere nächsten Verwandten[229]. Jedoch haben wir auch erfahren, dass Hunde kein vokales Lernen besitzen, sie können bellen und jaulen, aber sie können keine neuen Laute erlernen. Damit fehlt ihnen die Grundvoraussetzung für den Erwerb einer abstrakten Sprache. Dennoch gibt es einige Hunde, die viele hundert Begriffe für diverse Gegenstände und Spielzeug lernen und verstehen können. Sie sind sogar dazu in der Lage, ein Wort für die Kategorie »Neu« zu verstehen und suchen dann eben den neuen Gegenstand aus einer Vielzahl ihnen bekannter Gegenstände heraus[230]. Im Gegensatz zu Delfinen und

Graupapageien ist es aber bisher noch nicht gelungen, die Kategorie »Nichts« nachzuweisen. Zudem wissen wir, dass Hunde den Spiegeltest nicht bestehen, und nur ganz wenige Individuen sind dazu in der Lage, das Konzept eines Spiegels zu verstehen und ihn als Orientierungshilfe zu verwenden[231]. Nun könnte man argumentieren, dass die Nase das zentrale Sinnesorgan des Hundes darstellt. Dem muss man aber gegenüberstellen, dass Hunde schon auf große Entfernung in der Körperhaltung des entgegenkommenden Hundes Spannungszustände ablesen können. Mit anderen Worten: Sie nutzen ihren optischen Sinn durchaus, um Hundekörper zu beurteilen und in der Körpersprache des anderen Hundes zu lesen. Warum sollten sie sich dann nicht auch selbst in einem Spiegel erkennen können? Hunde haben eine, wenn auch eingeschränkte, Vorstellung von Fairness[232]: Wenn zwei Hunde die gleiche Leistung erbringen, man aber nur ein Tier belohnt, dann wird das von dem anderen Tier wahrgenommen. Belohnt man den einen aber mit leckerer Wurst und den anderen nur mit trockenem Brot, dann macht ihnen das nichts aus. Da sie die Qualitäten der beiden Nahrungsmittel sehr gut unterscheiden können, bleibt diese Diskrepanz ungeklärt.

Alles in allem sind unsere treuen Begleiter hoch entwickelte, soziale Tiere mit einer Reihe von Eigenschaften, die ihnen der durchschnittliche Hundebesitzer nicht zutraut. Mit Sicherheit verdienen sie unseren Respekt, und ich hoffe, dass uns die weitere Forschung mehr Sicherheit dabei geben wird, ihre Leistungen einzuordnen.

Das Kapitel »Der Delfin – kein Einzelfall« zusammenzufassen ist praktisch unmöglich. Wir haben zu viele Fähigkeiten von zu vielen unterschiedlichen Tieren besprochen. Ich hoffe aber, dass die vielen überraschenden Fähigkeiten, die wir in den vergangenen Jahren entdecken konnten, uns anregen, in einigen Tieren Personen zu sehen. Wie sonst sollen wir erklären, dass einige Tiere nachweislich sich selbst bewusst sind, und warum sollen sich eigentlich nicht, gemeinsam mit den unzähligen beachtlichen kognitiven Leistungen, auch Persönlichkeiten entwickelt haben? Daher beleuchten wir im folgenden Kapitel Eigenschaften, die wir bis vor Kurzem ausschließlich uns Menschen zugetraut haben und die wir ursächlich mit uns als Personen verbinden.

Menschliche Gefühle, menschliches Denken?

Gibt es so etwas wie menschliche Gefühle und menschliches Denken überhaupt? Und was davon macht uns zu dem, was wir sind, also zu Personen? Zweifelsfrei teilen wir viele Gefühle wie beispielsweise Angst mit Tieren. Demgegenüber stehen Emotionen, die wir nur uns Menschen zutrauen. Daher fragen wir uns: Können Tiere trauern, lieben und lachen? Haben sie Mitgefühl und ein Gespür für Fairness, richtig und falsch, und haben sie eine Moral?

Liebe

Wenn man sich mit Menschen über den Unterschied zwischen uns und den Tieren unterhält, bekommt man ausgesprochen vielschichtige Antworten zu hören. Das Spektrum reicht von nüchternen Argumenten über emotionale Ausbrüche wie: »Wenn die denken könnten, würden sie es sich nicht gefallen lassen, wie wir sie behandeln«, bis hin zu religiösen Äußerungen wie: »Ihnen fehlt die Liebe, die Liebe zu Gott, den Mitmenschen und dem ganzen Universum«.

Liebe ist für mich als Verhaltensbiologe einer der primitivsten biologischen Mechanismen und es spielt überhaupt keine Rolle ob es die Liebe zu Gott, zum Universum oder dem Partner ist: Seit der Erfindung von zwei Geschlechtern musste sich die Natur einen Mechanismus einfallen lassen, um sie wieder zu vereinen. Wir haben dafür viele Namen: Sexualtrieb, Partnerschaft oder eben Liebe. Auslöser für dieses Verhalten sind chemische Botenstoffe, die uns irgendwie signalisieren: »Ja, das ist der oder die Richtige!«

Da dieser Mechanismus so gut funktioniert hat, hat ihn Mutter Natur im Verlauf der Evolution weiterentwickelt. Daher »lieben« viele Tiere auch ihre Nachkommen, oft mehr als ihr eigenes Leben. Eines der vermutlich unzähligen für solche Mechanismen verantwortlichen Botenmoleküle nennen wir Oxytocin. Entdeckt hat man es im Zusammenhang mit dem Geburtsprozess beim Menschen. Ausgelöst durch die Geburt, wird es in großen Mengen produziert, weil es die Milchproduktion bei Säugetieren anregt. Doch seine Wirkung reicht noch viel weiter, und so spricht man heute umgangssprachlich von Oxytocin als einem Bindungshormon. Mit ihm wird, wie Untersuchungen mit der fMRT (funktionelle Magnet-Resonanz-Tomografie) zeigen, die Bindung zwischen Mutter und Kind, aber auch die Bindung zwischen zwei Liebenden erklärt[233].

Wer auch immer denkt, »Liebe« sei eine menschliche Errungenschaft und würde uns zu dem wertvollen, emotional hoch entwickelten Wesen machen, dass wir gerne sein möchten, der irrt. Liebe ist eine der ältesten Erfindungen und integraler Bestandteil des Lebens. Liebe eint uns, sie trennt uns nicht vom Mitgeschöpf Tier.

Lachen

Sie werden lachen, spätestens, wenn Sie den Zeichentrickfilm »Ratatouille« sehen. Wenn Sie ihn bereits kennen und an ihn denken, wird sich vermutlich ein Schmunzeln auf ihr Gesicht stehlen. Ja, Rémy, der kleine Meisterkoch, hat uns zum Lachen gebracht und uns unsere tiefe Abscheu gegenüber den Krankheiten übertragenden Nagern vergessen lassen. Es spielte auch plötzlich keine Rolle mehr, dass es angeblich mehr Ratten als Menschen in Deutschland gibt. Oder doch? Ist hier Schluss mit lustig, und das ist überhaupt nicht komisch? Sollten vielleicht die Ratten zuletzt lachen? »So ein Quatsch«, werden Sie denken, »Ratten können doch nicht lachen.« Falsch, sie können, und ähnlich wie bei uns Menschen lachen junge Ratten besonders oft. Allerdings tun sie dies in einem Frequenzbereich, den wir nicht hören können. Gut so, denn vielleicht würde uns das Lachen sonst vergehen. Ganz im Ernst, das ist kein Witz: Ratten können Lachen. Sie lachen beim Spielen und wenn sie gekitzelt werden. Lachende Ratten gesellen sich auch lieber zu anderen lachenden Ratten als zu Ratten, die nicht lachen[234].

Untersuchungen deuten darauf hin, dass das Lachen und das damit verbundene Empfinden von Freude eine recht alte Erfindung der Säugetiere ist. Lachen und Freude sind somit keineswegs eine menschliche Domäne. Früher glaubte man, lachen wäre an unsere Sprache gebunden, und da kein Tier spricht wie wir, wurde den Tieren die Fähigkeit zum Lachen und zum Frohsinn abgesprochen. Dabei hätte auch schon damals ein einziger Gedanke dieses Kartenhaus menschlicher Hybris zum Einsturz bringen können: Allein die Tatsache, dass wir mit unseren Säuglingen lachen, aber uns mit ihnen noch nicht unterhalten können, hätte die These ad absurdum geführt. Doch seien Sie bitte nicht enttäuscht darüber, dass andere Tiere lachen und Freude empfinden können. Die Entdeckung kommt uns direkt zugute, denn die Forscher haben begonnen, Ratten zu züchten, die besonders lustig drauf sind. Sie haben die Hoffnung, auf diese Weise einen Mechanismus zu entdecken, mit dem wir vielleicht Menschen mit Depressionen besser helfen können[235]. Vielleicht lacht dann zuletzt ja doch die Ratte (in uns).

Es wird Sie jetzt sicher nicht überraschen, dass auch andere Säugetiere lachen. Wenn man beispielsweise Hunden im Tierheim »Lachgebell« vorspielt, dann sind sie weniger gestresst und sozialer[236]. Hunde wie auch Ratten lachen natürlich auf eine Art und Weise, die wir nicht verstehen. Bei unseren nächsten Verwandten, den Großen Menschenaffen, ist das schon anders: Ihr Lachen erscheint uns vertraut, ihre Mimik erinnert uns an unsere eigene, und auch, wenn wir beim Ausatmen lachen und unsere Verwandten beim Einatmen, klingt es irgendwie ähnlich. Bleibt eigentlich nur, uns darüber zu freuen, dass nicht nur wir Spaß haben.

Trauer

Trauer ist für die meisten Menschen ein zutiefst menschliches Gefühl. Menschen, die mit Tieren zusammenleben, kennen allerdings meist Anekdoten, bei denen sich beispielsweise ein Hund auf das Grab seines Herrchens legt oder nach dem Tod seines geliebten Zweibeiners einfach nicht mehr frisst. Ist dies Trauer? Wer Zeuge eines solchen Verhaltens wird, ist vermutlich davon überzeugt. Aus verhaltensbiologischer Sicht sind diese Anekdoten aber nicht überzeugend, denn es gibt einfach zu viele alternative Erklärungsmöglichkeiten. So ist es leicht vorstellbar, dass mit dem Tod der einzigen sozialen Bezugsperson das Rudeltier Hund einfach nicht mehr weiß, wem es folgen soll, oder dass andere Personen einfach nicht als dominant angesehen werden. Wir können natürlich ein Gefühl der Trauer nicht ausschließen, doch alles ist viel komplizierter, als man denkt.

Es gibt allerdings auch überzeugende Hinweise auf echte tierische Trauer. Wenn zum Beispiel ein sozial lebendes Tier auch nach dem Tod eines Familienmitgliedes oder Freundes in seinem sozialen Netzwerk normal funktioniert und dennoch dem Leichnam besondere Aufmerksamkeit widmet. Seit den ersten systematischen Untersuchungen an Primaten in den Siebzigern des letzten Jahrhunderts[237] wissen Forscher, dass Tiere ein ausgesprochen breites Spektrum an Verhaltensweisen gegenüber einem Leichnam zeigen können. Diese reichen von Kannibalismus über Aversion gegenüber einem verfaulenden Körper bis hin zum seltenen Fall, dass ein mumifiziertes Baby mit herumgetragen wird[238]. Dieses Spektrum an Verhaltensweisen macht natürlich eine Interpretation schwierig. Vor Kurzem wurde aber in Guinea in einer relativ isoliert lebenden Schimpansen-Kolonie eine interessante Beobachtung gemacht[239]: Dort scheint das Herumtragen eines Leichnams keine Ausnahme zu sein, und es wurden in der Gruppe auch keine Anzeichen für Aversionen oder Kannibalismus gefunden. Die Beobachtungen erwecken fast den Anschein, als würde die Gruppe einen gemeinsamen Totenkult besitzen. So wurde zum Beispiel beobachtet, dass die Affen die Leichname pflegten: Mit Stöcken hielten sie die Fliegen fern und sie lasen Krabbeltiere vom Leichnam ab.[240]

Die Forscher vermuten, dass diese Maßnahmen dazu führen, dass der Leichnam besser mumifiziert. Ohne diese Pflege würden zahlreiche Insekten ihre Brut in das tote Tier ablegen, und es käme zu einer viel stärkeren Geruchsentwicklung. Zweifelsohne kann dieser positive Effekt durch Zufall entstanden sein, und zweifelsohne kann eine solche Beobachtung ab und an vorkommen. Es ist aber nicht sehr wahrscheinlich, dass mehrere Tiere in einer kleinen Gruppe durch Zufall ein ähnliches Verhalten zeigen. Außerdem muss man berücksichtigen, dass für das Herumtragen eines Leichnams eine eigene Tragetechnik genutzt wird und dass das Tragen eines Leichnams, oft über Monate, eine gewaltige Belastung darstellt. Für Forscher eher untypisch, aber sehr sympathisch, schließen sie ihren Bericht mit folgenden Worten: »Wie auch immer, wir hoffen, dass weitere Daten über diese bereits sehr gefährdete Schimpansengemeinschaft sobald nicht zur Verfügung stehen.«[241]

Kombiniert man diese Beobachtungen mit Beobachtungen aus der Gefangenschaftshaltung, so darf man durchaus andächtig innehalten.

Am 7. Dezember 2008 ereignete sich im Blair-Drummond-Safaripark in Schottland ein beeindruckender und vor allen Dingen per Video gut dokumentierter Sterbefall: Dem fünfzig Jahre alten Weibchen Pansy ging es seit einigen Wochen nicht gut. Nachdem ihr Bewegungen schwerfielen, bereitete ihre ebenfalls fünfzig Jahre alte Freundin Blossom ihr das Nachtquartier, und andere Gruppenmitglieder platzierten sich in ungewöhnlicher Weise in ihrer Nähe und betrieben Fellpflege an ihr. Um fünfzehn Uhr stolperte Pansy noch einmal umher, blieb schließlich im Nest eines anderen Gruppenmitgliedes liegen und starb eine gute Stunde später. Direkt im Anschluss daran überzeugten sich ihre Gruppenmitglieder von ihrem Tod, indem sie verschiedene Körperteile manipulierten, ihr ins Gesicht sahen und versuchten, ihr den Mund zu öffnen. Ihre Tochter verbrachte die Nacht in ihrer unmittelbaren Nähe an einer Stelle, an der sie noch nie zuvor geschlafen hatte[242]. Der ungewöhnlich anrührende und doch wissenschaftlich sachliche Bericht sowie einiges Videomaterial sind es wirklich wert, gesehen und gelesen zu werden.[243]

Natürlich bedarf es weiterer Beobachtungen, auch an anderen Orten, um die Ursachen für dieses Verhalten wirklich zu erkennen, aber dennoch sind die Beobachtungen mehr als beeindruckend und decken sich mit solchen bei Delfinen.[244]

Primaten und Delfine sind aber nicht die einzigen Tiere, die trauerndes Verhalten zeigen, auch bei Elefanten gibt es hierzu beeindruckende Beobachtungen. Vielleicht erinnern Sie sich an abenteuerliche Afrikafilme und den Mythos der »Elefantenfriedhöfe«. Vor unserem inneren Auge sehen wir förmlich die Luft über der Savanne flimmern, gebleichte Elefantengebeine liegen im Sand. Wir sehen ein fieses Grinsen in einem verschwitzten Gesicht und uns ist klar, dass dieser Friedhof geschändet wird, denn das Elfenbein der toten Tiere ist ein wahrer Goldschatz. Ein Mythos, aus dem Träume und Filme entstehen. Doch der Mythos hat einen wahren Kern, denn tatsächlich gibt es unzählige Beobachtungen eines wahrhaften Totenkultes bei Elefanten[245]. So erkennen sie zum Beispiel Skelette ihrer Artgenossen, wohingegen ihnen andere Skelette scheinbar egal sind. Stirbt ein Tier, kann man bei einer ganzen Gruppe ein völlig verändertes Verhalten beobachten. Es reicht von veränderten Kommunikationslauten bis hin zu aktiven Begräbnisritualen wie dem Bedecken des Körpers mit Pflanzen. In solchen Situationen berichten Forscher auch von Tränen in den Augen der trauernden Tiere[246].

Bei diesen Beispielen muss man sich einfach fragen: Warum zeigen diese hoch entwickelten Tiere gegenüber einem Leichnam ein so spezielles Verhalten? Für diejenigen unter Ihnen, die vielleicht eher mechanistische Ursachen wie die Wirkung bestimmter Hormone in Betracht ziehen, eine kleine Anmerkung: Inwieweit können und wollen wir Menschen denn ausschließen, dass diese Mechanismen nicht auch für unsere Trauer verantwortlich sind?

Wie dem auch sei: Um den Tod eines Individuums überhaupt wahrzunehmen, zu verarbeiten und zu verstehen, müssen sich die Tiere in irgendeiner Form in das tote Tier hineinversetzen und zwischen Leben und Tod unterscheiden können. Die dazu erforderlichen Fähigkeiten werden unter den Begriffen »Mitgefühl« und *Theory of Mind* zusammengefasst.

Von Mitgefühl und *Theory of Mind*

In diesem Abschnitt geht es um zwei eng miteinander verbundene Fähigkeiten: Mitgefühl, also die Wahrnehmung der Gefühle eines anderen und der *Theory of Mind*, also der Fähigkeit, sich in jemand anderen hineindenken zu können. Ohne die Vorstellung über das Denken und Handeln anderer wären wir keine Menschheit, sondern nur eine Ansammlung individuell agierender Organismen, die noch nicht einmal dazu fähig sind, zu erkennen, dass es andere Ichs überhaupt gibt. Selbst wenn wir ein Selbstbewusstsein entwickelt hätten, so würden wir so empfinden, als seien wir die einzige Person auf unserem Planeten.

Für den Begriff *Theory of Mind (ToM)* gibt es keine einfache deutsche Übersetzung, er hat sich wie so viele Anglizismen in unsere Sprache geschlichen. Manchmal spricht man im Deutschen von Mentalisierung, aber auch dieser Begriff bedarf einer gewissen Erklärung. Wie oben schon erwähnt, beschreibt er die Fähigkeit, sich in ein anderes Individuen hineinversetzen zu können und daher im Prinzip die Grundlage für Mitgefühl und Verständnis, aber auch für die Manipulation eines anderen Individuums. Fast alle Entscheidungen, die wir Menschen treffen, basieren auf Erwägungen im Sinn der *Theory of Mind*, denn die meisten davon betreffen nicht nur uns selbst. Bewusst oder unbewusst ziehen wir mögliche Gedanken und Gefühle anderer mit ins Kalkül. Das Naschen einer Süßigkeit, eine vermeintlich sehr auf mich selbst bezogene Handlung, wird schnell zum komplexen Entscheidungsprozess, wenn ich dabei an die Worte meiner Frau denke: »Karsten, du musst wirklich aufpassen, dass du nicht ein schlechtes Vorbild für unsere Jungs bist.« Der Griff zu einem Stück Schokolade führt also zu einem vielschichtigen Gedankenkonstrukt, das mein gesamtes nahes soziales Netzwerk miteinbezieht. Witzig, die Vorstellung: Ich stehe alleine vor meinem Süßigkeitenschrank – warum kann ich nicht einfach beherzt zugreifen und genießen?

Die Entdeckung der im Abschnitt »Gehirnanatomie« beschriebenen Spiegelneuronen hat in den vergangenen Jahren dazu geführt, dass wir die Perspektivenübernahme, also das gedankliche und emotionale Hineinversetzen in eine andere Person, genauer differenzieren. Wir unterscheiden dabei zwischen dem gefühlten, sprich emotionalen Hineinversetzen (teilweise mithilfe der Spiegelzellen) und dem intellektuellen, sprich gedanklichen Hineinversetzen, der *Theory of Mind*. Zwar lassen sich die Funktionen im Gehirn räumlich gut trennen und auch theoretisch gut beschreiben, in der Realität arbeiten aber beide Bereiche Hand in Hand. Daher ist es schwer zu beurteilen, ob ein bestimmtes Verhalten emotional oder kognitiv motiviert ist.

Mitgefühl

Zweifelsfrei haben Tiere Gefühle, und wie wir gelernt haben, sogar solche, die wir gemeinhin als typisch menschliche Gefühle betrachten. Die Frage ist nur: Haben Tiere auch Mitgefühl, also Gefühle für oder über andere? Vermutlich wird es Sie überraschen, aber selbst Mäuse scheinen Mitgefühl zu haben. Zumindest reagieren sie auf Artgenossen, die mit Elektroschocks gestresst werden[247]. Die Biologen schlussfolgern aus der Tatsache, dass genetisch unterschiedliche Mäusestämme unterschiedlich auf die geschockten Nachbarn reagieren, dass Mitgefühl bereits genetisch angelegt ist und nichts mit Sozialisierung oder individuellen Erfahrungen zu tun hat. Diese Experimente sollen Licht in unser Verständnis über Mitgefühl bringen. (Die Fans von Douglas Adams Buch »Per Anhalter durch die Galaxis« wissen, dass eigentlich die Mäuse das Experiment durchführen, und deren Schlussfolgerungen über das Mitgefühl der menschlichen Experimentatoren liegen zweifelsfrei auf der Hand.)

Die Wahrnehmung des Stresses der geschockten Nachbarmäuse hat den Vorteil, dass die Stresslaute wie eine Warnung wirken. Mäuse, die in der Nähe und nicht in einem Käfig gefangen sind, würden versuchen, das Weite zu suchen. Mitgefühl kann also durchaus egoistisch motiviert sein und hat nichts mit Mitleid zu tun.

Betrachten wir ein anderes Beispiel: Bitte erinnern Sie sich an die Rabenvögel, die ihre Nahrung verstecken. Sie sind dazu in der Lage, das Verhalten ihrer Artgenossen zu beobachten, auszuwerten und daraufhin ihr eigenes Verhalten auszurichten – eine Fähigkeit, die am ehesten mit der *Theory of Mind* beschrieben werden könnte. Auch diese Form des Sich-in-jemanden-Hineinversetzens ist egoistisch begründet. Die Entwicklung der Fähigkeit, das Verhalten von anderen vorauszusehen, hat ganz offenkundig einen direkten Nutzen. Wenn ich beispielweise weiß, dass ein Vogel gerade seine Nahrung verstecken will, dann beobachte ich ihn doch lieber und mache mich dann über seine Vorräte her, als dass ich selbst auf die Jagd gehe. Eine solche Strategie ermöglicht einen energie- und risikoarmen Nahrungserwerb. Ein Wesen mit diesen Eigenschaften oder eine Maus, die vor Panikrufen davonläuft, hat also evolutiv gesehen einen Vorteil und wird sich langfristig durchsetzen.

Damit wären Mitgefühl und *Theory of Mind* erklärt, fertig. Doch leider ist das alles nicht so einfach, denn was ist mit dem umgekehrten Fall? Was ist, wenn man diese Fähigkeit nicht zum eigenen Vorteil, sondern zugunsten eines anderen Individuums einsetzt? Das ergibt evolutiv doch keinen Sinn, wo wäre denn da der Vorteil?

Aus evolutionsbiologischer Sicht betrachtet wäre ein solches Verhalten in der Tat Energieverschwendung, und Tiere, die sich so verhalten, wären über kurz oder lang ausgestorben. Nun gibt es in der Biologie eine ganze Reihe von Beispielen, bei denen sich Tiere uneigennützig Verhalten. Die Biologen sprechen von Altruismus. Die Arbeiter bei staatenbildenden Insekten wie Termiten, Ameisen und Bienen zum Beispiel, verhalten sich altruistisch gegenüber ihrem Staat und opfern ohne zu zögern ihr Leben für das Gemeinwohl. Erwachsene Herdentiere positionieren sich ohne Bedenken in einem äußeren Ring, um die Jungtiere in der Mitte zu schützen. Die Frage ist nur: Tun sie das aus Mitgefühl? Sie werden die Antwort vermutlich erwartet haben: Nein, natürlich nicht, und ihr Verhalten lässt sich sehr einfach durch Selektion erklären. Eine Kuh, ein Schaf oder ein anderes Herdentier muss nicht unbedingt Mitgefühl empfinden, um die Jungtiere in die Mitte der Herde zu lassen. Ein solches Verhalten lässt sich auch einfacher erklären: Im Verlauf der Evolution haben nur die Kälber überlebt, deren Eltern sich für sie geopfert haben. Somit trugen die überlebenden Kälber bereits diese »Opfergene« in sich und haben sich ihrerseits auch wieder gerne geopfert. In einer Herde, in der sich die alten Tiere nicht für ihre Nachkommen geopfert haben, wurden zwangsläufig viele Jungtiere leichte Beute. Evolutiv gesehen konnten sich also die »Opfergene« besser durchsetzen.

Ähnlich sieht die Situation natürlich auch bei staatenbildenden Insekten aus: Auch da ist es von Vorteil, Opfer zugunsten der Nachkommen zu erbringen. Königinnen, die Nachkommen hervorbringen, die sich nicht für sie opfern, wären schnell ausgestorben. Nun stellt sich die Frage: Warum hilft zum Beispiel ein Delfin einem ertrinkenden Menschen? Der Zufall fällt als Erklärung aus, denn es gibt zu viele Beispiele dafür, und diese reichen weit in die menschliche Kulturgeschichte zurück.

Beobachtungen an wild lebenden Delfinen unterstützen heute die Hypothese von uneigennützigem Verhalten. Einerseits gibt es eine ganze Reihe von Beobachtungen, bei denen ein Delfin einem anderen seiner Art beigestanden hat[248], ohne dass die Tiere verwandt oder befreundet waren. Andererseits gibt es sogar Beobachtungen, bei denen Delfine Individuen einer anderen Art beistanden[249]. So konnte man vor einigen Jahren in Neuseeland beobachten, wie ein Delfin zwei Walen, die sich im Flachwasser verirrt hatten, den Weg aus der Falle wies. Diese Beobachtungen sind aber nicht auf Delfine beschränkt.

In einem anderen Fall bot sich einigen Touristen auf einem Whalewatchingboot ein unglaubliches Erlebnis: Sie wurden Zeugen, wie einige Orcas versuchten, das Kalb eines Grauwals abzudrängen und zu töten. Nach kurzer Zeit erschienen zwei Pottwale, die der Grauwal-Familie beistehen wollten. Leider kam ihre Hilfe zu spät, und das Jungtier wurde trotz ihres Eingreifens tödlich verletzt. Daraufhin konnten die Touristen beobachten, wie die Pottwale die Orcas verscheuchten und wieder zurück zum Grauwal und dem toten Kalb schwammen[250]. Nicht zuletzt sprechen die unzähligen Anekdoten, in denen Delfine Menschen vor dem Ertrinken oder vor Haien gerettet haben, auch für ein artübergreifendes Hilfeverhalten und ein Verständnis des Konzeptes einer Notsituation. Interessanterweise gilt dies auch umgekehrt: So überraschte am 11. Januar 2013 ein Delfin eine Gruppe von Tauchern vor Hawaii. Das Tier hatte eine verhedderte Angelsehne mit Haken an seiner Seitenfloße und präsentierte sein Problem den überraschten Besuchern der Unterwasserwelt. Nach kurzem Zögern agierten diese beherzt und versuchten die Angelsehne zu entfernen. Als dies nicht so einfach funktionierte, akzeptierte der Delfin sogar ein gezücktes Messer. Glücklicherweise wurde die gesamte Situation gefilmt[251], und so gibt es keinen Zweifel daran, dass der wild lebende Delfin die Menschen eindeutig um Hilfe gebeten hat. Ein unglaubliches Beispiel für artübergreifendes Vertrauen. Das ist alles andere als selbstverständlich, denn die Notsituation muss erst einmal erkannt, die Ursache und Wirkung analysiert werden und man muss sich dann ein Verhalten überlegen, das in der Situation hilfreich ist.

Als wahre »Mitgefühlgiganten« könnte man Elefanten bezeichnen. Es gibt wohl keine Art, bei der man ein so vielfältiges und allgemein angewendetes Mitgefühl und Hilfsverhalten dokumentieren konnte. So gibt es unzählige Beobachtungen von ganz erstaunlichen Verhaltensweisen wie diesen: Ein Jungtier hatte eine Plastiktüte aufgenommen und wollte diese verschlucken. Das

Muttertier erkannte dies und zog ihm die Plastiktüte aus dem Maul heraus. Dann behielt sie sie einige Sekunden und warf sie anschließend weg[252].

Viele der oben bei Walen, Delfinen und Elefanten beschriebenen Verhaltensweisen lassen sich auch bei Menschenaffen beobachten. Interessant ist, dass diese Beispiele oft nicht mit einfachen biologischen Mechanismen erklärt werden können, daher werden auch komplexere Theorien in Betracht gezogen. Eine ausgesprochen plausible Erklärung ist der sogenannte reziproke Altruismus, den Forscher schon vor dreißig Jahren für Delfine postuliert haben.[253] Interessanterweise ist die Diskussion heute immer noch nicht abgeschlossen[254] (mehr dazu im Abschnitt »Der große Unterschied«). Man geht dabei davon aus, dass ein Tier oder auch der Mensch bereit ist, einem anderen Tier oder Menschen zu helfen, unabhängig davon, ob der Hilfebedürftige ein Mitglied der eigenen Familie ist oder nicht. Folgt man der Theorie, so ist dieses Verhalten auf das eigene soziale Netzwerk beschränkt und damit in der Regel auch auf die eigene Art. Ein reziproker Altruist hilft also einem anderen, weil er hofft, dass ihm im Notfall ebenfalls geholfen wird. Anderen zu helfen ist somit eine Art »Versicherung« für den Fall, dass es einem selbst einmal schlecht geht. Daher ist es also eine gute Idee, möglichst vielen zu helfen. Dafür werden bis zu einem gewissen Grad Risiken in Kauf genommen und Energien verwendet. Das Problem an der Theorie ist nur, dass Betrüger übervorteilt würden. Es wäre nämlich ein Leichtes, selbst nicht zu helfen, aber darauf zu vertrauen, dass alle anderen jederzeit hilfsbereit sind. Die Helfer würden also ihre Energie an die Betrüger sinnlos verschwenden. Die Evolution ist da gnadenlos, die Vertreter mit Helfersyndrom wären im Nu wieder ausgestorben. Sind sie aber nicht, und daher setzt die Theorie auch eine wichtige Grundannahme voraus. Diese ist für uns Menschen aber gar nicht so leicht zu akzeptieren und rüttelt erneut an unserem Thron: Das System funktioniert nur, wenn sich die Teilnehmer des Systems kennen. Ich muss wissen und es mir ein ganzes langes Leben lang merken, wem ich geholfen habe, wer mir geholfen hat und wem ich vielleicht einmal geholfen habe, der mir aber nie geholfen hat. Mit anderen Worten: Ich muss wahre Freunde von Schwätzern trennen können und muss wissen, wer ein Sozialschmarotzer ist und wer nicht. Eine Leistung, die, wie ich aus meinem privaten Sozialleben weiß, wahrlich nicht einfach ist.

Ein solches System funktioniert nur unter Tieren, die ein leistungsfähiges Gehirn haben. Sie müssen zwischen unterschiedlichen Individuen unterscheiden können, ein ausgesprochen gutes Gedächtnis haben und sie brauchen die Fähigkeit, sich in ein anderes Wesen hineinversetzen zu können. Das meint: Sie brauchen ein autobiografisches Ich – auch eine Eigenschaft, die von Philosophen gemeinhin nur uns Menschen zugesprochen wird.

Diese Theorie erklärt jedoch in keiner Weise, warum Individuen einer anderen Art geholfen wird. Wenn wir nicht annehmen wollen, dass die Tiere eine Hilfsbereitschaft entwickelt haben, die der unseren ähnlich ist, dann haben Biologen noch einige Arbeit vor sich.

Die Theory of Mind (ToM)

Strengen Verhaltensbiologen, die nach den Regeln der vergleichenden Psychologie arbeiten, reicht die bloße Beobachtung von tierischem Verhalten nicht aus. Sie wünschen sich eine Situation, in der möglichst alle Faktoren, die einen Einfluss auf das Verhalten haben könnten, ausgeschlossen sind. Sie wollen vollständige Kontrolle über alle äußeren Reize. Dies funktioniert natürlich nur in einem kontrollierten Experiment und leider auch meist nur mit gefangenen Tieren.

Erste Ideen zur *Theory of Mind* bei Tieren wurden bereits in den 70er-Jahren veröffentlicht[255]. Bei einem aktuellen und sehr überzeugenden Experiment saßen zwei Affen in getrennten Käfigen und mussten sich über eine kleine Öffnung verschiedene Werkzeuge reichen[256]. Der Trick war, dass die Wand zwischen ihnen entweder durchsichtig war oder keinen Blick in den anderen Käfig erlaubte. Einer der beiden Schimpansen saß nun in seinem Käfig mit allen möglichen Werkzeugen, unter anderem mit einem Spazierstock, dessen Griff man als eine Art Widerhaken benutzen konnte. Der andere Schimpanse saß in seinem Käfig, aber seine Nahrung befand sich außerhalb seiner Reichweite. Er musste also seinen Kumpel um das passende Gerät bitten, um daran zu gelangen, in diesem Fall den Spazierstock. Wenn die Käfigwand transparent war, wurde ihm tatsächlich das richtige Werkzeug gereicht. Im Fall der undurchsichtigen Käfigwand wurde mal das eine und mal das andere Werkzeug gereicht. In letzterem Fall gab es allerdings eine Ausnahme: Der Schimpanse Ayumu schaute einfach durch die kleine Öffnung und sah sich das Problem selbst an, woraufhin er das richtige Werkzeug herüberreichte. Aus diesem Experiment lernen wir zwei Dinge: Einerseits können Schimpansen eine Situation erfassen, einen Zusammenhang herstellen und die Intention eines anderen Schimpansen verstehen. Andererseits bedeutet das Ergebnis, dass die Tiere kein Wort für Spazierstock haben.

Das folgende Beispiel macht die Fähigkeit, sich in jemanden anderen hineinzuversetzen, noch deutlicher: Ich hoffe, Sie können sich noch an das Experiment mit der »Affenbörse« erinnern. Dort hatten die Tiere gelernt, mit ihren Token Nahrung zu kaufen. Stellen Sie sich nun vor, ein Versuchstier hätte eine kleine Kiste mit einer großen Anzahl von Token. Das Spannende ist nun, dass es zwei unterschiedliche Arten von Token gibt: Für die eine Art bekommt nur das Versuchstier Futter und für die andere Art bekommen das Versuchstier und sein Kumpel im Nachbarkäfig etwas zu beißen. Für das Versuchstier spielt es praktisch überhaupt keine Rolle, ob es den einen oder den anderen Token herausgibt, es bekommt sein Futter in jedem Fall, ja, es müsste noch nicht einmal darüber nachdenken, dass es unterschiedliche Token gibt. Die Frage ist nun: Würde das Versuchstier freundlicherweise an seinen Kumpel im Nachbarkäfig denken? Es stellt sich also die Frage: Ist das Versuchstier, in diesem Fall ein Schimpanse, überhaupt dazu in der Lage, die Situation zu erfassen, oder greift es willkürlich mal zu dem einen und mal zu dem anderen Token?

Noch vor wenigen Jahren hätten die meisten Wissenschaftler gezögert, ein solches Experimentes auch nur in Erwägung zu ziehen, und es schon gar nicht öffentlich diskutiert. Das nachsichtige Lächeln und höfliche Schweigen der Kollegen hätte jede Diskussion im Keim erstickt, und der mutige Wissenschaftler hätte beschämt die Augen niedergeschlagen und den Abgang gemacht. Doch die aktuellen Experimente belehren uns eines Besseren[257]: Tatsächlich werden die Token bevorzugt, mit denen es möglich wird, dass auch der Nachbar etwas zu fressen bekommt. Mehr noch: Wenn der Nachbar freundlich auf sich aufmerksam macht, bekommt er sogar mehr. Aber wehe, er ist unhöflich und beginnt zu spucken, dann ist Schluss mit Freundschaft, und die Token für gemeinsames Fressen werden drastisch reduziert. Der Affe war also in der Lage, sich in den anderen hineinzuversetzen und aus Mitleid oder Gerechtigkeitsempfinden dafür zu sorgen, dass er auch Futter bekommt.

Ähnliche Experimente sind an vielen Universitäten der Welt durchgeführt worden, und heute gibt es keinen Zweifel mehr daran, dass zumindest Schimpansen eine *Theory of Mind* entwickelt haben[258].

Fairness und Moral

Nachdem wir seit einigen Jahren wissen, dass wir nicht die einzigen Lebewesen mit einer *Theory of Mind* sind, können wir wenigstens von uns behaupten, dass wir aus dieser Fähigkeit heraus Aspekte entwickelt haben, die uns doch einmalig machen. So haben wir beispielsweise eine Moral entwickelt und ein Verständnis von Fairness – aber sind wir damit wirklich allein?

Ein klassisches, aber echt unfaires Experiment, geht ungefähr so: Man nehme zwei Kapuzineräffchen in getrennten Käfigen sowie eine Person, die den Äffchen Nahrung gibt, und trainiere die Tiere dahingehend, dass sie ihre Nahrung nur bekommen, wenn sie der Person ein Steinchen geben, also: Steinchen gegen Nahrung. Sobald die Tiere das begriffen haben, steht der Versuchsaufbau. Beide Tiere bekommen für die gleiche Leistung, nämlich ein Steinchen im Käfig zu suchen und es dem Trainer zu geben, die gleiche Belohnung, zum Beispiel ein Stück Gurke. Nun ändert der Trainer sein Verhalten und begeht eine kleine Gemeinheit: Das eine Äffchen wird weiterhin mit Gurke, das andere aber mit einer weitaus begehrteren Weintraube entlohnt. Das Resultat: Das arme Tier, das nur die Gurke bekommt, ist frustriert und beginnt gegen den Versuch zu rebellieren: Es verweigert die Nahrungsaufnahme oder wirft die Nahrung sogar nach der fütternden Person[259]. Bei Schimpansen ging das sogenannte Ungleichheitsaversions (*Inequity-Aversion*)-Experiment sogar noch einen Schritt weiter: Der Schimpanse, der die bessere Nahrung bekam, begann nämlich ebenfalls die Nahrungsaufnahme zu verweigern[260] – ein Verhalten, das bei Kindern erst im Alter von sechs bis acht Jahren zu beobachten ist[261]. Eine solche Protestreaktion ist ohne eine *Theory of Mind* und die Fähigkeit zu moralischen Erwägungen nur schwer oder gar nicht zu erklären.

Keine Frage, dass diese Experimente erneut am Grundgerüst unserer menschlichen Vorstellungen rütteln. Dennoch gilt es nicht als bewiesen, dass Menschen und Primaten aus dem gleichen Grund gleich reagieren, und so wird es wohl noch einige Experimente zu diesem Thema geben.

Fälschliche Annahmen

Wir alle kennen das: Sie wissen genau, dass Sie recht haben, aber der andere will es einfach nicht begreifen. Der eine glaubt an Jesus, der andere an Mohammed und der nächste ist Pastafarianer. Alles eine Frage der Perspektive und der Grundannahme, und ob diese richtig sind oder nicht – wer kann das schon sagen? Vielleicht können Sie sich noch an den Moment erinnern, als Sie sich gefragt haben, ob es den Weihnachtsmann wirklich gibt? Wie alt waren Sie? Fünf, sechs oder sieben Jahre? Mit großer Wahrscheinlichkeit älter als vier. Warum? Sie mussten eine bestimmte Fähigkeit entwickelt haben, nämlich die, erkennen zu können, dass Sie wie auch andere von falschen Annahmen ausgehen können und dass die Welt kein Ponyhof ist, auf dem der Weihnachtsmann der Weihnachtsmann und Mohammed der Prophet ist.

Diese Leistung wird bei uns Menschen in einem relativ kleinen, nur ein paar Zentimeter großen, aber sehr spezialisierten Gehirnareal erbracht. Forscher nennen es RTPJ (*Right Temporal Parietal Junction*). Es sitzt über unserem rechten Ohr und entfaltet seine Tätigkeit im Verlauf unserer Kindheit. Um dieses Areal besser zu verstehen, möchte ich Sie in die Welt von Rebecca Saxe[262] entführen, einer jungen, aber schon recht bekannten Forscherin am »Massachusetts Institute of Technology«.

Stellen Sie sich vor, Sie erzählen dreijährigen, fünfjährigen und siebenjährigen Kindern eine Geschichte von zwei Piraten, nennen wir sie A und B. Damit die Geschichte besser verstanden wird, benutzen Sie zur Veranschaulichung Playmobilpiraten. Die Story ist eigentlich ganz einfach: Der Pirat A isst gerne Käsesandwichs, weil er aber Durst hat, legt er das Sandwich auf den Tisch und holt sich etwas zu trinken. Sie wissen, Piraten leben auf Inseln in der Karibik, und da kann es schnell mal passieren, dass ein kräftiger Wind das Sandwich vom Tisch weht. Nun kommt Pirat B, der ebenfalls Käsesandwichs mag und auch Durst hat. Also legt auch er sein Käsesandwich auf den nunmehr leergefegten Tisch und verschwindet. Nun kommt Pirat A wieder zurück und greift sich das Sandwich auf dem Tisch. Für uns Erwachsene ist die Situation völlig klar: Pirat A denkt, auf dem Tisch liege sein Sandwich, und so hat er jedes Recht der Welt, es genüsslich zu verspeisen. Doch wie denken die unterschiedlich alten Kinder über die Situation?

Ein dreijähriges Kind wird auf die Frage, welches Sandwich der Pirat A nehmen sollte, immer antworten: das vom Fußboden, denn dieses und kein anderes sei seines. Ein Kind mit drei Jahren kann sich einfach nicht vorstellen, dass eine andere Person aufgrund ihrer Wahrnehmung eine falsche Entscheidung treffen kann. Forscher nennen dies einen *false believe*, also einen »falschen Glauben« oder eine »unrichtige Auffassung«. Fragt man das Kind, warum der Pirat wohl das Sandwich auf dem Tisch genommen hat, so wird es nicht antworten, dass er gedacht hat, es wäre seins, sondern dass er vielleicht kein Sandwich vom Fußboden haben wollte. Es hat also somit kein Verständnis für die Gedankenwelt eines anderen. Das Kind lebt in einer einfachen, ja vielleicht wahrhaft unschuldigen Welt, in der alles so ist, wie es scheint oder wie man es sieht. Doch wie würde ein fünfjähriges Kind entscheiden?

Das fünfjährige Kind hat eine klare Vorstellung von der Situation. Es weiß, dass Pirat A nicht gesehen hat, dass der Wind sein Sandwich weggepustet hat, und dass er darum gar nicht anders kann, als das Sandwich auf dem Tisch für seines zu halten. Natürlich weiß auch das fünfjährige Kind, dass das eigentliche Sandwich von Pirat A auf dem Boden liegt. Fragt man nun das fünfjährige Kind, ob der Pirat richtig oder falsch gehandelt habe und ob er bestraft werden müsse, dann hält ein fünfjähriges Kind eine Bestrafung für richtig, denn der Pirat A hat ja tatsächlich das Sandwich von jemand anderem gegessen. Es ist einem Fünfjährigen nicht möglich, ein gerechtes Urteil zu fällen. Tatsächlich kann man Pirat A keinen Vorwurf machen, denn er wusste es ja nicht besser.

Einem siebenjährigen Kind ist dieser Zusammenhang klar, und es würde eine gerechte Entscheidung fällen. Die Fähigkeit, sich in die Welt eines anderen hineinzudenken, entwickelt sich also erst in den ersten Lebensjahren, und es ist erst im Alter von durchschnittlich sieben Jahren möglich, daraus auch moralische Schlüsse zu ziehen. Ab diesem Alter kann man auch beobachten, dass das RTPJ-Areal seine spezifische Aufgabe wahrnimmt. Es wird aktiv und wird auch nur dann aktiv, wenn wir über das Denken anderer nachdenken und dieses Denken interpretieren und werten. Ein wenig beängstigend ist die Vorstellung, dass Rebecca Saxe bei Versuchen mittels starker Magnetimpulse dazu in der Lage war, das Areal für einige Zeit lahmzulegen. Unter diesen Bedingungen fällen wir Urteile, die wir normalerweise für unmoralisch halten würden, und so würde unser armer Pirat A bestraft werden. Aber was soll's, ist nicht so schlimm, schließlich ist er ja ein Pirat, und der wird schon irgendetwas ausgefressen haben …

Die moralisch integere Entscheidung unseres Schimpansen, keine Nahrung anzunehmen, wenn nicht auch der Mitgefangene etwas bekommt, sieht in diesem Licht um einiges bemerkenswerter aus, oder? Aus diesem Grund hat die Fachzeitschrift »Social Justice Research« 2012 eine Sonderausgabe zum Thema »Justice in Animals« herausgegeben.

Doch wie kann man *false believes* experimentell bei Tieren testen? Genau wie bei den Kindern wird auch in diesem Fall mit dem Phänomen einer falschen Interpretation oder einer fälschlichen Auffassung gearbeitet. Leider ist die Faszination für Piraten bei anderen Primaten nicht so stark ausgeprägt wie bei unseren Kindern. Daher mussten sich die Forscher einen Test ausdenken, der für die Versuchstiere attraktiv ist und der auch mit Kindern funktioniert[263]. Bei dem Versuch gab es drei Beteiligte: den Versuchsleiter, das Kind oder den Affen und eine weitere Person, die mit Kind oder Affen in Konkurrenz stand. Das Experiment selbst war wieder extrem simpel: Der Versuchsleiter platzierte einen Sticker für das Kind oder ein Stückchen Frucht für den Affen unter einem von zwei Bechern. Der Trick war, dass der Affe oder das Kind dies nicht sehen konnten. Der Konkurrent hatte aber ein uneingeschränktes Blickfeld und machte dies durch interessiertes und aufmerksames Beobachten deutlich. Das Kind, als auch der Affe, musste also wissen, dass der Konkurrent wusste, unter welchem Becher der begehrte Gegenstand lag. Nun wurde die Abdeckung entfernt und das Kind/Affe konnte beide Becher sehen. Der Versuchsleiter lud nun den Konkurrenten ein, einen Becher zu greifen, verhinderte dies jedoch im letzten Moment. Kind/Affe wusste nun also, dass der begehrte Gegenstand unter dem Becher lag, den der Konkurrent haben wollte. Sowohl Kinder als auch Affen bestanden diesen Test. Nun erfolgte der zweite Schritt: Die Handlungen wurden wiederholt und wieder konnte nur der Konkurrent sehen. Nachdem die Abdeckung wieder entfernt wurde und der Versuchsleiter gerade den Konkurrenten bitten wollte, einen Becher zu ergreifen, wurde der Konkurrent von draußen gerufen und verließ kurz den Raum. In diesem Moment nahm der Versuchsleiter mit den Kindern oder Affen Blickkontakt auf und versuchte deren Aufmerksamkeit zu gewinnen. War dies geschehen, wurden beide Becher vertauscht und der Konkurrent kam mit einem *false believe* zurück in den Raum. Er wurde nun erneut gebeten einen Becher zu greifen und erneut wurde dies verhindert, um dem Kind oder Affen die Möglichkeit zu geben, eine Wahl zu treffen. Ein Individuum mit der Vorstellung, dass der Konkurrent einen *false believe* haben muss, würde somit zu dem Becher greifen, den der Konkurrent nicht haben wollte. Diesen eindeutigen Test bestanden tatsächlich nur die fünf Jahre alten Kinder. Interessanter Weise wurde aber beobachtet, dass die Affen deutlich länger als man erwarten würde ihren Blick auf dem richtigen Becher ruhen ließen. Dies deutet darauf hin, dass in irgendeiner Form ein gedanklicher Prozess stattgefunden hat, der möglicherweise einen echten *false believe* mit ins Kalkül gezogen hat. Die Forscher wollen darum auch nicht ausschließen, dass ein anderer unbekannter Einfluss zu der Entscheidung der Affen geführt hat. Hinzu kommt, dass andere Experimente den Versuchstieren ein *false believe*[264] zugestehen.

Der große Unterschied!

Unterhält man sich mit intellektuellen Menschen über den »großen Unterschied« zwischen uns Menschen und den Tieren, dann kommt man irgendwann unweigerlich zu dem Punkt, bei dem es um das Denken über das Denken geht. Wir Menschen sind dazu in der Lage, nicht nur zu denken, wir können zudem auch über unser Denken nachdenken. Ich könnte mich beispielsweise fragen, ob der Gedanke, den ich gerade gedacht habe, richtig ist. Dies gäbe mir die Möglichkeit, einen alternativen Gedanken zu fassen und diesen mit dem alten Gedanken zu vergleichen. Nun könnte ich zusätzlich darüber nachdenken, wie ich zwei unabhängige Gedanken gedacht habe usw. Es lässt sich natürlich leicht behaupten, dass Tiere dazu nicht fähig sind, aber genauso gut ließe sich auch das Gegenteil behaupten. Fakt ist: Wir wissen es nicht, und weder das eine noch das andere lässt sich beweisen. Selbst wenn dies aber der »große Unterschied« wäre, würde diese Fähigkeit dann erklären, warum wir eine so erfolgreiche Art geworden sind? Vielleicht säßen wir immer noch auf unseren Bäumen und würden das halbe Leben damit verbringen, darüber nachzudenken, warum wir wohl auf den Bäumen sitzen, und vielleicht würden wir uns sogar fragen, warum wir unser halbes Leben auf Bäumen sitzend darüber nachdenken, warum wir darüber nachdenken, warum wir auf Bäumen sitzen und darüber nachdenken. Diese Handlung ist natürlich frei erfunden, und jede Ähnlichkeit mit der weltbewegenden Frage nach dem Sinn des Lebens ist rein zufällig.

Aber Spaß beiseite, vermutlich haben Sie sich beim Lesen dieses Buches ab und an gefragt: Warum stimmen diese ganzen wissenschaftlichen Erkenntnisse nicht mit meinen persönlichen Erfahrungen überein? Man muss sich doch nur umsehen und wird eines Besseren belehrt! Wir Menschen sind doch eindeutig höher und weiter entwickelt, keine andere Art war so erfolgreich, und keine Art hat unseren Planeten so nachhaltig umgestaltet wie wir Menschen. Wie kann es sein, dass Tiere auch all diese Eigenschaften haben, sie aber nicht in dem Maß nutzen wie wir Menschen?

Tatsächlich könnte es einen »großen Unterschied« zwischen den Menschen und allen anderen Tieren auf unserem Planeten geben, denn es spielt keine Rolle, welche hoch entwickelte Art wir uns ansehen, Delfine, Elefanten oder unsere nächsten Verwandten aus der Gruppe der Großen Menschenaffen: Keiner von ihnen besitzt etwas, das die moderne Anthropologie und die Verhaltensbiologie gerade versucht zu formulieren. Dieses Etwas heißt *cumulative culture* und *shared intentionality*[265]. Sehr frei übersetzt meint das ungefähr: »kumulierte Kultur« und »gemeinsame Wünsche«.

Um ehrlich zu sein, habe ich erwogen, diesen Abschnitt nicht mit in das Buch hineinzunehmen. Sie werden denken: »Logisch, der will ja auch ein Buch darüber schreiben, wie ähnlich uns die Tiere sind, und da kann er natürlich keine Argumente brauchen, die uns Menschen aus dem Kreis der Tiere herausheben.« Vielleicht denken Sie auch: »Erwischt!« Nein, bitte glauben Sie mir: Sie irren sich. Auch ich habe dieses tief verwurzelte Gefühl, dass wir Menschen etwas Besonderes sind, und allein die Tatsache, dass ich hier sitze, diese Zeilen schreibe und Sie sie lesen können, sollte schon Beweis genug dafür sein. Vermutlich ist es auch völlig richtig, bei uns Menschen von einer neuen Qualität der Entwicklung zu sprechen. Zu offenkundig sind unsere Erfolge und zu nachhaltig prägen unsere Aktivitäten unsere Umwelt. Doch eben aus diesem Grund hat dieses Kapitel eine Berechtigung, geschrieben zu werden, auch wenn es eigentlich nicht in das Buch gehört. Genau genommen schreibe ich nämlich kein Buch über den *Unterschied* zwischen oder die *Gleichheit* von Menschen und Tieren. Ich schreibe vielmehr über Eigenschaften, die mit großer Wahrscheinlichkeit dazu geführt haben, dass einige Arten auf unserem Planeten ein Bewusstsein und eine Persönlichkeit entwickelt haben. Das Folgende hat aber nur indirekt damit zu tun, denn wir beschäftigen uns mit einer Leistung, die nicht von einem Individuum oder einer Person erbracht wird, sondern von einem Kollektiv, und die nur durch gemeinsames Kooperieren erreicht werden konnte.

Beim gegenwärtigen Stand der Wissenschaft darf man berechtigt darüber spekulieren, dass uns die ausgeprägte Fähigkeit zum gemeinsamen, zielgerichteten und kooperativen Handeln von anderen hochentwickelten Tieren, selbst wenn sie eine bewusste Persönlichkeit entwickelt haben, unterscheidet. Natürlich lasse ich Sie mit diesen schönen philosophischen Erörterungen nicht alleine, sondern möchte versuchen, diesen Standpunkt durch Experimente und Verhaltensbeobachtungen zu untermauern.

Beschäftigen wir uns zunächst mit dem Begriff der »kumulierten Kultur«[266]. Vielleicht sollte man das, was damit gemeint ist, auch besser als »aufbauendes Lernen« bezeichnen. Damit ist einerseits die Fähigkeit eines Individuums gemeint, das eigene Wissen zu ergänzen und von anderen hinzuzulernen. Andererseits meint dies auch den gesellschaftlichen oder kulturellen Lernprozess über mehrere Generationen. Das Grundprinzip ist das gleiche: Nicht jede Generation erfindet das Rad wieder neu, sondern man baut auf Bestehendem auf, ergänzt und verbessert es. Wenn wir uns umsehen, dann scheinen wir Menschen darin wahre Meister zu sein. Doch was ist mit den anderen Tieren auf unserem Planeten?

In einer Studie bekamen einige Schimpansen die Aufgabe, aus einer Fütterungsmaschine leckeren Honig zu erhalten[267]. Um an das begehrte Leckerli zu kommen, gab es zwei Möglichkeiten. Die eine war eine sehr einfache und leicht zu erlernende Methode, die aber leider wenig ergiebig war, die zweite baute auf die erste auf, enthielt aber noch eine zusätzliche Schwierigkeit. Die schwierigere Variante hatte den großen Vorteil, extrem ergiebig zu sein. Letztlich bedeutet das Experiment also nichts weiter als einen Test, ob die Testperson Lust hat, ihr Gehirn anzustrengen, um dann mit etwas Aufwand viel zu bekommen, oder ob sie darauf verzichtet und lieber stupide das tut, was sie gut kann, ohne darüber nachdenken zu müssen. Was denken Sie, wie haben sich die Schimpansen verhalten? Und was würden Menschen tun?

Ich möchte Ihnen dazu eine kleine Anekdote aus meinem Leben erzählen. Als »Häuslebauer« erlebt man so einiges. Manche dieser Erlebnisse enden zwar tragisch, sind aber eine gute Story: Einer meiner Handwerker war ein pensionierter, aber gelernter Putzer, der sein Leben lang nichts anderes gemacht hatte, als Wände zu verputzen. Als informierter Bauherr hatte ich natürlich das erforderliche Material vorrätig, unter anderem sogenannte Putzprofile. Diese bringt man in einem ersten Arbeitsschritt lotrecht an die Wand und kann dann den Putz schön gerade daran abziehen. Das geht schnell und sieht gut aus. Mein erfahrener Putzer blickte mich nur skeptisch an und überraschte mich mit der Aussage, dass er keine Putzprofile brauche, denn er könne gerade putzen, und was denn überhaupt dieser ganze neumodische Kram solle. Das Ende vom Lied: Meine Wände sind krumm und die Putzprofile stehen in der Garage. Mein lieber Handwerker hatte offensichtlich versäumt, sich mit neuerer Putztechnik zu beschäftigen, und scheinbar war ihm auch die Funktionsweise einer Wasserwaage nicht bekannt. Unsere Schimpansen oben im Experiment haben sich übrigens genauso verhalten. Sie waren nicht dazu zu bewegen, eine einmal gelernte und funktionierende Variante aufzugeben, um eine komplexere, aber ergiebigere Variante zu lernen und anzuwenden.

Eigentlich ist gegen dieses Verhalten nichts einzuwenden, vielleicht macht es unseren Schimpansen ja einfach mehr Spaß, genüsslich in dem Honigfütterungstopf herumzustochern – und die krummen Wände in meinem Haus interessieren ohnehin nur mich. Das Problem mit einem solchen Verhalten ist nur, dass es sich nicht kumulieren lässt, das heißt: Wer einmal etwas gelernt hat und davon nicht wieder abweichen will, der wird nichts Neues mehr dazulernen. Wissen und Erfahrung werden nicht oder nur sehr langsam größer, und letztlich kann eine solche geistige Trägheit dazu führen, dass sich bestimmte Verhaltensmuster über viele Generationen nicht ändern. Zur Ehrenrettung der Schimpansen darf man aber auch anmerken, dass die Kandidaten im Test nicht unbedingt repräsentativ sein müssen, und es wäre nicht das erste Mal, dass Tiere in Gefangenschaft nicht ihr natürliches Verhalten und vielleicht auch nicht ihr kognitives Potenzial zeigen. Ursachen dafür könnten nicht artgerechte Versuche sein. Es ist aber auch möglich, dass die Tiere ihr natürliches Potenzial in Gefangenschaft in einer reizarmen und stupiden Umgebung nicht entwickeln konnten. Hinzu kommt, dass nach Beobachtungen im Freiland tatsächlich eine kumulierte Kultur diskutiert wird[268]. Wenn allerdings die »Lernfaulheit« in anderen Versuchen bestätigt wird, dann hätten wir tatsächlich ein evolutives Schlüsselelement auf dem Weg zu unserem menschlichen Erfolg entdeckt.

Eine wesentliche Voraussetzung, um überhaupt diese innere Bereitschaft zum Hinzulernen zu entwickeln, ist der Umgang miteinander. Die »Zeit« titelte 2009 einen Artikel mit: »Das Tier, das ›Wir‹ sagt!« und zitierte damit Michael Tomasello, den vermutlich bekanntesten deutschen Primatenforscher und Leiter des Max-Planck-Institutes für evolutionäre Anthropologie in Leipzig. Dieser in ihrer Schlichtheit überzeugenden Aussage gibt es nicht viel hinzuzufügen. Das, was wir als Menschheit sind und was uns so erfolgreich gemacht hat, ist die Kooperation mit anderen Menschen. Das, was uns von den Tieren unterscheidet, ist der Grad des Miteinanders.

Die von uns in der westlichen Welt heute so hoch geschätzte Individualität scheint daher evolutiv gesehen ein Rückschritt zu sein. Tatsächlich widerspricht auch unsere alltägliche Umwelt, in der wir permanent mit anderen interagieren und kooperieren, der Illusion vom Wert des Individuums. Es beginnt am Morgen, wenn mich der freundliche Busfahrer einsteigen lässt, und endet am Abend, wenn mir der nette Mensch im Fernsehen die Nachrichten vorliest. Praktisch alles, was wir tun, tun wir in Kooperation mit anderen. Wir sehen uns zwar gerne als unabhängiges Individuum, doch wir irren: Wir sind nichts und vor allem nicht überlebensfähig ohne die anderen. Ich bezahle zwar für mein Ticket, wenn ich morgens in den Bus steige, und der Nachrichtensprecher lebt von meinen Rundfunkgebühren, doch gäbe es kein Geld, müsste ich dem Busfahrer wie auch dem Nachrichtensprecher einen Gefallen tun. Ich müsste mit ihnen kooperieren, ihnen etwas bieten, was für sie wichtig ist. Geld ist also nichts weiter als eine praktische Verrechnungseinheit für kooperatives Handeln. Selbst wenn ich mich gegen alle Unwägbarkeiten des Lebens versichere oder einfach nur reich bin, wird mir das nichts nützen. Helfen werden mir Menschen, auf diese bin ich angewiesen.

Der oben zitierte Wissenschaftler Michael Tomasello beruft sich in dem genannten Artikel auf eine wirklich bemerkenswerte Ausgabe des Wissenschaftsjournals »Behavioral and Brain Sciences« aus dem Jahr 2005[269]. Hierin hatte er gemeinsam mit einer Reihe renommierter Kollegen einen 16-seitigen Artikel über das gemeinsame Wollen (*shared intentionality*) geschrieben. Interessant war, dass in der gleichen Ausgabe auf etwa 30 Seiten 32 Stellungnahmen abgedruckt wurden, die praktisch jeden Aspekt des ursprünglichen Artikels auseinanderpflückten. Auf weiteren sechs Seiten wurde diese Kritik dann von Tomasello aufgegriffen und diskutiert. Man mag sich vielleicht vorstellen, wie viel Korrespondenz und Diskussion im Vorfeld des Erscheinens der Ausgabe stattgefunden haben muss. Aus meiner Sicht ist diese Diskussion aber ein gutes Beispiel dafür, wie weit wir von einem Verständnis der wahren Zusammenhänge der Menschwerdung entfernt sind und wie wenig wir von tierischem Verhalten verstanden haben. Ganz nebenbei ist diese Ausgabe aber auch ein lehrbuchhaftes Zeugnis von korrektem wissenschaftlichem Arbeiten.

Es würde natürlich zu weit gehen, alle Argumente und Experimente, die im Rahmen dieser Veröffentlichung diskutiert worden sind, hier zu beschreiben. Ich möchte Ihnen aber dennoch gerne ein Beispiel geben, damit Sie sich eine Vorstellung davon machen können:

Tomasello schließt kooperatives Verhalten nicht aus, sondern argumentiert, dass ein solches Verhalten auch aus der Situation heraus entstehen kann und dass ein Tier in einer situationsbedingten Gruppendynamik einfach das tut, was in der Situation das Beste ist. Umgangssprachlich würden wir dieses Verhalten als intuitiv oder »aus dem Bauch heraus« bezeichnen. Tomasello schließt aber aus, dass es sich um geplante, aufeinander abgestimmte Aktionen handelt. Dies traut er vorerst keinem Tier, sondern nur uns Menschen zu. Der Grund für seinen Standpunkt ist folgender: Er traut zwar einigen höher entwickelten Tieren zu, sich mental in andere hineinversetzen zu können, er glaubt aber nicht, dass sie einen gemeinsamen psychologischen Status teilen können. Es gibt also keine gemeinsamen Wünsche, Ziele oder Intentionen. Ohne diese ist zwangsläufig kein gemeinsames zielgerichtetes Verhalten möglich. Sein Kollege, Professor Christophe Boesch, der ebenfalls am Max-Planck-Institut in Leipzig arbeitet, teilt diese Ansicht nicht und ist daher einer der Kontra-Autoren[270]. Er beginnt seine Kritik mit folgendem Satz: »Tomasello und Kollegen ignorieren einen Großteil der wissenschaftlichen Erkenntnisse über wild lebende Schimpansen. Ihre Behauptung, dass gemeinsame Ziele und Absichten nur beim Menschen vorkommen, erscheint als reiner Glaube.«[271] Eine ziemlich harte Aussage gegenüber einem Kollegen, dem man täglich auf dem Flur begegnen kann.

Er begründete seine Kritik mit kooperativen Jagdstrategien bei Schimpansen. Bei einer solchen Jagd gibt es vier unterschiedliche Rollen oder Aufgaben. Der Jagdleiter (*driver*) beginnt die Jagd und sorgt dafür, dass sich die Beute – kleine, ziemlich süß und »panky« aussehende Äffchen mit dem fantasielosen Namen »Rote Stummelaffen« – in den Baumwipfeln in eine bestimmte Richtung bewegt. Dort sitzen die Blockierer (*blocker*), sie verhindern das Entweichen der Beute auf andere Baumwipfel. Die dritte Rolle übernehmen die Treiber (*chaser*), sie attackieren die Beute direkt und versuchen sie zu fangen. Die vierte Rolle lässt aus meiner Sicht keinen Zweifel daran, dass es hier um strategisch kooperatives Handeln geht, denn die sogenannten Ambusher sitzen verborgen in der Treibrichtung und lassen die Falle zu schnappen.

Bei dieser Strategie haben Jagdleiter und Ambusher eine wichtige Aufgabe und tragen maßgeblich zum Jagderfolg bei, ohne selbst Beute zu machen. Aus diesem Grund ist es natürlich von besonderem Interesse, weiter zu beobachten, wie die Beute dann aufgeteilt wird. In einer sich selbst regulierenden dynamischen Jagd, wie sie sich Tomasello und Kollegen vorstellen, sollten sich die erfolgreichen Jäger über ihre Beute hermachen, und die Tiere, die selbst keine Beute gemacht haben, müssten leer ausgehen. Natürlich ist das nicht der Fall, denn sie bekommen einen äquivalenten Anteil von den erfolgreichen Jägern ab. Anderenfalls würde es auch überhaupt keinen Sinn machen, die Rolle des Jagdleiters oder des Ambushers einzunehmen.

Ein weiteres Beispiel ist so spektakulär, dass ich es Ihnen einfach nicht vorenthalten kann. Nachdem wir uns mit allen möglichen positiv besetzten Fähigkeiten beschäftigt haben, kommen wir nun zu der Erfindung des Krieges. Der Bruder meiner Frau nennt dieses menschliche Verhalten freundlich »Zäunerücken« und beschreibt damit den Lieblingssport unserer Art, vor und nach der Erfindung der olympischen Spiele. Wir lieben es einfach, Besitzverhältnisse von Territorien zu ändern und in manchen Geschichtsbüchern gewinnt man leicht den Eindruck, dass dies das Einzige ist, was wir in unserer Vergangenheit getan haben. Untersuchungen an Schimpansen geben uns nun Hinweise darauf, dass es sich nicht nur um einen sehr beliebten Sport, sondern auch um eine ausgesprochen alte Sportart handelt. »Zäunerücken« war vermutlich schon bei unseren gemeinsamen Ahnen beliebt, auch wenn Zäune erst viel später erfunden wurden.

Im Jahr 2009 endete eine mehrere Jahre andauernde, blutige Kontroverse zwischen den Ngogo-Schimpansen und ihren nördlichen Nachbarn im »Kibale National Park« in Uganda. Das Resultat war eine zwanzigprozentige Erweiterung des Ngogo-Territoriums. Vorangegangen war eine große Zahl von sogenannten Patrouillen, in denen Männergruppen von Ngogo-Schimpansen über ihre nördliche Grenze hinaus wanderten. Diese Wanderungen waren nicht mit Nahrungsaufnahme oder anderen sozialen Aktivitäten verbunden. Meist gingen diese Gruppen in einer Reihe nebeneinander und vermieden lautes, auffälliges Verhalten. Bei diesen Patrouillen kam es zu zahlreichen Begegnungen, die für einige der Bewohner des nördlichen Territoriums tödlich endeten. Das Resultat dieser schleichenden Invasion: Seit 2009 wurden im nördlichen Territorium nur noch Ngogo-Schimpansen beobachtet, die ihren alltäglichen Tätigkeiten nachgingen. Das Territorium war erobert und auch für Weibchen und Kinder gesichert. Der kooperative Kampf der Männergruppen gegen einzelne Individuen und deren Tötung zeugt von gemeinsamem, zielgerichtetem Verhalten. Der gesamte Prozess der Eroberung des neuen Territoriums lässt sich schwer durch einfache biologische Mechanismen erklären und ist aus meiner Sicht ein weiterer Hinweis auf *shared intentionality.*

Bei so viel Kontroverse in der Wissenschaft gibt es dennoch einen gemeinsamen Nenner, der wohl von niemandem bezweifelt wird: Der unglaubliche Siegeszug des Menschen ist ein Resultat einer sich selbst verstärkenden, kulturellen Dynamik. Je mehr Menschen zusammenkamen, umso mehr Wissen und Erfahrung konnte ausgetauscht und angewendet werden. Heutzutage können selbst die komplexesten Probleme in kurzer Zeit mit allen spezialisierten Köpfen auf unserem Planeten gemeinsam diskutiert werden. Möglicherweise hat aber der Siegeszug der Menschheit unseren nächsten Verwandten die Grundlage für eine vergleichbare Entwicklung entzogen. In einem Interview über die kulturelle Bedeutung der Weibchen bei unseren nächsten Verwandten[272] sagte der Forscher Johan Lind: »Vielleicht haben wir zu spät begonnen, die Kultur bei Schimpansen zu erforschen, denn die Verbreitung der menschlichen Rasse hat nur noch wenige voneinander isolierte Gruppen übrig gelassen.«[273]

Gestatten Sie mir am Ende dieses so wichtigen Kapitels auf die Delfine zurückzukommen. Sie können sich sicher noch an das Kapitel über das soziale Leben von Delfinen erinnern. Ich hatte Sie an die Westküste Australiens entführt und von den komplexen und ineinander verschachtelten Allianzen der männlichen Delfine berichtet. Vermutlich ist es kein Wunder, dass sich Richard Connor, einer der Entdecker dieses Allianzsystems, in die Diskussion um Kooperation, kumulierte Kultur und gemeinsame Ziele eingemischt hat. Basierend auf der aktuellen Diskussion hat er versucht, seine Beobachtungen zu interpretieren[274]: Wir wissen, dass es große Gruppen nicht miteinander verwandter männlicher Delfine gibt. Diese Gruppen kooperieren, um Weibchen zu entführen. Wie wir erfahren haben, ist es gar nicht so leicht, immer zu wissen, wer mit wem alliiert ist. Doch dieses Wissen ist entscheidend, wenn es darum geht, zu beurteilen, ob die eigene Allianz gerade die stärkere ist. So ist es beispielsweise möglich, dass ein Delfin ein anderes Tier vor einigen Jahren kennengelernt hat. Möglicherweise war dieses Tier aber damals noch ein Jungtier und hatte sich noch keiner Allianz angeschlossen. In den Jahren kann sich viel verändert haben, und es ist daher nicht vorauszusehen, wie sich dieses Tier verhalten wird. Nun ist es aber möglich, dass ein anderes Tier der eigenen Gruppe diese Information hat. Doch was nützt das? Connor spekuliert darüber, dass es kein Problem mit dem Informationsfluss gäbe, wenn sich ein Delfin mit einem anderen darüber unterhalten könnte, ob der Fremde Freund oder Feind ist. Ohne näheres über den Delfin zu wissen, könnten Informationen von verschiedenen anderen Tieren zusammengetragen werden. Delfine könnten sich somit darüber austauschen, dass dieser neue Delfin ein Freund von XY ist und demnach zu einer gemeinsamen übergeordneten Allianz gehören muss. Wenn es dann noch möglich wäre, diesem Tier zu vermitteln, dass man gemeinsame Freunde hat, wäre die Allianz eine beschlossene Sache und die Komplexität unserer Beobachtung erklärt. Ein solches System funktioniert natürlich nur, wenn die Individuen Namen haben und darauf referenziert werden kann. Wie wir wissen, haben Delfine ihren eigenen Signaturpfiff und sind in der Lage, die Signaturpfiffe der anderen Tiere zu imitieren. Sie besitzen somit das nötige Rüstzeug. Doch ob sie es auch anwenden, das können wir bisher nicht sagen.

Fakt bleibt aber die ausgesprochen komplexe Struktur der ineinander verschachtelten Allianzen und eine entsprechende Erklärungsnot, wenn man nur von einfachen biologischen Mechanismen ausgehen will. Ein weiterer Aspekt, den Connor anführt, ist die Beobachtung von einem Verhalten, das am ehesten als »Bestrafung« interpretiert werden könnte: Delfine einer Allianz stellen sich in sehr seltenen Fällen gegen ein Mitglied ihrer eigenen Allianz. Dabei gruppieren sich einige Tiere nebeneinander und scheuchen ihre Opfer vor sich her. Auch für dieses Verhalten gibt es keine einfache Erklärung. Wenn man aber annimmt, dass die gejagten Tiere gegen eine soziale Norm der Allianz verstoßen haben, dann ist diese Strafaktion Teil des sozialen Lebens und stellt sicher, dass Fehlverhalten und Betrug im sozialen Netzwerk reduziert werden. Irgendwie stellt sich die Frage: Wo wären wohl wir Menschen ohne die Erfindung der Strafe?

Ich denke, nach diesem Kapitel sollte es kaum Zweifel daran geben, dass es typisch menschliche Gefühle und typisch menschliches Denken nicht gibt. Wir haben uns als eine Tierart unter vielen aus unseren Vorfahren heraus entwickelt und teilen somit gemeinsame Wurzeln und Fähigkeiten. Wir funktionieren nach den gleichen biologisch-neuronalen Mechanismen, und es gibt kein überzeugendes Argument, mit dem wir begründen könnten, warum andere Tiere, die vergleichbare kognitive Leistungen erbringen, sich nicht auch als Personen empfinden sollten.

Und nun? Eine Frage der Moral?

Versuchen wir eine Quintessenz aus allen vorangegangenen Kapiteln: Bei einigen Tierarten handelt es sind zweifelsfrei um mitfühlende, selbstbewusste Individuen mit einer Vorstellung von Raum und Zeit und der Fähigkeit zu strategischem Denken und planvollem Handeln. Sie leben in ihrer eigenen Kultur, haben ein gutes Gedächtnis und vermutlich die Fähigkeit, im Rahmen einer einfachen Grammatik miteinander zu kommunizieren. Sie nutzen Werkzeuge und scheinen so etwas wie einen guten Geschmack oder ein Bewusstsein für Mode zu haben. Darüber hinaus können sie sich empathisch verhalten, und es wurden einfache Formen von Gerechtigkeitssinn und Fairness entdeckt. Für den Großen Tümmler gilt überdies, dass er als bisher einziges Tier so etwas wie Namen benutzt und zur Allianzbildung dritter Ordnung fähig ist.

In den grundlegenden Fähigkeiten, die uns Menschen zu Personen machen, stehen uns somit eine ganze Reihe von Tieren in nichts nach. Die Frage ist nur: Berechtigen diese Fähigkeiten zu einer Sonderstellung? Und was genau gibt *uns* das Recht, eine Sonderstellung einnehmen zu wollen?

Personalität

Das Wort Personalität wird auf meinem Bildschirm rot unterstrichen. Es ist allerdings nicht falsch geschrieben, sondern nur so ungewöhnlich, dass es mein Computer nicht kennt. Eigentlich schon fast peinlich, aber für einen der wichtigsten Begriffe der Menschheit, *Personhood*, hat die deutsche Sprache keine etablierte Übersetzung. Ein Klick auf die mittlere Maustaste und mein Übersetzungsprogram liefert: *Personhood* = »Merkmale einer Person aufweisen; Humanität, Zustand, bei dem man Gefühle und humane Eigenschaften aufweist«. Im Internet[275] wird man dann fündig: *Personhood* wird mit Personalität übersetzt, ein Wort, das ich bis zu diesem Moment noch nicht einmal kannte. Eine englischsprachige Erläuterung lautet: *state of being a person*. Also der Zustand, eine Person zu sein. Doch was genau ist eine Person? Können nur Menschen Personen sein? Und wenn ja, warum? Weil vielleicht nur Menschen eine unsterbliche Seele haben? Oder gibt es universelle Merkmale, die eine Person charakterisieren?

Betrachten wir zunächst Begriffe wie »Gemüt«, »Charakter« oder auch »Individualität«. Wir wenden sie ohne zu zögern auch auf Tiere an. In der Verhaltensbiologie spricht man von *Consistent Individual Differences* (CIDs), also stabilen individuellen Unterschieden[276]. Verhaltensmuster, die wir am besten als Aggressivität, Erregbarkeit, Zutraulichkeit, Geselligkeit oder Dominanz beschreiben, sind weit verbreitet und gelten für Tiere genauso wie für uns Menschen. Neugier geht beispielsweise auf Erregbarkeit zurück. Diese Eigenschaft ist ausgesprochen wichtig, wenn es darum geht, neue Ressourcen zu erschließen. So mag es beispielsweise sein, dass der Großteil einer Population an einer bestehenden, aber schwindenden Nahrungsquelle hängt, dass aber einige Individuen angeregt werden, Spuren zu folgen, die zu einer neuen Nahrungsquelle führen. Diese wird dann für die gesamte Population zugänglich. Ähnliches gilt für alle anderen Lebensbereiche: Wenn sich bestimmte Individuen ein bisschen anders verhalten als die Masse, hat das Vorteile für alle, auch wenn diese einzelnen Individuen ihren Drang mit einem höheren Lebensrisiko bezahlen. Doch diese Individualität darf nicht mit Personalität verwechselt werden.

Ein Blick in die einschlägigen Lexika hilft uns leider auch nicht weiter. Der Personbegriff ist immer untrennbar mit der menschlichen Person verbunden. Doch ist das richtig, und ist dies wissenschaftlich überhaupt haltbar?

Um dieser Frage nachzugehen, möchte ich Sie zunächst in die Welt von drei Personen mitnehmen, die in maßgeblicher Weise unsere menschliche Perspektive zu dieser Frage ergründet haben. Es handelt sich um Immanuel Kant, Peter Singer und Thomas White.

Vielleicht erinnern Sie sich von damals aus der Schule noch an den von Kant formulierten kategorischen Imperativ? Darin geht er davon aus, dass wir Menschen als Vernunftwesen Herr unseres eigenen Verhaltens sind und grundsätzlich keinen tierischen Instinkten oder Zwängen unterliegen bzw. uns davon bewusst befreien können. In dieser Fähigkeit sieht er den großen Unterschied zur Tierwelt. Er appelliert an die Menschen, diese Fähigkeit auch vernünftig einzusetzen und zu kultivieren. Dazu zählt er auch, Tieren kein Leid zuzufügen, denn dies verroht nach seiner Ansicht den Menschen und schadet ihm daher moralisch. Somit findet sich auch in Kants Erwägungen schon ein Tierschutzgedanke, auch wenn er nur aus der Befürchtung herrührt, dass die verrohten Menschen unempfindlich gegenüber menschlichem Leid werden.[277] Immerhin fand dieser Standpunkt 1872 eine rechtliche Umsetzung im deutschen Reichsstrafgesetzbuch[278]. Seitdem vertraten verschiedene Persönlichkeiten wie Albert Schweitzer oder der Göttinger Philosoph Leonard Nelson den Standpunkt, dass das Leben grundsätzlich gleich und gleichberechtigt sei. Am allgemeinen Umgang mit Tieren änderte dies allerdings nichts. Auch diskutieren wir seit den ersten Untersuchungen zum Werkzeuggebrauch bei Schimpansen[279], also seit fast hundert Jahren darüber, dass sich unsere typisch menschlichen Eigenschaften im Verlauf der Evolution entwickelt haben. Dennoch blieb die kantische Sonderstellung des Menschen unangetastet. Dies änderte sich erst 1975 mit dem Erscheinen des Buches »Animal Liberation«, in Deutsch: »Die Befreiung der Tiere«. Der Autor, Peter Singer, ist Professor für Bioethik am »Center for Human Values« der Princeton University in den USA[280]. Ich hoffe, dass die folgenden Absätze helfen, seinen Standpunkt besser zu verstehen, denn dieser Mann ist nicht ganz unumstritten. Die *Frankfurter*

Allgemeine Zeitung titelte beispielsweise im Juli 2011 mit: »Sind Sie der gefährlichste Mann der Welt?« Dazu möchte ich Sie bitten, sich auf den Alltag unserer Ärzte, Krankenschwestern und Pfleger einzulassen.

Wir haben gelernt, dass kleine Gehirnareale wie das RTPJ bestimmte Aufgaben übernehmen und damit Teilaspekte unserer Persönlichkeit ausbilden. Überraschenderweise überleben wir sogar große Ausfälle unseres Gehirns. Können Sie sich vorstellen, dass Sie sich mit einer Pistole ein Drittel des linken Großhirns wegschießen und sich zwei Tage später darüber unterhalten? Als Student in Kiel habe ich als Nachtwache auf der neurochirurgischen Intensivstation des Uni-Klinikums gearbeitet. Dieser Job war ganz gut bezahlt, und ich hatte das angenehme Gefühl, etwas Wertvolles zu tun. Unabhängig davon habe ich aber viel über unser Gehirn und auch über mich selbst erfahren. So habe ich mit einem Achtzigjährigen, der gerade aus der Narkose erwacht war, bunte Ratten von der Wand geschossen, ich wurde angespuckt und als Nazi beschimpft weil, ich einen jungen Patienten fixieren musste, damit er sich nicht selbst verletzt, und ich habe mich mit einem Patienten über seinen missglückten Selbstmordversuch unterhalten. Warum erzähle ich Ihnen das? Einerseits zeigen diese Beispiele, dass wir Teile unserer Persönlichkeit verlieren können, einfach nur, weil bestimmte Areale in unserem Gehirn nicht mehr so funktionieren, wie wir es gewohnt sind. Der ältere Herr, mit dem ich die bunten Ratten von der Wand geschossen habe, war emeritierter Professor, und die Rattenjagd war mit Sicherheit nicht Bestandteil seiner eigentlichen Persönlichkeit. Trotzdem hat es uns beiden viel Spaß gemacht.

Andererseits musste ich damals erfahren, wie unsicher die Grenzziehung zwischen Leben und Tod ist. Ich kann mich noch gut an einen Patienten erinnern, den ich in vier aufeinanderfolgenden Nächten gepflegt habe: Ich habe ihn gewaschen, aus seinen Lungen den Schleim abgesaugt, ihm die Zähne geputzt und über die Magensonde Nahrung gegeben und nicht zuletzt habe ich seinen Stuhlgang beseitigt. Aber er war eine Leiche, seine Schmerzmittel waren abgesetzt, und offiziell war er eine »Sache«. Das hatte juristische Gründe, denn einem Menschen darf man keine Organe entnehmen, einer Sache schon. Sie können sich sicher vorstellen, dass man zu einem Körper, den man pflegt, eine gewisse Beziehung aufbaut und dass der Mensch, dessen Blutdruck und Herzfrequenz ich stündlich notiert habe, für mich keine Sache war. Dennoch war er tot: Die Ärzte hatten seinen Hirntod festgestellt, und somit hatte er keine Menschenrechte mehr – womit wir beim Thema wären.

Noch vor wenigen Jahrzehnten galt jemand als tot, dessen Herz nicht mehr schlug. Heute unterscheiden wir zwischen vegetativen (Atmung, Herzschlag usw.) und kognitiven (Bewusstsein, Sinneswahrnehmungen usw.) Prozessen, und es gilt der als tot, dessen Gehirnaktivität irreparabel zum Erliegen gekommen ist. Getestet wird dies mit klinischen Untersuchungen. Wenn jemand also lichtstarre Pupillen hat, keine Schmerzreaktion im Trigeminusbereich mehr zeigt und der Lidschlussreflex fehlt, wenn das Puppenkopfphänomen auftritt und der Schluck- und Hustenreflex fehlt, gilt er als tot. Um sicher zu gehen, werden diese Untersuchungen nach einer bestimmten Wartezeit wiederholt oder es werden weitere apparative Untersuchungen wie EEG oder Dopplersonographie durchgeführt. Letztlich sind es ein paar einfache medizinische Tests, die uns von einer Person zu einer Sache degradieren. Bitte verstehen Sie mich nicht falsch: Das ist schon richtig so. Vielleicht könnte man sich überlegen, ob man vorsichtshalber auch einer Leiche Schmerzmittel gibt, bevor man die Organe entnimmt. Man würde sich damit zwar eingestehen, dass man sich mit der Diagnose »Hirntod« nicht ganz sicher ist, das wäre aber immer noch besser, als einen ehrenhaften Organspender bei lebendigem Leib aufzuschneiden. Grundsätzlich ist dieses Vorgehen aber richtig und ethisch korrekt. Im Übrigen bedeutet für die meisten Patienten die Diagnose »Hirntod« eine Erlösung von der Gerätemedizin.

Viel schwerer tun wir uns aber mit dem umgekehrten Fall: Ab wann wird eine Sache zur Person? Ab wann genießt beispielsweise ein kleiner Zellhaufen, der einmal ein Mensch wird, Personenschutz? Sind diese Zellen zu dieser Zeit überhaupt schon ein Mensch? Vielleicht hilft uns bei der Beantwortung dieser Frage die Religion.

In den meisten Religionen gilt ein Schwangerschaftsabbruch als Tötung. Oft gilt jedoch ein Abbruch als gerechtfertigt, wenn er das Überleben der Mutter sicherstellt. Dies wird dann zum Beispiel im Judentum damit begründet, dass ein Kind, das seine Mutter lebensgefährlich bedroht, eben eine Bedrohung ist und man daher in Notwehr handelt. Für unsere Frage interessanter sind aber Aspekte wie das Einhauchen einer Seele, das bei den Christen im Moment der Befruchtung, im Judentum am 40. Tag und im Islam am 120. Tag erfolgt. Hierzulande können Ärzte unter bestimmten Voraussetzungen bis zur vierzehnten Woche (98. Tag) einen Schwangerschaftsabbruch durchführen, danach muss es überzeugende medizinische Gründe geben. Glaubt also der deutsche Staat, dass am 98. Tag aus einem Zellhaufen ein Mensch wird?

Wissenschaftlich gesehen ist sowohl die Phylogenese (Entwicklungsgeschichte des Lebens) als auch die Ontogenese (Entwicklungsgeschichte eines Individuums) ein Prozess, bei dem ein Mensch nicht vom einen Moment auf den anderen entsteht, sonders sich erst langsam entwickelt. Alles andere erscheint auch irgendwie unlogisch, denn wieso sollte so etwas Komplexes wie der Mensch in einem Moment entstehen, wenn doch schon der Bau eines Autos, dank fleißiger Roboter, ein paar Stunden braucht?

Sehen wir uns einen menschlichen Embryo in der vierzehnten Woche etwas genauer an: Die Embryogenese ist zu dieser Zeit bereits abgeschlossen und wir befinden uns in der Fetogenese. Etwa zu dieser Zeit verschieben sich die Gesichtsproportionen, und Augen und Ohren bekommen ihre Position. Ein menschlicher Fötus sieht zu dieser Zeit etwa so aus wie ein neugeborener Hamster. Zugegeben: Dies ist ein recht unwissenschaftlicher Vergleich. Er beruht auch nur auf meinen persönlichen Erfahrungen, denn als Kind hatte ich einmal das Glück, bei der Geburt eines Hamsters anwesend zu sein. Die Bilder der kleinen neugeborenen Lebewesen haben bei mir tiefen Eindruck hinterlassen und stehen mir heute noch lebhaft vor meinem geistigen Auge. Was ich damit aber sagen will, ist, dass ein ungeübter Betrachter wohl kaum einen Unterschied zwischen einem Hamster und einem Menschen sehen würde. Das Aussehen kann also nicht das entscheidende Kriterium sein, zumal ein menschlicher Fötus zu dieser Zeit auch nicht selbstständig überleben könnte. Ab der 24. Schwangerschaftswoche könnte er dies, und in diesem Alter hätte er auch schon das Aussehen eines kleinen Menschen. Sollten wir dann nicht lieber die 24. Schwangerschaftswoche als Zeitpunkt wählen? Oder gibt es andere Kriterien?

Wie wir im Kapitel »Hast du Bewusstsein oder bist du Nahrung?« gelernt haben, wird zum Beispiel der Spiegeltest von Kindern erst im Alter von ein bis zwei Jahren sicher gemeistert. Wir könnten also argumentieren, dass unsere Kinder bis dahin noch keine echten selbstbewussten Personen und somit auch keine Menschen sind. Dieser Gedanke erscheint uns natürlich ausgesprochen abwegig, denn wir wissen ja, dass sich ein sich selbst bewusster Mensch entwickeln wird, und genau dieses Wissen lässt uns auch zögern, wenn es um einen Schwangerschaftsabbruch geht, egal in welcher Woche. Doch was ist mit Onkel Fred, der nach seinem Schlaganfall nicht mehr reden kann und sich nicht mehr im Spiegel erkennt? Verliert er seine Menschenrechte? Nein, er ist und bleibt ein Mensch, der eine Familie gegründet und ein Haus gebaut hat. Was ist nun mit Kindern, die, bedingt durch eine Erbkrankheit, in ihrer Entwicklung gehemmt sind, niemals sprechen werden und sich auch nicht im Spiegel erkennen? Sind sie Menschen, und haben sie Menschenrechte? Ja, natürlich! Doch warum sind wir so streng, wenn es darum geht, Tieren, die in ihren kognitiven Fähigkeiten weit über die eines Kleinkindes oder eines kognitiv behinderten Menschen hinausgehen, gewisse Rechte und Freiheiten zuzugestehen?

Genau dieser Aspekt beschäftigt Peter Singer. Er argumentiert, dass wir mit gleicher Selbstverständlichkeit auch Verantwortung für Tiere übernehmen müssen. Für ihn ist es dabei nicht maßgeblich, ob sich ein Bewusstsein entwickelt hat oder nicht. Aus seiner ethischen Perspektive heraus argumentiert er, dass wir eine Verpflichtung haben, Leiden anderer Individuen zu vermeiden. Dabei darf Leid und Schmerz nicht verwechselt werden. Schmerzen kann schon das einfachste Nervensystem erfahren, sie sind ein essenzieller Bestandteil mehrzelligen tierischen Lebens und helfen einem Organismus, seine Umwelt wahrzunehmen und sich beispielsweise aus einer gefährlichen Umwelt zu entfernen. Schmerzen warnen uns also vor Gefahr. Etwas ganz anderes ist die Schmerzempfindung. Diese ist an einen neuronalen Verarbeitungsprozess gebunden und kann erst mit einem komplexeren Nervensystem wahrgenommen werden. Dieser Verarbeitungsprozess kann einerseits dem Organismus melden, dass es ihm gut geht, andererseits aber auch, dass er leidet. Es handelt sich dabei also um eine Interpretation der Sinneseindrücke. In unserer deutschen Rechtsauffassung hat diese Erkenntnis dazu geführt, dass wir Wirbeltiere, also vermeintlich leidensfähige Tiere, nur schmerzlos töten dürfen. Außerdem müssen wir diese Tiere artgerecht halten und Leiden während ihrer Lebenszeit vermeiden. Keine Angst, wir steigen an dieser Stelle nicht in eine Tierschutzdebatte ein. Ich denke, jedem ist klar, dass es bei diesem Aspekt eine Differenz zwischen Theorie und Praxis gibt. Was ich eigentlich sagen will ist, dass unsere deutsche Rechtsauffassung im Einklang mit Peter Singers Argumentation steht.

Wenden wir uns nun der eigentlichen Frage dieses Buches zu: Ab wann sind Menschen oder eben auch Tiere Personen? Diese Frage hat auch den Wirtschaftsethiker Prof. Thomas White interessiert. Er leitet das Zentrum für Ethik und Wirtschaft an der Loyola Marymount University in Los Angeles[281] und hat ein Buch über Delfine geschrieben. Man darf überrascht fragen: Warum interessiert sich ein Wirtschaftsethiker für intelligente Meeresbewohner? Bei näherer Betrachtung erscheint dies aber gar nicht so abwegig. Grundsätzlich interessiert sich White für die praktische Anwendung philosophischer und ethischer Interpretationen neuer wissenschaftlicher Erkenntnisse und gesellschaftlicher Entwicklungen. In seinem Buch »In Defense of Dolphins«[282], also »Zur Verteidigung der Delfine«, beschäftigt er sich sozusagen exemplarisch mit der Frage: Müssen Delfine als Personen behandelt werden, wenn unsere wissenschaftlichen Erkenntnisse darauf hindeuten, dass sie Personen sind? Folgen wir ihm bei seinen Gedanken!

Zunächst einmal identifiziert er acht Kriterien, die eine Person beschreiben:

1. Eine Person ist am Leben.
2. Eine Person ist bewusst.
3. Eine Person hat positive und negative Wahrnehmung.
4. Eine Person hat Gefühle.
5. Eine Person hat eine Vorstellung von sich selbst.
6. Eine Person kontrolliert das eigene Verhalten.
7. Eine Person nimmt andere Personen wahr und behandelt sie dementsprechend.
8. Eine Person hat eine Vielzahl von hoch entwickelten kognitiven Fähigkeiten und ist fähig, analytisch und konzeptionell zu denken. Eine Person kann lernen, Informationen zu speichern und wieder abzurufen. Eine Person kann komplexe Probleme mit analytischem Denken lösen und Gedanken kommunizieren.

Folgt man Whites Kriterien und betrachtet den Inhalt dieses Buches, dann sollte eine Entscheidung, wer eine Person ist und wer nicht, recht leicht fallen. Bei einigen hier vorgestellten Tierarten handelt es sind zweifelsfrei um mitfühlende, selbstbewusste Individuen mit einer Vorstellung von Raum und Zeit und der Fähigkeit zu strategischem Denken und planvollem Handeln. Sie leben in ihrer eigenen Kultur, haben ein gutes Gedächtnis und die Fähigkeit, im Rahmen einer einfachen Grammatik zu kommunizieren. Darüber hinaus wurden Ansätze von Gerechtigkeitssinn und Fairness entdeckt. Der Große Tümmler gilt überdies als bisher einziges Tier, dass so etwas wie Namen benutzt und zur Allianzbildung dritter Ordnung fähig ist. Neben dem Großen Tümmler erfüllen auch Primaten und Elefanten Whites Kriterien, und vermutlich sollten auch einige Vogelarten mit in die engere Wahl gezogen werden. Leider fehlt derzeit eine allgemeingültige wissenschaftliche Definition, und so liegt die finale Entscheidung im Auge des Betrachters. Hinzu kommt, dass die Entscheidung nicht nur auf wissenschaftlicher Grundlage gefällt wird, sondern untrennbar mit den Konsequenzen verbunden ist, die sich daraus ergeben.

Wir müssen uns fragen, wie wir Personen behandeln, welche Rechte wir ihnen aufgrund ihrer Stellung als Personen zubilligen und was wir als Gesellschaft tun, um diese Rechte zu gewährleisten. Die Antwort von White ist überraschend simpel: »Wenn du eine Person bist, dann bist du ein ›Wer‹ und nicht ein ›Was‹, du hast einen ethischen Anspruch auf dich selbst und kannst nicht der Besitz eines anderen sein!« Im Weiteren argumentiert er, dass genau auf diesem Umstand unsere hoch geschätzten Menschenrechte beruhen und dass mit ihnen nicht Menschen als solches, sondern Individuen geschützt werden, die die Charakteristika einer Person aufweisen.

Diese allgemeingültige Betrachtung wird von ihm allerdings nur auf Delfine angewendet. Er setzt damit ein Gegengewicht und eine Ergänzung zu dem von Paola Cavalieri und Peter Singer ins Leben gerufenen »Great Ape Project«[283]. Die beiden letztgenannten Wissenschaftler kommen im Prinzip zu den gleichen Schlüssen, doch ihre Forderungen beziehen sich nur auf Große Menschenaffen. Aus meiner Sicht argumentiert White in seinem Ansatz philosophisch als auch wissenschaftlich sauber, denn er versucht diesen nicht mit der stammesgeschichtlichen Nähe zu uns Menschen, sondern mit unabhängigen kognitiven Leistungen zu begründen. Er liefert somit einen allgemeingültigen Vorschlag für eine Definition, die auf Wale und Delfine, Große Menschenaffen, Vögel, Reptilien und bei Bedarf sogar auf Außerirdische angewendet werden kann.

Die Rechte

Im folgenden Kapitel gehe ich davon aus, dass es Tierarten gibt, bei denen die einzelnen Individuen als nichtmenschliche Personen betrachtet werden müssen. Sollten Sie bei Ihrer Einschätzung zu einem anderen Schluss gekommen sein, dann betrachten Sie bitte die folgenden Erörterungen als hypothetischen Fall.

Einen wichtigen Punkt muss ich zunächst jedoch klarstellen: Auch wenn wir hier über Rechte von nichtmenschlichen Personen sprechen, bedeutet das nicht, dass andere Tiere keine Rechte hätten. Wie Peter Singer richtig anführt, ist besonders die Leidensfähigkeit eines Individuums zu berücksichtigen, und heute gelten die folgenden fünf Punkte (»Fünf Freiheiten«[284]) als Standard im internationalen Tierschutz, das heißt, dass Tieren grundsätzlich folgende Freiheiten gewährt werden sollen:

1. die Freiheit von Hunger, Durst und Unterernährung;
2. die Freiheit von Angst und Not;
3. die Freiheit von physischem und thermischem Unbehagen;
4. die Freiheit von Schmerz, Verletzung oder Krankheit;
5. die Freiheit, normales Verhalten zeigen zu können.

Thomas White vertritt die These, dass unsere Menschenrechte nicht die Rechte der Individuen der Säugetierart Mensch schützen, sondern die Rechte von Personen. Dieser Schutz beruht auf der Tatsache, dass, wie Thomas White sagt, »Personen ein ›Wer‹ und kein ›Was‹ sind.« Ein »Wer« hat das ethische Recht, über sich selbst zu entscheiden, ein »Was« nicht. Ein »Was« hat auch gar nicht die Fähigkeit, dies zu tun, ein »Wer« hingegen schon. Darum sollte ein »Wer« auch das Recht haben, diese Fähigkeiten anzuwenden.

Sehen wir uns zunächst die *Universal Declaration of Human Rights*, also die Resolution 217 A (III) der UN-Generalversammlung vom 10. Dezember 1948 genauer an[285]. Keine Angst, ich werde jetzt nicht alle dreißig Artikel der Menschenrechtsdeklaration mit Ihnen durcharbeiten. Ich beschränke mich exemplarisch auf Artikel 3. Dieser ist nicht mehr oder weniger wichtig als alle anderen, aber er beschreibt das grundsätzliche Recht einer, so wörtlich, *Person* auf Leben, Freiheit und Sicherheit. Wenn allein dieser Artikel für nichtmenschliche Persönlichkeiten umgesetzt würde, wäre dies schon ein Durchbruch.

Es gibt allerdings ein Problem mit den Menschenrechten: Sie gelten allgemein und sind nicht teilbar oder graduierbar. Das heißt: Man hat sie oder man hat sie nicht. Wir können nicht »ein bisschen« Menschenrechte vergeben, und daher müssen wir festlegen, was ein »Wer« ist und was nicht.

Wie wir im Verlauf des Buches gelernt haben, ist dies wissenschaftlich überhaupt nicht möglich, denn das, was uns als Menschen auszeichnet, entsteht im Prozess der Individualentwicklung. Kritiker der Idee von Rechten für nichtmenschliche Personen sind daher besorgt, dass die Gültigkeit der Menschenrechte dadurch aufgeweicht werden könnte. Sie befürchten, dass Menschen, die keine Person im wissenschaftlichen Sinn sind, ihrer Menschenrechte und ihrer Menschenwürde beraubt werden. Zu dieser Gruppe würden theoretisch hirntote Menschen genauso zählen wie Kleinkinder oder geistig schwerstbehinderte Menschen. Die Sorge und Brisanz dieser Befürchtung liegt auf der Hand und sollte im Hinblick auf unsere jüngere deutsche Geschichte durchaus ernst genommen werden. Doch diese Ängste entbehren ihrer Grundlage, denn niemand fordert, die Menschenrechte neu zu formulieren. Die aktuellen Bemühungen gehen eher in die Richtung, vergleichbare, aber von den Menschenrechten unabhängige Rechte für nichtmenschliche Personen zu definieren. Die Deklaration der Menschenrechte ist eine nicht bindende Festlegung der UN-Mitgliedsstaaten. Und so hat die sogenannte Helsinki-Gruppe[286] ebenfalls eine nicht bindende Deklaration für die Rechte von Walen und Delfinen ausgerufen. Diese Deklaration lautet folgendermaßen:

1. Jeder einzelne Wal und Delfin hat das Recht auf Leben.
2. Kein Wal oder Delfin soll in Gefangenschaft oder Knechtschaft gehalten werden, er/sie soll nicht gequält oder aus seiner natürlichen Umwelt entnommen werden.
3. Alle Wale und Delfine haben das Recht, sich frei zu bewegen und sich in ihrer natürlichen Umgebung anzusiedeln.
4. Kein Wal oder Delfin kann im Eigentum eines Staates, eines Unternehmens, einer Gruppe von Menschen oder einer Person sein.
5. Wale und Delfine haben ein Recht darauf, dass ihre natürliche Umgebung geschützt ist.
6. Wale und Delfine haben ein Recht darauf, dass ihre Kulturen nicht zerstört werden.
7. Die Rechte, Freiheiten und Normen dieser Deklaration sollen durch internationale und nationale Gesetzgebung geschützt werden.
8. Wale und Delfine haben ein Recht darauf, dass diese Rechte, Freiheiten und Normen durch ein internationales Regelwerk umgesetzt werden.
9. Kein Staat, Unternehmen, keine Gruppe von Menschen oder Personen soll sich an irgendeiner Aktivität beteiligen, durch die diese Rechte, Freiheiten und Normen eingeschränkt werden.
10. Nichts in dieser Deklaration soll einen Staat davon abhalten, strengere Vorschriften zum Schutz der Rechte von Walen und Delfinen zu erlassen.

Sollten Sie an dieser Stelle bereit sein, diese Deklaration mit Ihrem guten Namen zu unterstützen, dann besuchen Sie bitte die Webseite **www.walrecht.de** und geben Sie den Walen Ihre Stimme. Das wäre nicht umsonst, denn eine vergleichbare Deklaration, die »Declaration on Great Apes«[287], zeigt bereits erste Erfolge. So haben beispielsweise Neuseeland bereits 2001 und das spanische Parlament 2008 eine Resolution zu deren Sonderstatus erlassen. Doch auch in den USA wird der Umgang mit Tieren kritisch diskutiert und ethisch hinterfragt. So kommt zum Beispiel eine Studie des »Institute of Medicine« (IOM), die im Auftrag des »National Institutes of Health« (NIH) im Dezember 2011 veröffentlicht wurde, zu dem Schluss, dass aus wissenschaftlicher Sicht keine invasiven medizinischen Experimente an Primaten erforderlich sind und dass demnach die Anzahl der geförderten Projekte reduziert werden kann.[288]

Als erstes Resultat dieser internationalen Diskussion wurden bereits viele Primaten aus Forschungslaboratorien in Schutzstationen wie Chimp Haven[289] (in den USA), Stichting Aap[290] (Niederlande), Monkey World[291] (Großbritannien) oder HOPE[292] (Österreich) gebracht. Problematisch ist nur, dass viele der Tiere absichtlich mit HIV oder Hepatitis C infiziert wurden und dass somit besondere Sicherheitsvorkehrungen erforderlich werden. Ein ähnliches Projekt für ehemalige Showdelfine plant der weltweit zweitgrößte Vergnügungsparkbetreiber, die »Merlin Entertainments Group«[293], gemeinsam mit der internationalen Wal- und Delfinschutzorganisation WDC[294].

Auch Deutschland kann sich dieser Debatte nicht entziehen, und so wurden bereits in Bremen, München und Berlin[295] Experimente an Primaten verboten. Der Bremer Hirnforscher Andreas Kreiter legte 2008 gegen die Nichtverlängerung seiner Genehmigung für weitere Experimente an Rhesusaffen allerdings Einspruch ein. Nach vier Jahren Gerichtsstreit konnte er sich am 11. 12. 2012 am Landesverwaltungsgericht in Bremen durchsetzen und darf nun weiterexperimentieren. Damit sind wir gleich beim nächsten Thema: der Rolle der Wissenschaft in der Diskussion.

Die Rolle der Wissenschaft

Natürlich kann ich nicht beurteilen, in wieweit Ihre Meinung über Rechte für nichtmenschliche Personen schon feststand, bevor Sie dieses Buch gelesen haben. Ich glaube aber, dass die politische Diskussion über das Thema auf der Grundlage von wissenschaftlichen Forschungsergebnissen erfolgen sollte. Demnach muss auch die Rolle der Wissenschaft kritisch hinterfragt werden. Ist die Wissenschaft wirklich so unabhängig, wie wir uns das wünschen, und können wir uns wirklich auf ihre Ergebnisse verlassen? Letzteres ist schnell beantwortet: Nein, wir können uns nicht auf wissenschaftliche Ergebnisse verlassen, denn durch neue Erkenntnisse kann man schnell zu neuen Ergebnissen kommen. Das ist Wissenschaft. Dennoch bietet sie uns eine gewisse Verlässlichkeit, und in unserem Fall wäre es eine große Überraschung, wenn sich herausstellen würde, dass sich die kognitiven Errungenschaften der Menschen nicht im Verlauf der Evolution entwickelt hätten, sondern von einem Tag zum anderen dagewesen wären. Wenn sich unsere Fähigkeiten also entwickelt haben, dann ist es sehr wahrscheinlich, dass wir Vergleichbares auch bei Tieren entdecken. Dabei spielt es keine Rolle, ob diese so komplex ausgeprägt sind wie bei uns Menschen oder nur in Ansätzen vorhanden sind. Insofern gibt es also doch eine gewisse Sicherheit.

Die Frage, ob die Wissenschaft wirklich unabhängig und unvoreingenommen ist, kann leider nicht so einfach beantwortet werden. Das folgende Beispiel soll dies verdeutlichen: Als aufmerksamer und interessierter Leser sind Sie möglicherweise meinen Literaturhinweisen gefolgt. Vielleicht ist Ihnen aufgefallen, dass ich beim Thema »Große Menschenaffen« oft den holländischen Forscher Frans de Waal zitiert habe. Ich denke, man darf ihn ohne Übertreibung als einen der wichtigsten Primatenforscher unserer Zeit bezeichnen. Er war durch seine Arbeit in den letzten Jahrzehnten maßgeblich am Erkenntnisgewinn in Bezug auf dieses Thema beteiligt. Mit anderen Worten: Er hat entscheidend dazu beigetragen, Argumente für die These dieses Buches zu liefern. Dennoch lehnt er Sonderrechte für Große Menschenaffen ab und wird in der Zooliteratur mit folgenden Worten zitiert: »Wenn wir nur ein Bett im Krankenhaus frei haben – wem wollen wir es geben? Einem Menschen oder einem Affen?«[296] Wie kann das sein? Frans de Waal und Birgit Brandau erklären in ihrem hervorragenden Buch »Primaten und Philosophen: Wie die

Evolution die Moral hervorbrachte«[297] woher wir Menschen unsere Moral haben. Warum zieht de Waal nicht aus seinen eigenen wissenschaftlichen Erkenntnissen die moralischen Konsequenzen? Warum stimmt er nicht seinem Kollegen Richard Byrne zu, der sagt: »Der sicherste Weg, mit Primaten umzugehen wäre, sie so zu behandeln, als wären sie Menschen.«[298]?

Frans de Waal ist gegen medizinische Versuche an Primaten. Er begründet seinen Standpunkt mit der offensichtlichen und genetischen Nähe zu uns Menschen. Er sagt: »Das gleiche Argument, warum Schimpansen für die Biomedizin wichtig sind, ist das ethisch überzeugendste Argument gegen ihre Nutzung.«[299] Für ihn gibt es eine klare Grenzlinie: Er ist gegen invasive Techniken, würde aber mit seinen Affen alles machen, was er auch mit Menschen tun würde. So sehr ich Frans de Waal für seine intelligenten Experimente schätze, so wenig kann ich seiner ethischen Logik folgen. Wie kann man immer wieder betonen und wissenschaftlich beweisen, dass uns die Menschenaffen so nah sind und ihnen andererseits das wichtigste Recht, das Recht auf Freiheit und Selbstbestimmung, vorenthalten?

Tatsächlich führt de Waal seit Jahren Experimente mit seinen Affen durch, die er mit Menschen so nicht durchführt oder durchführen würde, denn kein Mensch würde sich freiwillig sein Leben lang in Gefangenschaft begeben. Auch ist sein oben angeführtes Argument in Bezug auf das Krankenhausbett scheinheilig: Menschenaffen leben nicht in unseren Städten und Gemeinden mit Zugang zu Krankenhäusern, sondern in der freien Natur. Dort unterliegen sie ihren eigenen Gesetzen und Regeln. Wenn wir die Tiere dort lassen, wo sie hingehören, dann würde sich die Frage mit dem Krankenhausbett überhaupt nicht stellen. Warum ein so engagierter Primatenforscher diesen Standpunkt vertritt, beschreibt de Waal selbst in einem Artikel, in dem er sich intensiv mit der ethischen Frage der Forschung an Schimpansen beschäftigt[300]. Er schreibt darin, dass es für ihn bedeutungslos war, dass Neuseeland und Spanien sich für mehr Rechte für Primaten ausgesprochen haben, dass es für ihn aber von Belang war, als entsprechende Diskussionen auch in Japan und Holland geführt wurden. Im Gegensatz zu Neuseeland und Spanien halten Japan und Holland Menschenaffen in Gefangenschaft. Frans de Waal ist Holländer, der in den USA arbeitet. Vermutlich macht ihn auch die Diskussion dort nervös: Was, wenn seine Forschungstiere, die Bonobos, Rechte bekommen und man mit ihnen nicht mehr experimentieren darf? Vielleicht müsste er dann das erste Mal in seinem Leben einen Bonobo im Freiland besuchen und ihn darum bitten, in seinem Territorium akzeptiert zu werden?

Wissenschaftler haben überall auf der Welt und in jeder Epoche unserer Geschichte das Problem gehabt, dass bestimmte Forschungsfragen aus ethischen Gründen nicht bearbeitet werden durften – sei es die Erkenntnis, dass die Erde nicht der Mittelpunkt des Universums ist, oder dass man Menschen klonen kann. Bestimmte Forschungsvorhaben waren bzw. sind verboten. Es ist die Aufgabe der Wissenschaft, über unseren Horizont hinaus zu schauen, und kein Forscher auf dieser Welt lässt sich gerne vorschreiben, wie weit er gehen oder eben nicht gehen darf. Als Gesellschaft haben wir aber die Aufgabe, Wissenschaft und Forschung mitzugestalten und an die Bedürfnisse aller anzupassen. Ein Widerspruch, dem sich die Ethikkommissionen der unterschiedlichen Forschungsbereiche immer wieder stellen müssen.

Vielleicht hilft Ihnen folgender Gedanke, um diesbezüglich zu einem eigenen Standpunkt zu gelangen: In einem Vortrag bin ich einmal gefragt worden, warum ich denn die Haltung von Delfinen in Gefangenschaft ablehne, wenn ich doch so viele in Gefangenschaft gewonnene wissenschaftliche Erkenntnisse nutzen kann, um meinen Standpunkt zu erklären. Meine Antwort war simpel: Weil wir zu kumulierter Kultur fähig sind! Das musste ich natürlich erklären: Wie wir gelernt haben, können wir zu bereits Gelerntem hinzulernen und so komplexe Probleme lösen. Die Tatsache, dass uns heute genügend wissenschaftliche Argumente zur Verfügung stehen, um einen Persönlichkeitsstatus von verschiedenen Tierarten gut zu begründen, gibt uns die Möglichkeit, auf Grundlage dieser Erkenntnisse Entscheidungen zu fällen. Wenn diese Entscheidungen dazu führen, dass wir vergangenes Verhalten aus ethischen Gründen nicht mehr gutheißen können, dann haben wir die Verpflichtung, dieses heute zu ändern. Da wir bereits im Alter von sechs bis sieben Jahren beurteilen können, ob jemand für ein Verhalten als schuldig anzusehen ist oder nicht, fällt es uns nicht schwer, uns für unser Handeln in der Vergangenheit nicht schuldig zu fühlen. Schuldig ist der, der wider besseres Wissens an altem, ethisch zu kritisierendem Handeln festhält. Aus meiner Sicht wird in diesem Fall die Wissenschaft nicht ethisch eingeschränkt, sie hat sich nur selbst zu einem Standpunkt hin entwickelt, der es rein logisch nicht mehr möglich macht, bestimmte Handlungsweisen zu rechtfertigen. Oder kurz und knapp: Stellen Sie sich einfach vor, eine außerirdische Rasse hätte bei uns Selbstbewusstsein und Intelligenz erkannt und würde trotzdem weiter mit uns herumexperimentieren.

Wem gehören Morgan und der Rest der Welt?

Auf den ersten Seiten dieses Buches habe ich die Frage aufgeworfen, wem »unser« Planet Erde eigentlich gehört. Beantworten möchte ich diese Frage nun am Beispiel einer jungen Orcadame namens Morgan. Ihre Geschichte beginnt wie ein Märchen: »Morgan hatte sich in dem großen dunklen Meer verschwommen, nach langem Umherirren, Hunger und Durst strandete sie erschöpft an den Gestaden des Südlandes. Kleine Männchen mit putzigen Hüten und Jacken, um sich vor dem Wasser zu schützen, entdeckten sie und waren ihr wohlgesonnen. Sie erkannten ihre missliche Lage und taten alles ihnen Mögliche, um sie zu retten. Die Männchen gehörten einem großen Volk an und befragten ihre Weisen, wie man mit dem armen Tier verfahren solle. Die Weisen, allesamt Experten auf ihrem Gebiet, entschieden, sie sei zu jung und zu geschwächt, um selbst zu überleben, man müsse sich um sie kümmern.« Das Märchen könnte hier zu Ende sein – oder mit folgendem Happyend: »So wurde sie mitgenommen und von den kleinen Männchen umsorgt und gefüttert. Nach einiger Zeit hatte sie sich erholt und genügend Gewicht zugelegt. Die Männchen brachten sie in ein großes Gehege, und endlich schmeckte sie die Nordsee wieder, nun hatte sie wieder Platz zum herumtollen. In der Zwischenzeit hatte man ihre Heimat gefunden und wusste ungefähr, wo ihre verlorene Familie war. Eines Tages, bei schönem Wetter, wurde sie dann in ihre Heimat zurückgebracht und inmitten eines großen Heringsschwarmes ausgesetzt. Nun konnte sie nach Herzenslust jagen und sich sattessen. Sie freute sich riesig, denn es war nur noch eine Frage der Zeit, bis ihre Familie hier vorbeikommen musste.«

Doch leider ist das nicht die wahre Geschichte, sondern eben ein Märchen. Tatsächlich ist ihre Geschichte eine der traurigsten Tierschicksale, die ich kenne, und ich wäre nicht überrascht, in einigen Jahren ihr Leben im Kino zu sehen.

Doch zunächst die Fakten: Morgan ist ein junges Orcaweibchen, das am 23. Juni 2010 im holländischen Wattenmeer entdeckt wurde. Ihr Gesundheitszustand war ausgesprochen schlecht, und die Tatsache ihrer Anwesenheit in der südlichen Nordsee deutete darauf hin, dass sie die Orientierung verloren hatte. Das Delfinarium Harderwijk besitzt eine Genehmigung, gestrandete Tiere aufzunehmen, zu versorgen und, wenn der Gesundheitszustand es zulässt, diese wieder in die Freiheit zu entlassen. Morgan wurde daher von Angestellten des Delfinariums gefangen und in einem Pool von 7,1 Meter × 12,4 Meter untergebracht – ein Pool, in dem sie praktisch »stehen« konnte und der an seiner längsten Stelle noch nicht einmal doppelt so lang war wie sie selbst.

Dort wurde sie medizinisch versorgt und gefüttert. Während der ersten sechs Wochen stieg ihr Gewicht von 430 Kilogramm auf 690 Kilogramm, ein Gewicht, das als nahezu normal für ihr geschätztes Alter angesehen wurde. Leider hätte sie zu diesem Zeitpunkt trotz ihrer wiederhergestellten Gesundheit kaum eine Überlebenschance gehabt, da sie in ihrem Alter von drei bis vier Jahren noch lange von ihrer Familie abhängig ist. Dennoch stellte sich bereits wenige Wochen nach ihrem Fang heraus, dass das

Delfinarium ihre Freilassung gar nicht plante, denn sie wurde unmittelbar nach ihrer Genesung in den Showbetrieb des Delfinariums integriert. Dies ist ausgesprochen ungewöhnlich, denn den Experten der Einrichtung war bewusst, dass die Interaktion mit Menschen auf ein Minimum beschränkt bleiben muss, um eine erfolgreiche Auswilderung zu gewährleisten. Offenkundig wurde die wirkliche Strategie des Delfinariums, als durch genetische Tests und akustische Untersuchungen die Heimat von Morgan identifiziert werden konnte, denn zu diesem Zeitpunkt, also ab November 2010, hätte der von einer Reihe von Orcaexperten vorgelegte Auswilderungsplan[301] in Kraft treten können, denn das Hauptproblem, die Identifizierung ihrer Heimat, war gelöst. Stattdessen begann ein Rechtsstreit.

Morgan verblieb insgesamt siebzehn Monate in dem winzigen Pool, bis sie im November 2011 an den privaten Vergnügungspark »Loro Parque« auf Teneriffa weitergegeben wurde. Dort konnte sie, wie von vielen Experten vorausgesagt, nicht in die soziale Gruppe der bereits vorhandenen Tiere integriert werden und diese wendeten sich mit aggressivem Verhalten gegen sie. Ihr Körper ist übersät mit Spuren von Verletzungen, die ihr durch die anderen Tiere, aber auch durch sie selbst (es wurde dokumentiert, wie sie ihren Kopf gegen die Betonwand schlägt) beigebracht wurden.

Ihr desaströser Gesundheitszustand wurde durch die international anerkannte Orcaforscherin Ingrid Visser dokumentiert[302]. Sie identifizierte in 77 Beobachtungsstunden insgesamt 91 Aggressionen. Außerdem dokumentierte sie sexuelle Übergriffe des Männchens Keto. Berücksichtigt man Morgans Alter, dann müsste man diese Annäherungsversuche sozusagen als Kindesmissbrauch beschreiben – ein Verhalten, das in der Natur vom dominanten Weibchen der Gruppe nicht geduldet würde. Leider gibt es in der Gruppe kein dominantes Weibchen, sondern nur Tiere, die viel zu früh von ihren Müttern getrennt wurden. Die geringe Sozialisierung und vermutlich auch die damit verbundenen traumatischen Störungen führen zu extremem Fehlverhalten der Tiere. So müssten wir Menschen Keto nicht nur als Kinderschänder, sondern auch als Mörder bezeichnen, denn er hat 2009 einen Trainer attackiert und getötet. Damit ist er aber nicht alleine, denn ebenfalls 2009 hat das damals fünf Jahre alte Weibchen Skyla einen Trainer unter Wasser mutwillig an die Wand gedrückt, und 2007 hat das sieben Jahre alte Männchen Tekoa die deutsche Trainerin Claudia Vollhardt schwer verletzt. Das ehemalige Model musste ins Krankenhaus und die Bisswunde musste genäht werden. In beiden Fällen handelte es sich um lebensgefährliche Unfälle, die vom Park heruntergespielt wurden. Der »Loro Parque« ist aber kein Einzelfall, auch in den USA gibt es eine große Anzahl vergleichbarer Unfälle, einige sogar mit Todesfolge. Aus diesem Grund gab es eine Anhörung im amerikanischen Kongress[303], in der unter anderem die uns bekannte Forscherin Lori Marino auf die ungelösten Probleme der Orcahaltung aufmerksam machte. Diesem gestörten Verhalten steht die Tatsache gegenüber, dass Menschen in der natürlichen Umwelt der Orcas potenzielle Nahrung sind, dass es aber, soweit mir bekannt ist, nicht einen einzigen aggressiven Übergriff auf menschliche Schwimmer durch Orcas gibt. Bei dem extremen Fehlverhalten der gefangenen Tiere drängt sich der Vergleich mit den amoklaufenden Elefanten auf, die, ihrer Sozialisierung und Kultur beraubt, außerhalb ihrer sozialen Normen agieren.

Dieses Kapitel heißt: »Wem gehört Morgan und der Rest der Welt?« Man mag den Eindruck haben, dass Morgan im Moment des Fangs in den Besitz des holländischen Delfinariums übergegangen ist und dass sie dann einfach an die spanische Einrichtung verkauft wurde. Dies steht im Einklang mit unserem Weltbild, denn ich kann nur Geschäfte mit etwas machen, das mir auch gehört. Im Herbst 2010 habe ich darum auf der ASCOBANS-Vertragsstaatenkonferenz[304] den holländischen Delegierten gefragt, wem Morgan eigentlich gehöre. Aufgewachsen war sie in Norwegen, und gefangen wurde sie in Holland von einem privaten Vergnügungsparkbetreiber. Gehört sie nun Norwegen, Holland, oder ist sie in Privatbesitz? Seine Antwort überraschte mich nicht, aber vielleicht Sie: Er sagte, er wüsste es nicht, und wenn ihm vorher das Ausmaß der juristischen Probleme mit Morgan klar gewesen wäre, dann hätte er keine Fanggenehmigung erteilt. Tatsächlich ist nämlich der Besitz von Morgan illegal. Es ist in Europa nicht erlaubt, Wale oder Delfine zu fangen oder mit Produkten aus ihrem Körper zu handeln. Wale oder Delfine genießen in Europa aufgrund ihrer Bedrohung durch menschliche Aktivitäten den höchsten Schutzstatus. Wie kann es nun aber passieren, dass ein norwegischer Wal illegal in Holland in Besitz genommen wird und nun eine Publikumsattraktion auf einer spanischen Ferieninsel ist?

Diese Frage ist nicht einfach zu beantworten, sie ist aber ursächlich mit unserem Umgang mit der Natur und den Tieren verbunden. Ich muss daher zwei Aspekte kurz erläutern, damit Sie sich selbst ein Bild über den juristischen Hintergrund dieser ganzen Geschichte machen können: Zum gegenwärtigen Zeitpunkt unserer kulturellen Entwicklung unterscheiden wir zwischen Tierschutz und Naturschutz. Juristisch sind dies zwei völlig getrennte Welten, und in der europäischen, aber auch in der deutschen Praxis sind für diese Welten unterschiedliche Ministerien zuständig.

Betrachten wir zunächst den Naturschutz: Morgan ist aufgrund der europäischen Fauna-Flora-Habitatrichtlinie geschützt, und der Handel mit ihr ist durch das CITES-Abkommen verboten. Beide Regelungen sollen die Tiere in ihrer natürlichen Umwelt schützen. Dieser Schutz ist erforderlich, denn anderenfalls würden diverse menschliche Aktivitäten Stück für Stück den natürlichen Lebensraum der Tiere zerstören, und wir würden aus der Natur alles Verkaufbare entnehmen, bis nichts mehr da wäre. Die Nutzung der Natur muss also gerecht und nachhaltig geregelt werden. Die Naturschutzgesetze sollen letztlich sicherstellen, dass an Land wie auch im Meer die natürliche Umwelt erhalten bleibt und dass gefährdete Tiere weder absichtlich noch unabsichtlich getötet werden. Dass dies nicht immer gewährleistet ist, liegt an teilweise widersprüchlichen Gesetzen. So war im Mittelalter, der Zeit, in der der Grundstein für unser deutsches Bergrecht gelegt wurde, Umweltschutz kein Thema. Als Resultat durfte beispielsweise eine Tochterfirma der BASF 2007 seismische Untersuchungen in einem Meeresschutzgebiet durchführen, obwohl dabei Schweinswale tödlich verletzt werden konnten. Die Genehmigung wurde aufgrund des Bergrechtes vom Bergamt in Clausthal-Zellerfeld, einer kleinen idyllischen Gemeinde im Harz, und entgegen den ausdrücklichen Widerspruch des Bundesamtes für Naturschutz erteilt.

Ein anderes Beispiel ist die Fischerei. Hier werden jährlich Hunderttausende Wale und Delfine als sogenannter Beifang erstickt. In der Ostsee ist die Zahl der in Stellnetzen getöteten Schweinswale größer als die Zahl der Tiere, die neu geboren werden. Mit anderen Worten: Die hauptsächlich als Hobby betriebene Stellnetzfischerei rottet unsere einzige Walart in der Ostsee aus. Das zuständige Ministerium, das Umweltministerium und seine beiden untergeordneten Behörden (das Bundesamt für Naturschutz (BfN) und das Umweltbundesamt (UBA)) sind da machtlos.

Die Naturschutzarbeit und unsere moralische Entwicklung in den letzten Jahrzehnten haben dennoch dazu geführt, dass naturschutzrechtliche Aspekte mit großer Transparenz behandelt werden. Im Prinzip ist es Umweltverbänden möglich, detaillierten Einblick in alle Entscheidungsprozesse und alle relevanten Dokumente zu erhalten. Erst diese Transparenz ermöglicht eine effiziente Arbeit der Umweltschutzverbände, und so konnte in den letzten Jahren Umweltschutz auf sachlicher Diskussionsebene und manchmal auch vor Gericht erstritten werden.

Ein Journalist hat mich einmal gefragt, warum es überhaupt noch Umweltschutzverbände gäbe, da sich kaum noch jemand an eine Schiene kette, sich auf einen Baum oder Schornstein setze oder sich von einer Brücke abseile usw. Meine Antwort war ungefähr folgende: Heutzutage haben Umweltverbände ihre Arbeit verfehlt, wenn es zu solchen Maßnahmen kommen muss. Die Gesetzgebung gibt uns schon im Vorfeld die Möglichkeit, gegen bestimmte Eingriffe vorzugehen. Natürlich stimmt das nicht in jedem Fall, wie die Beispiele oben zeigen, denn alte Gewohnheiten, verstrickte Zuständigkeiten und doppeldeutige Gesetze sind schwer zu überwinden. Es bleibt aber die Tatsache, dass sich Umweltschutz heute anderer Mechanismen bedient und dass die wissenschaftliche und inhaltliche Diskussion an Stellenwert gewonnen hat.

Vielleicht mag der eine oder andere bedauern, dass diese Mechanismen weniger interessant für die Medien sind, aber sie sind nicht weniger erfolgreich, im Gegenteil: Die Entnahme von Morgan aus der Natur hätte heutzutage theoretisch eines komplexen bürokratischen Genehmigungsprozesses bedurft. Im Rahmen dieses Prozesses wären alle relevanten Aspekte geprüft worden und wir Umweltverbände hätten uns an diesem Prozess beteiligen können. Die Entscheidung, Morgan einzufangen, wurde allerdings binnen weniger Stunden und mit einer Sondergenehmigung des Delfinariums durchgesetzt. Das Delfinarium hat, wie schon gesagt, die Aufgabe, gestrandete Tiere aufzunehmen, zu pflegen und dann wieder freizulassen. Morgan war aber keine kleine »wertlose« Robbe, sondern ein potenzieller Goldschatz, weil sie einerseits die Möglichkeit bot, die Besucherzahlen zu steigern und andererseits eine unglaublich wichtige Bereicherung des Genpools der in Gefangenschaft gehaltenen Orcas weltweit ist. Orcas lassen sich ausgesprochen schlecht in Gefangenschaft halten, und ihre Population ist viel zu klein, um Inzucht zu vermeiden. Der Wildfang von neuen Tieren ist jedoch weltweit verboten, und die Betreiber der Multi-Millionen-Anlagen sehen sich mit dem Problem konfrontiert, dass sich die Tiere nicht nachhaltig vermehren und eine viel geringere Lebenserwartung haben als das in der Natur der Fall ist. Deren gewaltige Investitionen sind somit gefährdet, wenn es nicht gelingt, durch Gesetzeslücken neue Tiere in Gefangenschaft zu bringen. Befinden sich die Tiere allerdings erst einmal dort, dann betreten sie die juristische Welt des Tierschutzes, und in der lebt es sich nicht gut. Sie hinkt um mindestens zwanzig Jahre der Welt des Naturschutzes hinterher. So ist es beispielsweise für eine Naturschutzorganisation überhaupt kein Problem, gegen bestimmte Eingriffe in die Natur zu klagen. Für Tierschutzorganisationen gibt es dieses Recht nicht. So hat die WDC erfolgreich gegen die Stadt Nürnberg als Betreiber des Delfinariums geklagt, weil sie sich auf das *Umwelt*informationsfreiheitsgesetz bezogen hat. Die Gutachter des Gerichts bestätigen unseren Standpunkt, dass Wildtiere auch in Gefangenschaft Bestandteile der Natur bleiben und diesen Status durch bloße Inbesitznahme nicht verlieren. Dies ist europaweit bisher eine einmalige Entscheidung, und das Recht der WDC ist darauf beschränkt, die Akten des Delfinariums einsehen zu dürfen, mehr nicht. Vorerst spielt es keine Rolle, dass wir beweisen können, dass die Tiere bei Fehlverhalten unter Psychopharmaka gesetzt werden, dass sie nicht nachhaltig gezüchtet werden und ihre Lebenserwartung reduziert ist.

Doch wir leben in einer Demokratie, und die Entwicklung ist im Prozess. So setzt sich das Landwirtschaftsministerium von Baden-Württemberg gemäß des grün-roten Koalitionsvertrags für ein Verbandsklagerecht für staatlich anerkannte Tierschutzverbände ein. Interessant ist in diesem Zusammenhang die Stellungnahme des Verbandes der Deutschen Zoo-Direktoren, die sich gegen ein Klagerecht aussprechen. Sie teilen damit den Standpunkt des Verbandes der chemischen Industrie, die ihre Tierversuche im Rahmen der pharmakologischen Forschung gefährdet sieht. Dank der Transparenz in den deutschen Behörden sind diese Stellungnahmen aber für jedermann einsehbar.[305]

Ich habe Morgan als Beispiel gewählt, um einerseits zu zeigen, dass Recht haben nicht gleichbedeutend ist mit Recht bekommen, aber auch, um andererseits deutlich zu machen, dass unsere Moral im Wandel ist. Die Natur und ihre Bestandteile werden nicht mehr nur als nutzbare Ressource gesehen, sondern als Schutzgut betrachtet. In unserer menschlichen Wahrnehmung schützen wir dieses Gut allerdings nur für *uns* und unsere Nachkommen. Unsere Umweltschutzgesetze zielen nicht darauf ab, Individuen zu schützen, sondern sollen dafür sorgen, dass nicht noch mehr Tierarten aussterben und die Natur nutzbar bleibt. So werden viele Diskussionen über besseren Umweltschutz auch nicht der Umwelt zuliebe geführt, sondern weil man ausrechnet, wie teuer es für unsere menschliche Gesellschaft würde, wenn wir bestimmte Umweltschutzmaßnahmen nicht ergreifen würden. Wir sind als menschliche Gemeinschaft noch weit davon entfernt, Tieren, selbst wenn es sich um Personen handelt, mehr Wert als den Kilopreis beizumessen.

Jeder vernünftige Mensch muss sich an dieser Stelle die Frage stellen, ob wir nicht wichtigere Probleme zu lösen haben: Wird nicht in vielen Teilen der Welt die Hälfte der Bevölkerung vom männlichen Teil der Gesellschaft dominiert? Stirbt nicht alle drei Sekunden ein Mensch an Unterernährung, und ist Kinderarbeit nicht ein weit verbreitetes und ungelöstes Problem? Wenn Ihnen dies alles noch zu weit weg ist von Ihrem eigenen Alltag, dann denken Sie nur an Themen wie Arbeitslosigkeit und soziale Gerechtigkeit. Zweifelsfrei haben wir viele wichtige Dinge zu erledigen. Doch obwohl in jeder Epoche der Menschheitsgeschichte große und fundamentale Probleme zu lösen waren, gab es auch in jeder Zeit Individuen, die die Moral ihrer Gegenwart infrage gestellt haben und damit gesellschaftliche Veränderungen einleiteten. Die Diskussion über die Rechte nichtmenschlicher Personen mag von vielen als ein »Luxusprojekt« einer akademischen Elite betrachtet werden. Und dennoch: Unser Umgang mit diesen nichtmenschlichen Personen stellt unsere eigene Moral und unser Gerechtigkeitsempfinden infrage. Haben wir daher nicht eine moralische Verpflichtung, die von uns gewonnenen Erkenntnisse anzuwenden, in unsere menschlichen Moralvorstellungen zu integrieren und diese bei unseren Handlungen zu berücksichtigen?

Schlusswort

Auch wenn ich der Meinung bin, dass die Unterschiede zwischen Menschen und einigen Tierarten marginal sind, so sind diese doch existent und überall wahrnehmbar. Die Frage ist nur: Rechtfertigen diese Unterschiede unseren menschlichen Besitzanspruch auf diesen Planeten? Oder andersherum: Welches wissenschaftliche Argument würde als Beweis ausreichen, tierischen Persönlichkeiten die entsprechenden Rechte einer Person zuzugestehen? Braucht es einen selbstmörderischen Selbstversuch wie in unserer fiktionalen Einleitung?

Ein Beispiel: Viele Forscher sehen nur noch in Fähigkeiten wie *cumulative culture* und *shared intentionality*[306] den großen Unterschied zwischen Menschen und Tieren. Als aufmerksamer Leser dieses Buches wissen Sie, dass diese Eigenschaften Kollektivleistungen sind und nichts damit zu tun haben, ob jemand eine sich selbst bewusste, mitfühlende und planvoll handelnde, nichtmenschliche Person mit einer Vorstellung von Raum und Zeit ist. Demnach müssten wir schon heute, auf Grundlage unserer wissenschaftlichen Erkenntnis, von nichtmenschlichen Personen sprechen. Die Spekulationen über die kognitiven Leistungen in den 70ern sind heute wissenschaftliche Realität, und der Erkenntnisgewinn aus der Verhaltensbiologie, der Neurologie und der Psychologie ist überwältigend.

Es bleibt also eine politische und ethische Entscheidung, ob wir uns aus unserer Machtposition heraus für den einen oder anderen Standpunkt entscheiden. Es gibt nicht »das« wissenschaftliche Argument, welches uns Menschen davon überzeugen würde, unsere dominante Position freiwillig aufzugeben. Doch wenn wir Menschen zu einer *cumulative culture* und einer *shared intentionality* fähig sind, dann sollte uns die richtige Entscheidung leichtfallen. Es ist und bleibt aber unser eigener, bewusster Schritt in der moralischen Evolution – ein Schritt, den wir bereits vor über 2.300 Jahren begonnen haben:

In dubio pro reo.[307]

Danksagung

Eines vorweg: Fehler in diesem Buch sind ausschließlich von mir zu verantworten, darauf erhebe ich Anspruch. Darüber hinaus möchte ich Prof. Thomas White für sein inspirierendes Buch »In Defense of Dolphins« danken. Dank gebührt ihm und auch Prof. Lori Marino für die aufgebrachte Geduld bei der Beantwortung meiner Fragen. Darüber hinaus möchte ich meinen Kollegen Simon Allen, Sandra Altherr, Philippa Brakes & Mark Simmonds[308], Michael Krützen, David Lusseau, Marcus Richter, Fabian Ritter, Hans Peter Roth, Maggie Stanton, Frank Veit, Franziska Walter, Annika Winter, Solvin Zankl, Nadja Ziebarth und Olaf Töffels für ihre vielfältige Unterstützung danken. Dank auch an meine Frau und Kollegin Katrin Linke sowie an Mutter und Schwiegermutter für viel Geduld, Hilfe und Verständnis. Ein besonderer Dank gilt auch einem kleinen Kreis erlesener Zuhörer, die mir als Verständlichkeitstester immer wieder hilfreiches Feedback gegeben haben. Nicht zuletzt bin ich meinem Freund und Bestsellerautor Bas Kast und meinen beiden Lektoren Marlene Fritsch und Patrick Oelze für ihre nicht zu ersetzende Hilfe bei meinem Erstlingswerk zu größtem Dank verpflichtet. Letztlich möchte ich noch sicherstellen, dass die Grundidee dieses Buches nicht unbedingt von den hier genannten Personen geteilt werden muss.

Anhang

1 Thomas White, In Defense of Dolphins, Blackwell Publishing 2007.

2 Es gibt auch heute, also im Jahr 2013, verschiedene technische Anwendungen, bei denen ein sogenanntes »Brain Computer Interface« zum Beispiel die Steuerung einer Computermaus möglich macht (www.emotivlifesciences.com).

3 C. Molnár, P. Pongrácz, T. Faragó, A. Dóka, Á. Miklósi, Dogs discriminate between barks: The effect of context and identity of the caller, Behavioural Processes 82, 198–201, 2009.

4 V. A. Matrosova, I. Schneiderová, I. A. Volodin, E. V. Volodina, Species-specific and shared features in vocal repertoires of three Eurasian ground squirrels (genus spermophilus), Acta Theriol DOI 10.1007/s13364-011-0046-9.

5 I. Schneiderová, R. Policht, Alarm calls of the european ground squirrel spermophilus citellus and the taurus ground squirrel s. taurensis encode information about caller identity, Bioacoustics: The International Journal of Animal Sound and its Recording 20/1.

6 C. Blomqvist, M. Amundin, High-Frequency Burst-Pulse Sounds in Agonistic/Aggressive Interactions in Bottlenose Dolphins (Tursiops truncates), Chapter 60, 425–431, in: »Echolocation in Bats and Dolphins«, Chicago 2004.

7 S. L. Watwood, P. L. Tyack, R. S. Wells, Whistle sharing in paired male bottlenose dolphins, Tursiops truncates, Behav Ecol Sociobiol 55, 531–543.

8 www.johnclilly.com

9 J. C. Lilly, The Mind of the Dolphin: A Nonhuman Intelligence, New York 1967.

10 M. C. Caldwell, D. K. Caldwell, Individualized whistle contours in bottlenose dolphins (tursiops truncatus). Science, 207, 434–435, 1965; M. C. Caldwell, D. K. Caldwell, P. L. Tyack, Review of the signature-whistle hypothesis for the Atlantic bottlenose dolphin, in: S. Leatherwood, R. R. Reeves (eds.), The Bottlenose Dolphin, 199–233, New York 1990.

11 H. C. Esch, L. S. Sayigh, J. E. Blum, R. S. Wells, Whistles as potential indicators of stress in bottlenose dolphins (Tursiops truncatus), J. Mamm. 90, 638–650, 2009.

12 H. Bertelsmann, Stress und Wohlergehen bei Großen Tümmlern in Zootierhaltung, manati 2, 27–31, 2003.

13 L. S. Sayigh, P. L. Tyack, R. S. Wells, A. R. Solow, M. D. Scott, A. B. Irvine, Individual recognition in wild bottlenose dolphins: a field test using playback experiments, Animal Behavior 57/1, 41–50, 1999.

14 V. M. Janik, L. S. Sayigh, R. S. Wells, Signature whistle contour shape conveys identity information to bottlenose dolphins. Proc. Natl. Acad. Sci. USA 103, 8293–8297, 2006.

15 www.wdcs.org/connect/wildlife_centre/index.php

16 V. M. Janik, Whistle matching in wild bottlenose dolphins (Tursiops truncatus), Science 289, 1355–1357, 2000.

17 N. J. Quick, V. M. Janik, ›Bottlenose dolphins exchange signature whistles when meeting at sea‹, Proceedings of the Royal Society of London Series B: Biological Sciences 279, 2539–2545, 2012.

18 V. M. Janik, S. L. King, L. S. Sayigh, R. S. Wells, Identifying signature whistles from recordings of groups of unrestrained bottlenose dolphins (Tursiops truncatus), Mar. Mammal Sci. 2012.

19 E. Bojanowski, Vocal behaviour in bottlenose dolphins (Tursiops truncatus): Ontogeny and contextual use in specific interactions, Doctoral dissertation, Free University of Berlin 2002.

20 E. R. Hawkins, D. F. Gartside, Whistle emissions of Indo-Pacific bottlenose dolphins (Tursiops aduncus) differ with group composition and surface behaviors, J. Acoust. Soc. Am. 127/4, 2652–2663, 2010.

21 D. G. Richards, J. P. Wolz, L. M. Herman, Vocal mimicry of computer-generated sounds and vocal labeling of objects by a bottlenosed dolphin (Tursiops truncatus), J. Comp. Psychol. 98, 10–28, 1984;

P. L. Tyack, Whistle repertoires of two bottlenosed dolphins (Tursiops truncatus): Mimicry of signature whistles? Behav. Ecol. Sociobiol. 18, 251–257, 1986.

22 L. M. Herman, S. III Kuczaj, M. D. Holder, Responses to anomalous gestural sequences by a language-trained dolphin: Evidence for processing of semantic relations and syntactic information. Journal of Experimental Psychology 122, 184–194, 1993.

23 L. M. Herman, P. Morrel-Samuels, A. A. Pack, Bottlenosed dolphin and human recognition of veridical and degraded video displays of an artificial gestural language, Journal of Experimental Psychology 119, 215–230, 1990.

24 D. Reiss, B. McCowan, Spontaneous vocal mimicry and production by bottlenose dolphins (Tursiops truncatus): Evidence for vocal learning, Journal of Comparative Psychology 107, 301–312, 1993.

25 S. Ridgway, D. Carder, M. Jeffries, M. Todd, Spontaneous human speech mimicry by a cetacean, Current Biology 22, 20, 2012.

26 D. L. Herzing, Vocalizations and associated underwater behavior of free-ranging Atlantic spotted dolphins (Stenella frontalis), and bottlenose dolphins (Tursiops truncatus), Aquatic Mammals, 22, 61–79, 1996; D. L. Herzing, The natural history of free-ranging Atlantic spotted dolphins (Stenella

frontalis): Age classes, color phases, and female reproduction, Marine Mammal Science 13, 576–595, 1997; D. L. Herzing, Acoustics and social behavior of wild dolphins: Implications for a sound society, in: W. W. L. Au, A. N. Popper, R. R. Fay (eds.), Hearing by whales and dolphins, 225–272, New York 2000; D. L. Herzing, Transmission mechanisms of social learning in dolphins: Underwater observations of free-ranging dolphins in the Bahamas. Autour de l'Ethologie et de la Cognition Animale, Presses Universitaires de Lyon, Special Publication, 185–193, 2005; D. L. Herzing, The currency of cognition: Assessing tools, techniques, and media for complex behavioral analysis, Aquatic Mammals 32, 544–553, 2006; D. L. Herzing, C. M. Johnson, Interspecific interactions between Atlantic spotted dolphins (Stenella frontalis) and bottlenose dolphins (Tursiops truncatus) in the Bahamas, 1985–1995, Aquatic Mammals 23, 85–99, 1997.

27 D. L. Herzing, F. Delfour, A. A. Pack, Responses of Human-Habituated Wild Atlantic Spotted Dolphins to Play Behaviors Using a Two-Way Human/Dolphin Interface, International Journal of Comparative Psychology 25, 137–165, 2012.

28 A. Tschudin, J. Call, R. I. M. Dunbar, G. Harris, C. van der Elst, Comprehension of signs by dolphins (Tursiops truncatus). Journal of Comparative Psychology 115, 100–105, 2001.

29 B. Hare, M. Tomasello, Domestic dogs (Canis familiaris) use human and conspecific social cues to locate hidden food. Journal of Comparative Psychology 113, 173–177, 1999.

30 Z. Virányi, M. Gácsi, E. Kubinyi, J. Topál, B. Belényi et al., Comprehension of human pointing gestures in young human-reared wolves (Canis lupus) and dogs (Canis familiaris), Anim Cogn 11, 373–387, 2008.

31 M. Udell, N. Dorey, C. Wynne, Wolves outperform dogs in following human social cues, Animal Behavior 76, 1767–1773, 2008.

32 A. Miklósi, E. Kubinyi, J. Topál, M. Gácsi, Z. Virányi et al., A simple reason for a big difference: Wolves do not look back at humans but dogs do, Curr Biology 13, 763–766, 2003.

33 www.seti.org/doyle

34 K. M. Dudzinski, J. Gregg, K. Melillo-Sweeting, B. Seay, A. Levengood, S. A. Kuczaj II, Tactile Contact Exchanges Between Dolphins: Self-rubbing versus Inter-individual Contact in Three Species from Three Geographies, International Journal of Comparative Psychology 25, 21–43, 2012.

35 T. A. Déméré, M. R. McGowen; A. Berta, J. Gatesy, Morphological and molecular evidence for a stepwise evolutionary transition from teeth to baleen in mysticete whales, Systematic Biology 57(1), 15–37, 2008.

36 R. A. Dunlop, M. J. Noad, D. H. Cato, D. Stokes, Look who's talking; social communication in migrating humpback whales, J. Acoust. Soc. Am. 120/5, 3265–3266, 2006.

37 J. K. B. Ford, Vocal traditions among resident killer whales (Orcinus orca) in coastal waters of British Columbia, Can. J. Zool. 69, 1454–1483, 1991.

38 H. Yurk, L. Barrett-Lennard, J. K. B. Ford, C. O. Matkin, Cultural transmission within maternal lineages: Vocal clans in resident killer whales in southern Alaska (Orcinus orca), Animal Behavior 63/6, 1103–1119, 2002.

39 V. B. Deecke, Stability and Change of Killer Whale (Orcinus Orca) Dialects. A Thesis for the Degree of Master Of Science in The University Of British Columbia, 1998.

40 O. A. Filatova, I. D. Fedutin, A. M. Burdin, E. Hoyt, The structure of the discrete call repertoire of killer whales Orcinus orca from Southeast Kamchatka, Bioacoustics 16, 261–280, 2007.

41 V. B. Deecke, P. J. B. Slater, J. K. B. Ford, Selective habituation shapes acoustic predator recognition in harbour seals, Nature 420, 171–173, 2002.

42 M. E. Dahlheim, A. Schulman-Janiger, N. Black, R. Ternullo, D. Ellifrit, K. C. Balcomb, Eastern temperate North Pacific offshore killer whales (Orcinus orca): Occurrence, movements, and insights into feeding ecology, Marine Mammal Science 24/3, 719–729, 2008.

43 J. K. B. Ford, G. M. Ellis, C. O. Matkin, M. H. Wetklo, L. G. Barrett-Lennard, R. E. Withler, Shark predation and tooth wear in a population of northeastern Pacific killer whales, Aquat Biol 11, 213–224, 2011.

44 www.orcalab.org

45 B. M. Weiß, H. Symonds, P. Spong, F. Ladich, Call sharing across vocal clans of killer whales: Evidence for vocal imitation? Marine Mammal Science 27, E1–E13, 2011.

46 Vielleicht wollen Sie diese Forschung unterstützen? Dann finden Sie auf der Webseite www.whales.org eine Patenschaft für Kira und Uma, zwei kanadische Orcas.

47 A. D. Foote, R. M. Griffin, D. Howitt, L. Larsson, P. J. O. Miller, A. Rus Hoelzel, Killer whales are capable of vocal learning, Biol. Lett. 2/4, 509–512, 2006.

48 F. G. Patterson, R. H. Cohn, in: S. T. Parker, R. W. Mitchell, M. L. Boccia (eds.): Self-Awareness in Animals and Humans: Developmental Perspectives, 273–290, Cambridge 1994.

49 C. W. Hyatt, Am. J. Primatol. 45, 30–311, 1998; J. R. Anderson, Q. J. Exp. Psychol. 35B, 201–212, 1983; F. Bayart, J. R. Anderson Behav. Processes 10, 219–227, 1985; G. G. Gallup, L. Wallnau, S. D. Suarez, Folia Primatol. 33, 210–219, 1980; S. D. Suarez, G. G. Gallup, Am. J. Primatol. 11, 239–244, 1986; J. R. Anderson, J. J. Roeder, Primates 30, 581–587, 1989; D. J. Povinelli, J. Comp. Psychol. 103, 122–131, 1989.

50 G. G. Jr. Gallup, »Chimpanzees: Self recognition«, Science 167/3914, 86–87, 1970.

51 D. M. Broom, H. Sena, K. L. Moynihan, Pigs learn what a mirror image represents and use it to obtain information, Animal Behaviour 78/5, 1037–1041, 2009.

52 T. J. Howell, P. C. Bennett, Can dogs (Canis familiaris) use a mirror to

solve a problem?, Journal of Veterinary Behavior: Clinical Applications and Research 6/6, 306–312, 2011.

53 M. Lewis, in: Psychological Perspectives on the Self, A. G. Greenwald, J. Suls (eds.), 55–78, Hillbaum 1986.

54 D. Reiss, L. Marino, Mirror self-recognition in the bottlenose dolphin: A case of cognitive convergence, PNAS 98/10, 5937–5942, 2001.

55 J. M. Plotnik, F. B. M. de Waal, D. Reiss, Self-recognition in an Asian elephant, Proceedings of the National Academy of Sciences 103/45, 17053–17057, 2006.

56 H. Prior, A. Schwarz, O. Güntürkün, F. de Waal, »Mirror-Induced Behavior in the Magpie (Pica pica): Evidence of Self-Recognition«, PLoS Biology 6/8, 2008.

57 L. Epstein, R. P. Skinner, B. F. Skinner, »Self-awareness« in the Pigeon, Science 212/4495, 695–696, 1981.

58 A. Z. Rajala, K. R. Reininger, K. M. Lancaster, L. C. Populin, Rhesus Monkeys (Macaca mulatta) do Recognize Themselves in the Mirror: implications for the evolution of self-recognition, Public Library of Science One, 2010.

59 www.wired.com/wiredscience/2010/09/monkey-self-awareness/

60 J. B. Asendorpf, V. Warkentin, P.-M. Baudonniere, Self-Awareness and Other-Awareness II: Mirror Self-Recognition, Social Contigency Awareness, and Synchronic Imitation, Developmental Psychology 32/2, 313–321, 1996.

61 T. Broesch, T. Callaghan, J. Henrich, C. Murphy, P. Rochat, Cultural Variations in Children's Mirror Self-Recognition, Journal of Cross-Cultural Psychology 42/6, 1018–1029, 2011.

62 J. Levine, Materialism and Qualia: The Explanatory Gap, Pacific Philosophical Quarterly 64/4, 354–361, 1983.

63 A. Morin, Self-recognition, Theory-of-Mind, and self-awareness: What side are you on?, Laterality 16/3, 367–383, 2010.

64 Marino: »Other animals may be more deeply contemplative than humans – we just don't know. That's really the bottom line. Any scientist who tells you they know that other animals don't think as richly or as complexly as humans – is, well, not being scientific.«

65 www.hai-society.org

66 R. M. Seyfarth, D. L. Cheney, What are big brains for? Proc. Natl Acad. Sci. USA. 99, 4141–4142, 2002.

67 ebd.

68 A. H. Harcourt, F. B. M. de Waal, A. H. Harcourt, Coalitions and alliances: are primates more complex than non-primates?, in: A. H. Harcourt, F. B. M. de Waal. (eds.), Coalitions and alliances in humans and other animals, 445–471, Oxford 1992.

69 M. Krützen, L. M. Barré, R. C. Connor, J. Mann, W. B. Sherwin, O father: where art thou? Paternity assessment in an open fission-fusion society

of wild bottlenose dolphins (Tursiops sp.) in Shark Bay, Western Australia, Molecular Ecology 13, 1975–1990, 2004.

70 Wer mehr über einen bestimmten Delfin in der Moray Firth und sein Leben erfahren möchte, kann z. B. eine Delfinpatenschaft bei der WDCS abschließen und unterstützt somit die Bemühungen, den Tieren einen sicheren Lebensraum zu schaffen.

71 D. Lusseau, B. Wilson, P. S. Hammond, K. Grellier, J. W. Durban, K. M. Parsons, T. R. Barton, P. M. Thompson, Quantifying the influence of sociality on population structure in bottlenose dolphins, Journal of Animal Ecology doi: 10.1111/j.1365-2656.2005.01013.x, 2005.

72 J. Davidsen, H. Ebel, S. Bornholdt, Emergence of a small world from local interactions: modeling acquaintance networks, Physical Review Letters 88, 128701, 2002.

73 A. L. Barabási, R. Albert, Emergence of scaling in random networks, Science 286, 509–512, 1999.

74 J. Travers, S. Milgram, An experimental study of the small world problem, Sociometry 32, 425–443, 1969.

75 Als Beifang bezeichnet man in der Fischerei Lebewesen, die fälschlich getötet wurden. In bestimmten Fischereien kann der Beifang den größten Teil der Biomasse im Netz ausmachen. Meist wird der Beifang einfach über Bord geworfen.

76 I. C. Ansmann, G. J. Parra, B. L. Chilvers, J. M. Lanyon, Dolphins restructure social system after reduction of commercial fisheries, Animal Behaviour Animal Behaviour 84/3, 575–581, 2012.

77 R. S. Wells, D. J. Boness, G. B. Rathbun, Chapter 8: Behaviour, in: J. E. Reynolds, III a. S. A. Rommel, Biology of Marine Mammals, Washington 1999.

78 In Deutschland war dies über viele Jahre das Delfinarium Münster.

79 R. S. Wells, Learning From Nature: Bottlenose Dolphin Care and Husbandry, Zoo Biology 28, 1–17, 2009.

80 M. Amundin, Observations of reproduction in captive bottlenose dolphin (Tursiops truncatus): Delivery, nursing, mother-calf interactions, social dynamics, and calf survival/mortality, European Research on Cetaceans 12, 423–426, 1999. Report of the Workshop on Marine Mammal Reproduction: Morphology and Physiology, T. B. Sroensen, C. Lockyer (eds.), Monaco, 18.–19. January 1998.

81 ebd.

82 Katja Geschke, Veterinärmedizinische Aspekte der Zucht des Großen Tümmlers in Menschenhand. Inauguraldissertation zur Erlangung der Doktorwürde an der Tierärztlichen Fakultät der Ludwig-Maximilians-Universität München, 73–74, 2001.

83 Den Originaltext finden Sie ebenfalls im Zusatzmaterial unter www.walrecht.de.

84 I. Mello, L. Nordensten, M. Amundin, Reactions of Three Bottlenose Dolphin Dams With Calves to Other Members of the Group in Connection With Nursing, Zoo Biology 24, 543–555, 2005.

85 ebd.

86 Q. A. Gibson, J. Mann, Early social development in wild bottlenose dolphins: sex differences, individual variation and maternal influence, Animal Behavior 76, 375e387, 2008.

87 A. Samuels, A systematic approach to measuring the social behavior of bottlenose dolphins, Ph. D. thesis, Woods Hole Oceanographic Institution, 193–193, 1996.

88 J. Mann, B. Sargeant, Like mother, like calf: the ontogeny of foraging traditions in wild Indian Ocean bottlenose dolphins (Tursiops sp.), in: D. Fragaszy, S. Perry (eds.), The Biology of Traditions: Models and Evidence, 236–266, Cambridge 2003.

89 Encyclopedia of Marine Mammals, Second Edition.

90 J. Mann, B. B. Smuts, Behavioral development in wild bottlenose dolphin newborns (Tursiops sp.), Behavior 136, 529–566, 1999.

91 I. L. Boyd, C. Lockyer, H. D. Marsh, 1999. Reproduction in marine mammals, in: J. E. Reynolds 3rd, S. A. Rommel (eds.), Biology of marine mammals, Washington 1999.

92 Q. A. Gibson, J. Mann, Early social development in wild bottlenose dolphins: sex differences, individual variation and maternal influence, Animal Behavior 76, 375–387, 2007.

93 M. A. Stanton, Q. A. Gibson, J. Mann, When mum's away: a study of mother and calf ego networks during separations in wild bottlenose dolphins (Tursiops sp.), Animal Behavior 82, 405–412, 2011.

94 ebd.

95 Q. A. Gibson, J. Mann, Early social development in wild bottlenose dolphins: sex differences, individual variation and maternal influence, Animal Behavior 76, 375–387, 2007.

96 J. Mann, J. J. Watson-Capps, Surviving at sea: ecological and behavioral predictors of calf mortality in Indian Ocean bottlenose dolphins (Tursiops sp.), Animal Behavior 69/4, 899–909, 2005.

97 EAZA Yearbook 2007–2008 (Veröffentlichung Juni 2010).

98 A. Samuels, A systematic approach to measuring the social behavior of bottlenose dolphins. Ph. D. thesis, Woods Hole Oceanographic Institution, 193–193, 1996.

99 http://au.youtube.com/watch?v=OlB7oVP8MPY

100 Encyclopedia of Marine Mammals, Academic Press; Second Edition, 2009.

101 R. C. Connor, J. J. Watson-Capps, W. B. Sherwin, M. Krützen, A new level of complexity in the male alliance networks of Indian Ocean bottlenose dolphins (Tursiops sp.), Biol. Lett. 7/4, 623–626, 2011.

102 A. Whiten, R. Byrne, M. Cords, Friendships, alliances, reciprocity and

repair, in: Machiavellian intelligence II, A. Whiten, R. Byrne (eds.), 24–49, Cambridge 1997.

103 L. E. Olson, D. T. Blumstein, A trait-based approach to understand the evolution of complex coalitions in male mammals, Behavioral Ecology 20, 624–632, 2009.

104 E. C. G. Owen, S. Hofmann, R. S. Wells, Ranging and social association patterns of paired and unpaired adult male bottlenose dolphins (Tursiops truncates), in Sarasota, Florida, provide no evidence for alternative male strategies, Can. J. Zool. 80, 2072–2089, 2002.

105 R. M. Seyfarth, D. L. Cheney, What are big brains for?, Proc. Natl Acad. Sci. USA. 99, 4141–4142, 2002.

106 J. Wiszniewski, C. Brown, L. M. Möller, Complex patterns of male alliance formation in a dolphin social network, Journal of Mammalogy 93/1, 239–250, 2012.

107 E. C. G. Owen, S. Hofmann, R. S. Wells, Ranging and social association patterns of paired and unpaired adult male bottlenose dolphins (Tursiops truncates), in Sarasota, Florida, provide no evidence for alternative male strategies, Can J. Zool. 80, 2072–2089, 2002.

108 www.ted.com/talks/lang/en/vilayanur_ramachandran_on_your_mind.html

109 G. Roth, M. I. Stamenov, V. Gallese, »Is the human brain unique?«, in: Mirror Neurons and the Evolution of Brain and Language, John Benjamins Publishing, 63–76, 2002; www.amazon.de/gp/search?index=books&linkCode=qs&keywords=9027251665

110 G. Roth, U. Dicke: Evolution of the brain and Intelligence, in: Trends in Cognitive Sciences Volume 9, Issue 5, Pages 250–257, 2005.

111 ebd.

112 P. R. Manger, An examination of cetacean brain structure with a novel hypothesis correlating thermogenesis to the evolution of a big brain, Biological Reviews 81, 293–338, 2006.

113 L. Marino, C. Butti, R. C. Connor, R. E. Fordyce, L. M. Herman, P. R. Hof, L. Lefebvre, D. Lusseau, B. McCowan, E. A. Nimchinsky, A. A. Pack, J. S. Reidenberg, D. Reiss, L. Rendell, M. D. Uhen, E. Van der Gucht, H. Whitehead, A claim in search of evidence: reply to Manger's thermogenesis hypothesis of cetacean brain structure, Biological Reviews 83/4, 417–440, 2008.

114 S. Kumar, S. Blair Hedges, A molecular timescale for vertebrate evolution, Nature 392, 917–920, 1998.

115 P. R. Hof, E. van der Gucht, The structure of the cerebral cortex of the humpback whale, Megaptera novaeangliae (Cetacea, Mysticeti, Balaenopteridae), The Anatomical Record 290, 1–31, 2007.

116 J. M. Allman, K. K. Watson, N. A. Tetrault, A. Y. Hakeem, Intuition and autism: a possible role for Von Economo neurons, Trends in Cognitive Science 9, 367–373, 2005.

117 E. A. Ninchinsky, E. Gilissen, J. M. Allman, D. P. Perl, J. M. Erwin, P. R. Hof, A neuronal morphologic type unique to humans and great apes, Proceedings of the National Academy of Sciences 96, 5268–5273, 1999.
118 C. Butti, C. C. Sherwood, A. V. Hakeem, J. M. Allman, P. R. Hof, Total number and volume of von Economo neurons in the cerebral cortex of cetaceans, Journal of Comparative Neurology 515/2, 243–259, 2009.
119 A. Y. Hakeen, C. C. Sherwood, C. J. Bonar, C. Butti, P. R. Hof, J. M. Allman, Von Economo neurons in the elephant brain, Anatomical Record: Advances in Integrative Anatomy and Evolutionary Biology 292/2, 242–248, 2008.
120 R. M. Seyfarth, D. L. Cheney, What are big brains for?. Proc. Natl. Acad. Sci. USA. 99, 4141–4142, 2002.
121 L. M. Herman, Body and self in dolphins, Consciousness and Cognition 21, 526–545, 2012.
122 C. Keysers, The Empathic Brain, Social Brain Press 2011.
123 R. Brandt, Können Tiere denken?: Ein Beitrag zur Tierphilosophie, Frankfurt am Main 2009.
124 A. Tschudin, J. Call, R. I. M. Dunbar, G. Harris, C. van der Elst, Comprehension of signs by dolphins (Tursiops truncatus), Journal of Comparative Psychology 115, 100–105, 2001.
125 B. Hare, M. Tomasello, Domestic dogs (Canis familiaris) use human and conspecific social cues to locate hidden food, Journal of Comparative Psychology, 113, 173–177, 1999.
126 M. J. Xitco, J. D. Gory, S. A. Kuczaj, Spontaneous pointing by bottlenose dolphins (Tursiops truncatus), Animal Cognition 4/2, 115–123, 2001; M. J. Xitco Jr., J. D. Gory, S. A. Kuczaj II, Dolphin pointing is linked to the attentional behavior of a receiver, Animal Cognition 7/4, 231–238, 2004.
127 J. Bräuer, J. Call, M. Tomasello, All Great Ape species follow gaze to distant locations and around barriers, J. Comp. Psychol. 119, 145–154, 2005.
128 D. A. Leavens, W. D. Hopkins, Intentional communication by chimpanzees (Pan troglodytes): A cross-sectional study of the use of referential gestures, Developmental Psychology 34, 813–822, 1998.
129 K. C. Kirchhofer, F. Zimmermann, J. Kaminski, M. Tomasello, Dogs (Canis familiaris), but Not Chimpanzees (Pan troglodytes), Understand Imperative Pointing, PLoS ONE 7/2, 2012.
130 S. Okamoto-Barth, J. Call, M. Tomasello, Great apes' understanding of other's line of sight, Psychol Sci 18, 462–468, 2007.
131 A. A. Pack, L. M. Herman, Bottlenosed Dolphins (Tursiops truncatus) Comprehend the Referent of Both Static and Dynamic Human Gazing and Pointing, Journal of Comparative Psychology 118/22, 160–171, 2004.
132 M. Tomasello, Why don't apes point?, in: N. Enfield, S. C. Levinson (eds.), Roots of human sociality: Culture, cognition and interaction, 506–524, London 2006;
133 T. Similä, F. Fugarte, Surface and underwater observations of coope-

ratively feeding killer whales in Northern Norway, Canadian Journal of Zoology 71, 1494–1499, 1993.

134 C. Guinet, J. Bouvier, Development of intentional stranding hunting techniques in killer whale (Orcinus orca) calves at Crozet Archipelago, Canadian Journal of Psychology 73, 27–33, 1995.

135 I. N. Visser, T. G. Smith, I. D. Bullock, G. D. Green, O. G. Carlsson, S. Imberti, Antartic peninsula killer whales (Orcinus orca) hunt seals and a penguin on floating ice, Marine Mammal Science 24, 225–234, 2008.

136 L. Nottestad, A. Fernö, B. E. Axelsen, Digging in the deep: killer whales' advanced hunting tactic, Polar Biology 25, 939–941, 2002.

137 E. E. Duffy-Echevarria, R. C. Connor, D. J. St. Aubin, Observations of strandfeeding behavior by bottlenose dolphins (Tursiops truncatus) in Bull Creek, South Carolina, Marine Mammal Science 24/1, 202–206, 2008.

138 D. Fertl, B. Wilson, Bubble use during prey capture by a lone bottlenose dolphin (Tursiops truncatus), Aquatic Mammals 23, 113–114, 1997.

139 J. S. Lewis, W. Schroeder, Mud plume feeding, a unique foraging behavior of the bottlenose dolphin (Tursiops truncatus) in the Florida Keys, Gulf of Mexico, Science 21, 92–97, 2003.

140 R. A. Smolker, A. F. Richards, R. C. Connor, J. Mann, P. Berggren, Sponge carrying by Indian Ocean bottlenose dolphins: possible tool use by a delphinid, Ethology 103, 454–465, 1997.

141 K. Pryor, J. Lindbergh, S. Lindbergh, R. Milano, A dolphin-human fishing cooperative in Brazil, Marine Mammal Science 6, 77–82, 1990.

142 S. Onishi, Mutualistic fishing between fisherman and Irrawaddy dolphins in Myanmar, Tigerpaper 35, 1–8, 2008.

143 S. A. Kuczaj II., J. D. Gory, M. J. Xitco Jr., How intelligent are dolphins? A partial answer based on their ability to plan their behavior when confronted with novel problems, The Japanese Journal of Animal Psychology 59, 199–115, 2009.

144 R. A. Smolker, Sponge carrying: A puzzle in the behavior of bottlenose dolphins, in: Seventh Biennial Conference on the Biology of Marine Mammals, 5–9 December, Miami, Florida, 65, 1987.

145 Eine Suche nach: »dolphin carries dead calf« auf www.youtube.com sagt mehr als jede Veröffentlichung.

146 R. A. Smolker, A. Richards, R. C. Connor, J. Mann, P. Berggren, Sponge carrying by dolphins (Delphinidae, Tursiops sp.): a foraging specialization involving tool use?, Ethology 103/6, 454–465, 1997.

147 J. Mann, B. L. Sargeant, J. J. Watson-Capps, Q. A. Gibson, M. R. Heithaus, R. C. Connor, E. Patterson, Why do dolphins carry sponges?, PLoS ONE 3/12, 1–7, 2008.

148 J. Mann, B. L. Sargeant, Like mother, like calf, in: D. Fragaszy, S. Perry (eds.), The Biology of traditions, Cambridge 2003, 236–266.

149 K. N. Laland, V. M. Janik, The animal cultures debate, Trends in Ecology and Evolution 21/10, 2006.

150 K. Bacher, S. Allen, A. K. Lindholm, L. Bejder, M. Krützen, Genes or Culture: Are Mitochondrial Genes Associated with Tool Use in Bottlenose Dolphins (Tursiops sp.)?, Behavior Genet 40, 706–714, 2010.

151 M. Krützen, J. Mann, M. R. Heithaus, R. C. Connor, L. Bejder, W. B. Sherwin, Cultural transmission of tool use in bottlenose dolphins, Proc. Natl. Acad. Sci. USA 102, 8939–8943, 2005.

152 L. Klatsky, R. Wells, J. Sweeny, Bermuda's deep diving dolphins – movements and dive behavior of offshore bottlenose dolphins in the northwest Atlantic Ocean near Bermuda, Sixteenth Biennial Conference on the Biology of Marine Mammals, 12.–16. December, San Diego, 2005.

153 Persönliche Korrespondenz mit Dr. Michael Krützen (Anthropological Institute & Museum University of Zürich) und Dr. Simon Allen (Cetacean Research Unit der Murdoch University).

154 L. Rendell, H. Whitehead, Culture in whales and dolphins, Behavior Brain Sci 24/2, 309–324, discussion: 324–382, 2001.

155 G. J. Whiten, W. C. McGrew, T. Nishida, V. Reynolds, Y. Sugiyama, C. E. Tutin, R. W. Wrangham, C. Boesch, Cultures in chimpanzees, Nature 399/6737, 682–685 1999; C. P. van Schaik, M. Ancrenaz, G. Borgen, B. Galdikas, C. D. Knott, I. Singleton, A. Suzuki, S. S. Utami, M. Merrill, Orangutan cultures and the evolution of material culture, Science 299/5603, 102–105, 2003.

156 P. D. Goley, Behavioral aspects of sleep in Pacific white-sided dolphins (Lagenorhynchus obliquidens, Gill 1865), Marine Mammal Science 15/4, 1054–1064, 1999.

157 D. Kremers, M. B. Jaramillo, M. Böye, A. Lemasson, M. Hausberger, Do dolphins rehearse show-stimuli when at rest? Delayed matching of auditory memory, Front. Psychology 2, 386, doi: 10.3389/fpsyg.2011.00386, 2011.

158 K. Jaakkola, W. Fellner, L. Erb, M. Rodriguez, E. Guarino, Understanding of the concept of numerically »less« by bottlenose dolphins (Tursiops truncatus), Journal of Comparative Psychology 119/3, 296–303, 2005.

159 www.guardian.co.uk/science/2003/jul/03/research.science/print

160 M. Gazzaniga, Die Ich-Illusion: Wie Bewusstsein und freier Wille entstehen, Berlin 2012.

161 www.youtube.com/watch?v=-i3AiOS4nCE&feature=related

162 S. Inoue, T. Matsuzawa, Working memory of numerals in chimpanzees, Current Biology 17, Issue 23, R1004–R1005, 2007.

163 J. F. Cantlon, E. M. Brannon, Basic Math in Monkeys and College Students, PLOS Biology, December Issue, doi:10.1371/journal.pbio.0050328.g001, 2007.

164 www.solvinzankl.com

165 www.youtube.com/watch?v=ScqG54B4KtE

166 T. Humle, T. Matsuzawa, Ant-dipping among the chimpanzees of Bossou, Guinea, and some comparisons with other sites, Am. J. Primatol. 58, 133–148, 2001.

167 A. Whiten, A. Spiteri, V. Horner, K. E. Bonnie, S. P. Lambeth, S. J. Schapiro, F. B. M. de Waal, Transmission of Multiple Traditions within and between Chimpanzee Groups, Current Biology 17/12, 1038–1043, 2007.

168 L. V. Luncz, R. Mundry, C. Boesch, Evidence for Cultural Differences between Neighboring Chimpanzee Communities, Current Biology 22/10, 22–926, 2012

169 J. Mercader, H. Barton, J. Gillespie, J. Harris, S. Kuhn, R. Tyler, C. Boesch 4.300-Year-old chimpanzee sites and the origins of percussive stone technology, PNAS 104 (9) 3043–3048, 2007

170 J. D. Pruetz, P. Bertolani, Savanna Chimpanzees, Pan troglodytes verus, Hunt with Tools, Current Biology 17/5, 412–417, 2007.

171 M. Osvath, Spontaneous planning for future stone throwing by a male chimpanzee, Current Biology 19/5, R190–R191, 2009.

172 www.youtube.com/watch?v=cZU2YYYxEsw

173 C. Boesch, From material to symbolic cultures: Culture in primates, in: The Oxford Handbook of Culture and Psychology, Jaan Valsiner (ed.), Oxford 2012.

174 »Thus, the leaf-clip sign codes might be just the tip of the iceberg in a new dimension of chimpanzee communication still unknown to us …«

175 Viele Pädagogen kennen und die meisten Eltern wenden in ihrer Kindererziehung das Premack's principle an: »Wenn du zuerst aufräumst, dann darfst du danach fernsehen« usw.

176 D. Falk, Comparative Anatomy of the Larynx in Man and the Chimpanzee: Implications for Language in Neanderthal, American Journal of Physical Anthropology 43, 123–132, 1975.

177 www.greatapetrust.org/science/history-of-ape-language/interactive-lexigram

178 S. Savage-Rumbaugh, R. Lewin, Kanzi: The Ape at the Brink of the Human Mind, Wiley 1994.

179 http://fiskeharrison.wordpress.com/2009/04/09/talking-with-apes/

180 Season 4, Episode 3, Screened 10/30/2000.

181 www.greatapetrust.org

182 R. A. Gardner, B. T. Gardner, T. E. Van Cantfort, Teaching Sign Language to Chimpanzees, Albany 1989.

183 R. A. Gardner, B. T. Gardner, Comparative Psychology and Language Acquisition, Annals of the New York Academy of Sciences 309, Psychology: The State of the Art, 37–76, 1978.

184 www.nytimes.com/2007/11/01/science/01chimp.html?_r=0

185 www.guardian.co.uk/world/2005/oct/18/books.highereducation

186 H. Terrace, L. A. Petitto, R. J. Sanders, T. G. Bever, Can an ape create a sentence, Science 206/4421, 891–902, 1979.

187 www.project-nim.com (Anmerkung des Autors: In diesem Dokumentarfilm lernt man mehr über das menschliche Verhalten als über das Verhalten von Schimpansen.)

188 D. Premack, A. James Premack, The Mind of an Ape, New York 1983.

189 »Namely, if apes have this fantastic capacity, surely a major component of humans extraordinary biological success (in the technical sense), then how come they haven't used it? It's as if humans can really fly, but won't know it until some trainer comes along to teach them.« Aus: www.chomsky.info/interviews/2007----.htm

190 D. Fossey, Vocalizations of the mountain Gorilla (Gorilla gorilla beringei), Animal Behaviour 20/1, 36–53, 1972.

191 K. E. Slocombe, T. Kaller, L. Turman, S. W. Townsend, S. Papworth, P. Squibbs, K. Zuberbühler, Production of food-associated calls in wild male chimpanzees is dependent on the composition of the audience, Behav. Ecol. Sociobiol. 64, 1959–1966, 2010.

192 K. E. Slocombe, T. Kaller, J. Call, K. Zuberbühler, Chimpanzees extract social information from agonistic screams, PLoS ONE 5, 11473, 2010.

193 C. Crockford, I. Herbinger, L. Vigilant, C. Boesch, Wild chimpanzees produce group-specific calls: a case for vocal learning?, Ethology 10, 221–243, 2004.

194 C. Hobaiter, R. W. Byrne, The gestural repertoire of the wild chimpanzee, Anim. Cogn. 14, 745–767, 2011.

195 J. P. Taglialatela, J. L. Russell, J. A. Schaefer, W. D. Hopkins, Chimpanzee vocal signaling points to a multimodal origin of human language, PLoS ONE 6, e18852, 2011.

196 S. Pinker, R. Jackendoff, The faculty of language: what's special about it?, Cognition 95, 201–236, 2005.

197 J. Lind, P. Lindenfors, The Number of Cultural Traits Is Correlated with Female Group Size but Not with Male Group Size in Chimpanzee Communities, PLoS ONE 5/3, 2010.

198 V. Lakshminarayanan, L. R. Santos, Evolved Irrationality? Equity and the Origins of Human Economic Behavior. Chapter 11, in: P. M. Kappeler, J. B. Silk (eds.), Mind the Gap, Berlin/Heidelberg 2010.

199 D. Kahneman, A. Tversky, Prospect theory: an analysis of decision under risk, Econometrica 47, 263–292, 1979.

200 M. K. Chen, V. Lakshminarayanan, L. R. Santos, The evolution of our preferences: evidence from capuchin monkey trading behavior, J Polit Econ 114, 517–537, 2006.

201 G. A. Bradshaw, A. N. Schore, J. L. Brown, J. H. Poole, C. J. Moss, Elephant breakdown. Social trauma: early disruption of attachment can affect the physiology, behaviour and culture of animals and humans over generations, Nature 433, 2005.

202 J. Shoshani, »Genus Loxodonta«, in: D. E. Wilson, D. M. Reeder, Mammal Species of the World, Baltimore 2005[3].

203 S. de Silva, A. D. G. Ranjeewa, S. Kryazhimskiy, S., The dynamics of social networks among female Asian elephants, BMC Ecol. 11, 17, 2011.

204 G. Wittemyer, I. Douglas-Hamilton, W. M. Getz, The socioecology of

elephants: analysis of the processes creating multi-tiered social structures, Animal Behavior 69, 2005.

205 K. McComb, G. Shannon, S. M. Durant, K. Sayialel, R. Slotow, J. Poole, C. Moss, Leadership in elephants, the adaptive value of age, Proc. R. Soc. B doi:10.1098/rspb.2011.0168, 2011.

206 S. Nair, R. Balakrishnan, C. S. Seelamantula, R. Sukumar, Vocalizations of wild Asian elephants (Elephas maximus): structural classification and social context, J. Acoust. Soc. Am. 126, 2768–2778, 2009.

207 S. de Silva, Acoustic communication in the Asian elephant, Elephas maximus maximus, Behaviour 147, 825–852, 2010.

208 J. H. Poole, P. L. Tyack, A. S. Stoeger-Horwath, S. Watwood, Animal behaviour: elephants are capable of vocal learning, Nature 434, 455–456, 2005.

209 A. S. Stoeger, D. Mietchen, S. Oh, S. de Silva, C. T. Herbst, S. Kwon, W. T. Fitch, An Asian Elephant Imitates Human Speech, Current Biology 22/22, 2144–2148, 2012.

210 B. L. Hart, L. A. Hart, M. McCoy, C. R. Sarath, Cognitive behaviour in Asian elephants: use and modification of branches for fly switching, Animal Behaviour 62, 839–847, 2001.

211 L. A. Bates, J. H. Poole, R. W. Byrne, Elephant cognition, Current Biology 18, R544–R546, 2008.

212 J. M. Plotnik, R. Lair, W. Suphachoksahakun, F. B. M. de Waal, Elephants know when they need a helping trunk in a cooperative task, Proceedings of the National Academies of Sciences 2011, www.pnas.org/cgi/doi/10.1073/pnas.1101765108

213 Y. Nihei, H. Higuchi, When and where did crows learn to use automobiles as nutcrackers?, Tohoku Psychologica Folia 60, 93–97, 2001.

214 P. Enggist-Dueblin, U. Pfister, Cultural transmission of vocalizations in ravens (Corvus corax), Animal Behaviour 64, 831–841, 2002.

215 N. Clayton, N. Emery, Corvid cognition, Current Biology 15/3, R80, 2005.

216 M. Griesser, Mobbing calls signal predator category in a kin group-living bird species, Proc Biol Sci. 276/1669, 2887–2892, 2009.

217 C. P. Ratnayake, E. Goodale, S. W. Kotagama, Two sympatric species of passerine birds imitate the same raptor calls in alarm contexts, Naturwissenschaften 97, 103–108, 2010.

218 N. S. Clayton, J. Russell, A. Dickinson, Are Animals Stuck in Time or Are They Chronesthetic Creatures?, Topics in Cognitive Science 1, 59–71, 2009.

219 J. M. Dally, N. J. Emery, N. S. Clayton, Avian Theory of Mind and counter espionage by food-caching western scrub-jays (Aphelocoma californica), in: Special Issue: Theory of Mind: Specialized capacity or emergent property? European Journal of Developmental Psychology 7/1, 17–37, 2010.

220 A. A. S. Weir, J. Chappell, A. Kacelnik, Shaping of hooks in New Caledonian crows, Science 297, 981, 2002.

221 J. H. Wimpenny, A. A. S. Weir, L. Clayton, C. Rutz, A. Kacelnik, Cognitive Processes Associated with Sequential Tool Use in New Caledonian Crows, PLoS ONE 4/8, 2009.

222 I. M. Pepperberg, Evolution of Communication from an Avian Perspective. In Evolution of Communication Systems – A Comparative Approach edited by D. Kimbrough Oller and Ulrike Griebel, The Vienna Series in Theoretical Biology of the MIT (Massachusetts Institute of Technology) Press, 2004.

223 I. M. Pepperberg, J. D. Gordon, Numerical comprehension by a Grey Parrot (Psittacus erithacus), including a zero-like concept, J. Comp Psychol. 119, 197–209, 2005.

224 www.alexfoundation.org

225 www.bmelv.de/SharedDocs/Downloads/Landwirtschaft/Tier/Tierschutz/GutachtenLeitlinien/HaltungPapageien.pdf

226 N. J. Emery, N. S. Clayton, (2004). The mentality of crows: Convergent evolution of intelligence in corvids and apes. Science 306, 1903–1907, 2004.

227 A. Reiner, D. J. Perkel, L. L. Bruce, A. B. Butler, A. Csillag, W. Kuenzel, L. Medina, G. Paxinos, T. Shimizu, G. Striedter, M. Wild, G. F. Ball, S. Durand, O. Gütürkün, D. W. Lee, C. V. Mello, A. Powers, S. A. White, G. Hough, L. Kubikova, T. V. Smulders, K. Wada, J. Dugas-Ford, S. Husband, K. Yamamoto, J. Yu, C. Siang, E. D. Jarvis, Revised nomenclature for avian telencephalon and some related brainstem nuclei, J. Comp. Neurol. 473, 377, 2004.

228 C. Molnár, P. Pongrácz, T. Faragó, A. Dóka, A. Miklósi, Dogs discriminate between barks: The effect of context and identity of the caller, Behavioural Processes 82, 198–201, 2009.

229 K. C. Kirchhofer, F. Zimmermann, J. Kaminski, M. Tomasello, Dogs (Canis familiaris), but Not Chimpanzees (Pan troglodytes), Understand Imperative Pointing, PLoS ONE 7/2, 2012.

230 J. Kaminski, J. Call, J. Fischer, Word Learning in a Domestic Dog: Evidence for »Fast Mapping«, Science 304, 1682, 2004.

231 T. J. Howell, P. C. Bennett, Can dogs (Canis familiaris) use a mirror to solve a problem? Journal of Veterinary Behavior: Clinical Applications and Research 6/6, 306–312, 2011.

232 F. Range, K. Leitner, Z. Virányi, The Influence of the Relationship and Motivation on Inequity Aversion, in: Dogs 25/2, 170–194, 2012.

233 A. Bartels, S. Zeki, »The neural correlates of maternal and romantic love«, NeuroImage 21, 1155–1166, 2004.

234 J. Panksepp, J. Burgdorf, »Laughing« rats and the evolutionary antecedents of human joy?, Physiology & Behavior 79/3, 533–547, 2005.

235 J. Panksepp, Beyond a Joke: From Animal Laughter to Human Joy?, Science 308/5718, 62–63, 2005.

236 P. Simonet, D. Versteeg, D. Storie, Dog-laughter: Recorded playback reduces stress related behavior in shelter dogs, Proceedings of the 7th In-

ternational Conference on Environmental Enrichment July 31– August 5, 2005.

237 J. Goodall, The behaviour of free-living chimpanzees in the Gombe Stream Reserve, Animal Behavior Monografie 1, 163–311, 1968.

238 K. Hosaka, A. Matsumoto-Oda, M. A. Huffman, K. Kawanaka, Reactions to dead bodies of conspecifics by wild chimpanzees in the Mahale Mountains, Tanzania, Primate Res. 16, 1–15, 2000; T. Kooriyama, The death of a newborn chimpanzee at Mahale: reactions of its mother and other individuals to the body, Pan African News 16:19–21, 2009; M. Nakamichi, N. Koyama, A. Jolly, Maternal responses to dead and dying infants in wild troops of ring-tailed lemurs at the Berenty Reserve, Madagascar, Int. J. Primatol. 17, 505–523, 1996; Y. Warren, E. A. Williamson, Transport of dead infant mountain gorillas by mothers and unrelated females, Zoo Biol. 23, 375–378, 2004.

239 D. Biro, T. Humle, K. Koops, C. Sousa, M. Hayashi, T. Matsuzawa, Chimpanzee mothers at Bossou, Guinea, carry the mummified remains of their dead infants, Current Biology 20/8, R351–R352, 2010.

240 Link zum Artikel und einigen Videos: www.sciencedirect.com/science/article/pii/S0960982210002186

241 »Nonetheless we hope that further data from this already threatened community will not be quick in coming.«

242 J. R. Anderson, A. Gillies, L. C. Lock, Pan thanatology, Current Biology 20/8, R349–R351, 2010.

243 www.sciencedirect.com/science/article/pii/S09609822100 01454

244 D. Fertl, A. Schiro, Carrying of dead calves by free-ranging Texas bottlenose dolphins (Tursiops truncatus), Aquatic Mammals 20/1, 53–56, 1994; K. M. Dudzinski, M. Sakai, K. Masaki, K. Kogi, T. Hishii, M. Kurimoto, Behavioural observations of bottlenose dolphins towards two dead conspecifics, Aquatic Mammals 29/1, 108–116, 2003; F. Ritter, Behavioral responses of rough-toothed dolphins to a dead newborn calf, Marine Mammal Science 23/2, 429–433, 2007.

245 K. McComb, L. Baker, C. Moss, African elephants show high levels of interest in the skulls and ivory of their own species, Biol. Lett. 2, 26–28, 2006; I. Douglas-Hamilton, S. Bhalla, G. Wittemyer, F. Vollrath, Behavioural reactions of elephants towards a dying and deceased matriarch, Applied Animal Behaviour Science 100/1–2, 87–102, 2006; C. Moss, Elephant memories, Chicago 1988; C. O'Connell, The Elephant's Secret Sense: The Hidden Lives of the Wild Herds of Africa, New York 2007.

246 J. Ritesh, Social behaviour of Asian elephants. How Social are Asian Elephants Elephas maximus?, New York Science Journal 3/1, 27–31, 2010.

247 Q. Chen, J. B. Panksepp, G. P. Lahvis, Empathy Is Moderated by Genetic Background in Mice, PLoS ONE 4/2, 2009.

248 M. C. Caldwell, D. K. Caldwell, Epimeletic (Care-giving) behavior in cetacean, in: K. S. Norris (ed.), Whales, Dolphins and Porpoises, Chapter 33, 755–788, Berkeley / Los Angeles 1966.

249 G. Pilleri, Epimeletic behavior in cetacea: Intelligent or instinctive?, in: G. Pilleri (ed.), Investigations on Cetacea, 16, 30–48, Vammalan Kirjapaino Oy 1984.

250 www.digitaljournal.com/article/324348

251 www.youtube.com/watch?feature=player_embedded&v=CCXx 2bN-k6UA

252 L. A. Bates, P. C. Lee, N. Njiraini, J. H. Poole, K. Sayialel, S. Sayialel, C. J. Moss, R. W. Byrne, Do Elephants Show Empathy?, Journal of Consciousness Studies 15/10–11, 204–225, 2008.

253 R. C. Connor, K. S. Norris, Are dolphins reciprocal altruists?, The American Naturalist 119/3, 385–372, 1982.

254 R. C. Connor, Cooperation beyond the dyad: on simple models and a complex society, Phil. Trans. R. Soc. B, 2010.

255 D. Premack, G. Woodruff, Does the chimpanzee have a theory of mind?, Behav Brain Sci 1, 515–526, 1978.

256 S. Yamamoto, T. Humle, M. Tanaka, Chimpanzees' flexible targeted helping based on an understanding of conspecifics' goals, Proc Natl Acad Sci USA 109/9, 3588–3592, 2012.

257 V. Hornera, J. D. Cartera, M. Suchaka, F. B. M. de Waal, Spontaneous prosocial choice by chimpanzees, PNAS 108/33, 13847–13851, 2011.

258 J. Call, M. Tomasello, Does the chimpanzee have a theory of mind? 30 years later, Trends in Cognitive Sciences 12/5, 187–192, 2008.

259 S. F. Brosnan, F. B. M. de Waal, Monkeys reject unequal pay, Nature 425, 297–299, 2003.

260 S. F. Brosnan, C. Talbot, M. Ahlgren, S. P. Lambeth, S. J. Schapiro, Mechanisms underlying responses to inequitable outcomes in chimpanzees, Pan troglodytes, Animal Behaviour, 79/6, 1229–1237, 2010.

261 A. Shaw, K. R. Olson, Children discard a resource to avoid inequity, Journal of Experimental Psychology 141/2, 382–395, 2012.

262 http://saxelab.mit.edu/index.php

263 M. Carpenter, J. Call, M. Tomasello, C. Krachun, A competitive nonverbal false belief task for children and apes, Developmental Science 12/4, 521–535, 2009.

264 S. O'Connell, R. I. M. Dunbar, A test for comprehension of false belief in chimpanzees, Evolution and Cognition 9, 131–140, 2003.

265 M. Tomasello, H. Rakoczy, What makes human cognition unique? From individual to shared to collective intentionality, Mind and Language 18, 121–47, 2003; M. Tomasello, M. Carpenter, Shared intentionality. Developmental Science 10/1, 121–125, 2007.

266 L. G. Dean, R. L. Kendal, S. J. Schapiro, B. Thierry, K. N. Laland, Identification of the Social and Cognitive Processes Underlying Human Cumulative Culture, Science 335/6072, 1114–1118, 2012.

267 S. Marshall-Pescini, A. Whiten, Chimpanzees (Pan troglodytes) and

the question of cumulative culture: an experimental approach, Anim Cogn 11, 449–456, 2008.

268 C. Boesch, Is Culture a Golden Barrier Between Human and Chimpanzee?, Evol. Anthropol. 12, 82, 2003.

269 M. Tomasello, M. Carpenter, J. Call, T. Behne, H. Moll, Understanding and sharing intentions: The origins of cultural cognition, Behavioral and Brain Sciences 28, 675–735, 2005.

270 C. Boesch, Joint cooperative hunting among wild chimpanzees: Taking natural observations seriously, Commentary/Tomasello et al., Understanding and sharing intentions, Behavioral and Brain Sciences 28, 5, 2005.

271 »Ignoring most published evidence on wild chimpanzees, Tomasello et al.'s claim that shared goals and intentions are uniquely human amounts to a faith statement.«

272 J. Lind, P. Lindenfors, The Number of Cultural Traits Is Correlated with Female Group Size but Not with Male Group Size in Chimpanzee Communities, PLoS ONE 5/3, 2010.

273 »... perhaps we've started to study them too late, with human development having left only isolated pockets of chimpanzee culture.«

274 R. C. Connor, Cooperation beyond the dyad: on simple models and a complex society, Philos Trans R Soc Lond B Biol Sci. 365/1553, 2687–2697, 2010.

275 www.leo.org

276 M. Briffa, A. Weiss, Animal Personality, Current Biology 20, R912–R914, 2010; A. C. Jones, S. D. Gosling, Temperament and personality in dogs (Canis familiaris): A review and evaluation of past research, Applied Animal Behaviour Science 95/1, 1–53, 2005.

277 I. Kant, Die Metaphysik der Sitten, 1797.

278 J. Luy, Gibt es ethische Normen für Tierschutz?, 21. Hülsenberger Gespräche, 2006.

279 W. Köhler, Intelligenzprüfungen an Anthropoiden, 1917 (1925 in englischer Übersetzung unter dem Titel: The Mentality of Apes erschienen).

280 www.princeton.edu/~psinger/

281 http://cba.lmu.edu/academicprogramscenters/centers/centerforethicsandbusiness/

282 www.indefenseofdolphins.com

283 www.greatapeproject.org

284 Terrestrial Animal Health Code Article 7.1.2., »Guiding principles for animal welfare« der World Organisation for Animal Health. Die OIE umfasst 178 Mitgliedsstaaten und ist Referenzorganisation der World Trade Organization (WTO).

285 www.ohchr.org/EN/UDHR/Pages/Language.aspx?LangID= ger

286 Die Helsinki-Gruppe ist eine Gruppe von Wissenschaftlern, die bereits an vielen Stellen in diesem Buch zitiert wurde. Dabei handelt es sich

unter anderem um Biologen wie Lori Marino (Spiegel-Experiment) und Hal Whitehead (Kultur bei Walen) sowie Ethiker wie Thomas White (In Defense of Dolphins) und Paola Cavalieri (Great Ape Project) u.v.a.

287 www.greatapeproject.org/en-US/oprojetogap/Declaracao/declaracao-mundial-dos-grandes-primatas

288 Institute of Medicine, Chimpanzees in biomedical and behavioral research: assessing the necessity, 2011, http://iom.edu/Reports/2011/Chimpanzees-in-Biomedical-and-Behavioral-Research-Assessing-the-Necessity.aspx.

289 www.chimphaven.org

290 www.aap.nl

291 www.monkeyworld.org

292 www.affen.at

293 www.merlinentertainments.biz

294 www.whales.org

295 www.aerzte-gegen-tierversuche.de

296 A. Krull, H.-P. Krull, J. Osterloh, L. Philips, M. Schürer, Zoos zwischen den Fronten – Die Widersprüche von Natur- und Tierschutz, S. 30, www.vzp.de/fronten.html

297 F. de Waal, B. Brandau et al.: Primaten und Philosophen: Wie die Evolution die Moral hervorbrachte, München 2011.

298 »*To assess their welfare needs properly, the safest courses would be to treat them as humans*«, aus: R. W. Byrne, Primate cognition: evidence for the ethical treatment of primates, in: Attitudes to Animals: Views in Animal Welfare, Cambridge 1999.

299 »*The same reason chimpanzees are biomedically important provides a compelling ethical argument against their use.*«

300 F. B. M. de Waal (2012) Research Chimpanzees May Get a Break. PLoS Biol 10(3).

301 P. Spong, H. Symonds, H. Garrett, S. Berta, I. Visser, T. Hardie, K. Balcomb, W. Rossiter, M. Kundu, B. MCLaughlin, M. Berman, C. Porter, R. Baird, C. Williamson, L. Pozzato, P. Pijpelink, J. van Twillert, N. Koning, Suggestions for returning »Morgan« the orca (killer whale) to a natural life in the ocean, 2010. Free Morgan Expert Panel 2010-11-03 (Version 1.3): www.freemorgan.nl

302 I. N. Visser, Report on the Physical & Behavioural Status of Morgan, the Wild-Born Orca held in Captivity, at Loro Parque, Tenerife, Spain, for the Free Morgan Foundation, 2012.

303 www.c-spanvideo.org/program/293204-1

304 www.ascobans.org: Hier finden Sie das Abkommen zur Erhaltung der Kleinwale in Nordeuropa.

305 www.mlr.baden-wuerttemberg.de/Verbandsklage/116771.html

306 Leider gibt es für beide Begriffe keine etablierte deutsche Übersetzung.

307 »Im Zweifel für den Angeklagten« ist ein Grundsatz, der auf Aristoteles zurückgeht und mit dem Wirken des Rechtsgelehrten Egidio Bossi Anfang des 16. Jahrhunderts in Europa etabliert wurde. Im übertragenen Sinn findet er heute auch im sogenannten Vorsorgeprinzip (precautionary principle) im Umwelt- und Naturschutz seine Anwendung.

308 P. Brakes, M. P. Simmonds, Whales and Dolphins: Cognition, Culture, Conservation and Human Perceptions, London 2011.